低压配电网拓扑智能识别

周来 林国营 张勇军 著

清华大学出版社
北 京

内容简介

在以"互联网+智慧能源"为能源发展战略、"碳中和"为能源发展目标的背景下，越来越多的分布式电源、充电桩在低压配电网（LVDN）中接入，间歇性电压越限和三相不平衡将成为其安全运行的主要挑战之一，而LVDN电压管理的支撑基础是拓扑智能识别。因此，LVDN拓扑智能识别和电能质量管理成为电网行业促进分布式电源、储能、电动汽车并网以及打造高质量现代供电服务体系的关键技术需求。本书围绕LVDN的"变-相-线-户"拓扑关系识别理论方法与工程应用展开介绍。

本书共分为10章，除第1章绪论外，内容划分上可归为三部分——低压拓扑识别、低压拓扑信息拓展应用、低压配电系统技术展望。第2～6章主要介绍了理想数据场景、考虑空房用户、分布式电源接入、数据不完整等多种场景下的低压拓扑识别方法以及识别结果准确率评价方法。第7～9章为低压拓扑信息拓展应用研究，包括LVDN潮流建模和低压电压质量管理两个方面的应用。其中，第7章介绍了基于低压拓扑信息的含源LVDN建模方法并分析了分布式电源并网的影响。针对分布式电源并网的影响，第8章和第9章在含源LVDN潮流模型的基础上，提出了光伏选相并网控制和用户温控设备需求侧响应两种电压优化管理方案。最后，第10章介绍了"双碳"目标驱动的新型低压配电系统技术展望。

全书体系完善、内容丰富、语言平实，既有理论方法知识，又有工程实践案例，能够帮助读者更加系统地认识低压配电网拓扑智能识别和电压管理优化。本书可作为高等院校电气工程相关专业师生的参考用书，亦可供电力行业相关研究人员、技术人员阅读。

图书在版编目(CIP)数据

低压配电网拓扑智能识别/周来，林国营，张勇军著. —北京：清华大学出版社，2023.12
ISBN 978-7-302-64929-8

Ⅰ. ①低… Ⅱ. ①周… ②林… ③张… Ⅲ. ①低压配电网—拓扑—自动识别 Ⅳ. ①TM727

中国国家版本馆CIP数据核字(2023)第225579号

责任编辑： 王　欣
封面设计： 常雪影
责任校对： 薄军霞
责任印制： 曹婉颖

出版发行： 清华大学出版社
网　　址： https://www.tup.com.cn，https://www.wqxuetang.com
地　　址： 北京清华大学学研大厦A座　　**邮　　编：** 100084
社 总 机： 010-83470000　　**邮　　购：** 010-62786544
投稿与读者服务： 010-62776969，c-service@tup.tsinghua.edu.cn
质量反馈： 010-62772015，zhiliang@tup.tsinghua.edu.cn
印 装 者： 三河市铭诚印务有限公司
经　　销： 全国新华书店
开　　本： 185mm×260mm　　**印　　张：** 11.5　　**字　　数：** 274千字
版　　次： 2023年12月第1版　　**印　　次：** 2023年12月第1次印刷
定　　价： 59.80元

产品编号：101925-01

前言

人类活动离不开能源消耗，伴随着人口的增长和经济的高速发展，全球能耗需求近年来持续增加。大量使用化石燃料存在资源枯竭和气候危机两大弊端，违背了绿色、环保、可持续发展的目标。为了应对该问题，全球多个国家制定了“碳中和”的发展目标。我国于2020年9月22日在联合国大会上提出，二氧化碳排放力争于2030年前达到峰值，努力争取2060年前实现“碳中和”。构建以新能源为主体的新型电力系统是实现“双碳”目标的重要途径，然而巨量的新能源并网将给电力系统带来强不确定性和弱惯性。其中，低压配电网(LVDN)作为分布式电源的接入点，受到的影响尤为显著。

长期以来，由于技术与管理的滞后，LVDN一直存在终端设备数量多、种类繁杂、智能化水平低、标准不统一、网络走线不规范等问题，导致台区运维、设备调控、用户体验与资产管理等方面仍较为落后。当前LVDN自动化和智能化水平落后，不能满足LVDN发展需求，明确的网络拓扑结构是支撑LVDN智能化建设的重要前提。

低压拓扑识别的关键任务是梳理出配电变压器、相序和低压线路与用户之间的连接关系，具体分为变户关系、相户关系以及线户关系。其准确性从根本上决定了电力系统状态估计、运行控制、优化规划、智能用电、双向互动等工作的有效性。传统依靠人力进行拓扑关系梳理的方法极为低效且无法自动更新。作为“互联网＋智慧能源”数据传感中的重要一环，智能电表与低压集抄技术近年来在LVDN中已逐步实现全覆盖。电网公司可远程获取用户的用电数据和电网运行数据，通过数据挖掘可实现包括LVDN拓扑识别在内的各项高级应用。而且由于其具备改造量小、投入产出比大等优点，数据分析法已成为解决LVDN拓扑识别问题的重要技术方向。

此外，农村、城镇以及城市中的城中村区域普遍存在低压用户接线混乱的情况，并且LVDN中存在大量单相负荷，空间上这些用户在A、B、C三相上分布不均衡，时间上用户用电存在差异性，导致LVDN中广泛存在三相负荷不平衡。农村地区还大量存在供电线径小、线路长和线路老化问题，再加上随着经济的发展，人民生活水平提高，用户用电设备增加，LVDN中仍然存在低电压问题。因此，三相电压不平衡和幅值越限(VMULV)已成为低压配电网的电压突出问题。与此同时，分布式光伏和电动汽车等新型设备并网渗透率增加，扩大了用户用电行为的复杂性和不一致性。如果不对这些新型设备进行管理，可能进一步加剧LVDN中的VMULV问题。

总体而言，目前LVDN拓扑识别和电能质量管理研究中存在以下关键理论和技术问题亟待解决：①受物理连接拓扑的时不变性约束，时变的低压量测数据中暗含网络节点空间分布特性，如何挖掘用户用电数据中蕴藏的用户关联规律，构建LVDN“变-相-线-户”全拓扑识别模型；②受物理规律以及投资成本约束，在 LVDN 数字化发展过程中，数据不充分性问题不可避免地长期存在，如何应对用电数据分辨率和质量问题对识别效果的影响；③随着泛在电力物联网向 LVDN 延伸，低压用户逐渐具备与电网互动、参与电网调度运行的潜力，如何充分调用居民需求侧资源，参与电网协同优化运行。

本书聚焦 LVDN“变-相-线-户”拓扑识别以及低压拓扑信息基础上的应用——LVDN电压管理方法两个主体。通过对智能电表和少数终端的量测数据进行挖掘与分析，提出了不依赖于人工的低压拓扑智能识别和 VMULV 管理的模型和方法，为提高 LVDN 精细管理水平、推动更多智能化技术在实际工程的应用提供理论支撑。全书共分 10 章：第 1 章为绪论。第 2～6 章主要介绍了理想数据场景、考虑空房用户、分布式电源接入、数据不完整等多种场景下的低压拓扑识别方法以及识别结果准确率评价方法。第 7 章介绍了基于低压拓扑信息的含源 LVDN 建模方法并分析了分布式电源并网的影响。针对分布式电源并网的影响，第 8 章和第 9 章在含源 LVDN 潮流模型的基础上，提出了光伏选相并网控制和用户温控设备需求侧响应两种电压优化管理方案。第 10 章介绍了“双碳”目标驱动的新型低压配电系统技术展望。

本书第 1 章和第 10 章主要由张勇军执笔，第 2 章、第 3 章、第 5 章、第 9 章主要由周来执笔，第 4 章、第 6 章、第 8 章主要由林国营执笔，第 7 章主要由邓文扬执笔。此外，李坤、陈家超、李钦豪、钟康骅、羿应棋、刘斯亮、黄向敏、林楷东、邓凯等也参与了部分章节的编写和修改。在本书的撰写过程中，还得到了李立浧院士、蔡泽祥教授、管霖教授、余涛教授、韩永霞教授、陈皓勇教授、唐捷博士等的指导。全书由张勇军统稿并由周来、林国营校对。

本书的撰写得到了广州番禺职业技术学院、华南理工大学、南方电网电力科技股份有限公司、广州市奔流电力科技有限公司等单位的大力支持，研究成果得到了国家自然科学基金项目（低压配电网拓扑智能辨识的模型及其灰数据影响机理研究，项目号：52177085）的资助，在此深表谢意。由于编写时间紧凑及作者水平有限，书中疏漏及谬误之处在所难免，还望读者不吝赐教。

作　者

2023.6

目录

第1章

绪 论

在“互联网+”“智慧能源”和“碳中和”的共同协力发展推动下，能源的获取、转化和利用逐渐向智能化、高可靠性、高速度、高安全性、高效性和清洁友好的方向迅速发展，这也是电网以及能源网对自身的新定位。发展智能电网即实现电网的高智能化。智能电网是建立在集成的、高速双向通信网络的基础上，由一系列智能化的部分构成，涵盖了智能变电、智能配电、智能电表、智能终端、智能调度、智能家电等。针对配电网结构复杂且易出故障、分布式能源大量接入和自动化程度低等问题，发展智能配电网便成了必行之路。

随着高级量测体系(advanced metering infrastructure，AMI)技术、分布式发电控制技术、微电网智能化技术等技术的发展与应用，低压配电网的智能化与自动化得到了强有力的技术支持。低压配电网(low voltage distribution network，LVDN)作为大电网中的末端，是直接面向用户的“最后一公里”，是保证供电质量、提升用户体验和挖掘电力用户增量价值的关键环节，是智能电网建设中最具有大数据价值的组成部分。实现其自动化与智能化是全面提升供电可靠性、电能质量与用电服务水平的重要保障。其中，数据驱动低压拓扑智能识别和电压管理模型与方法是当前的热点和难点。

本章首先介绍了 LVDN 的基本内涵，在此基础上调研分析了现阶段低压拓扑识别和 LVDN 电压管理两个方面的国内外研究现状。

1.1 低压配电网概述

1.1.1 LVDN 的基本内涵

LVDN 又称为台区，是电力系统中与用户连接的最后环节，它将电力由 10kV/380V 配电变压器(以下简称“配变”)传送至用户。图 1-1 给出了结合地理位置信息的 LVDN 拓扑结构示意图。如图 1-1 所示，当前 LVDN 一般为辐射状结构，其网络拓扑可以抽象为图论中由根、茎、叶节点组成的树状结构，如图 1-2 所示。

图 1-2 所示的树状结构图中，根节点包括变电站节点(S)、配变节点($T_1 \sim T_m$)，茎节点包括相户节点(Φ_A、Φ_B、Φ_C)和多级分支节点(其中 L_{Bij} 表示 B 相的第 i 级的第 j 条分支)，叶

图 1-1 结合地理位置信息的 LVDN 拓扑结构示意图

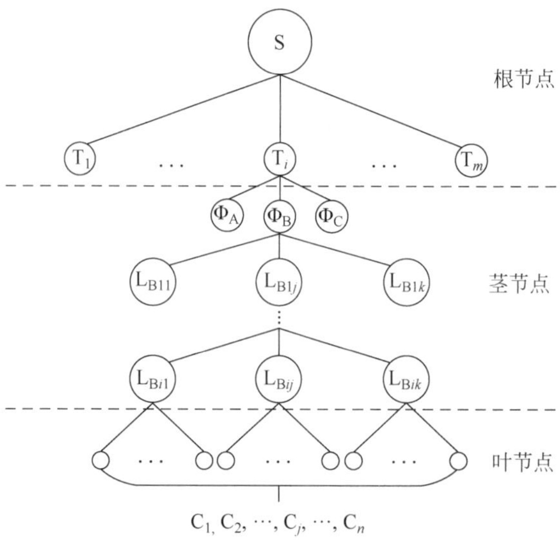

图 1-2 LVDN 树状结构示意图

节点表示等效单相用户（$C_1 \sim C_n$），其中三相用户可以等效为三个单相用户。

LVDN 拓扑识别问题的关键是梳理出根、茎、叶节点间的连接关系，即"变-相-线-户"关系。对于用户 C_j 而言，其拓扑连接关系可以表示为：$C_j \in L_{Bij} \in \Phi_B \in T_i \in S$。因此，LVDN 拓扑识别问题可以理解为低压用户（叶节点）的多类别分类问题，其分类精度由低到高，可分为变户关系识别、相户关系识别和线户关系识别。其中，变户关系识别指的是识别用户与台区的归属关系；相户关系识别指的是识别用户的供电相别；线户关系识别指的是识别用户与低压出线、分支线的归属关系。

1.1.2 LVDN 数据采集现状

2019 年 2 月，南方电网公司全面实现智能电表和低压集抄全覆盖[1]。这两个“全覆盖”的推广应用，使得低压用户的用电情况得以自动获取。图 1-3 给出了典型的低压集抄系统结构。

图 1-3 典型的低压集抄系统结构

图 1-3 中，低压集抄系统由智能电表、集中器、计量自动化系统（主站控制系统）和通信信道组成。智能电表采集用户的用电数据，通过 RS-485、电力载波、微功率无线等通信方式，将采集的数据传送到位于 LVDN 低压配电变压器附近的集中器中，然后集中器再通过远程通信将数据传送到计量自动化系统中，实现用户用电数据的自动化采集。

根据《中国南方电网有限责任公司单相电子式费控电表技术规范》，目前用户安装的智能电表必须具备电能计量、测量及负荷记录等一系列功能。事件记录应记录停电的总次数和累计停电时间、最近 10 次停电发生及结束的时刻。负荷记录中要求负荷记录内容可以在“电压、电流、频率”“有功功率”“功率因数”“有功总电能”四类数据项中任意组合，负荷记录间隔时间可以在 1～60min 设置，默认间隔时间为 15min。

当前，低压集抄系统还处于初级发展阶段。尽管智能电表具备上述采集功能，受限于通信信道容量、系统存储容量等，现有低压集抄系统仅支持用户智能电表日冻结电量数据的采集与通信，少数台区可实现 20 户以下 15min/次电压数据的采集与通信，主站、集中器、上行通信规约等暂不支持其他数据项的采集与通信。此外，虽然主站系统具备对智能电表广播校时的功能，但校时质量较低，各智能电表间时间误差较大，数据时间同步性欠佳。

但对现有低压集抄系统进行升级改造，即可以实现智能电表多类型、高频次、准同步数据的采集与通信。为确保可行性、实用性与普适性，低压集抄系统升级改造不需要额外加装其他终端设备，而是对已有的智能电表、集中器、主站系统进行软件升级与上下行通信规约的扩展。

改造升级后的低压集抄系统能够自动采集智能电表中的事件记录数据和负荷记录数据，即本章中提及的量测数据。利用这些数据的时空特性，可以在不增加额外设备的情况下，实现 LVDN 拓扑识别。

1.2 LVDN 拓扑识别方法的研究进展

根据国内外学者的相关研究成果，现有的 LVDN 拓扑识别方法可以分为信号设备注入法、数据分析法与其他方法三大类。其中，数据分析法可进一步划分为关联分析法、模型拟合法与特征学习法三大类。LVDN 拓扑识别方法分类如图 1-4 所示。

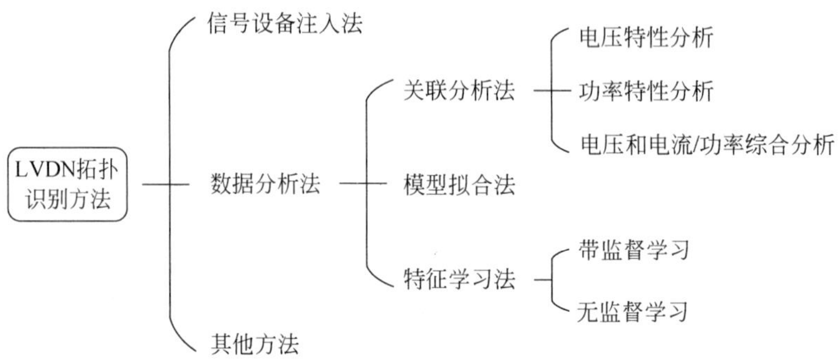

图 1-4 LVDN 拓扑识别方法分类

1.2.1 信号设备注入法

信号设备注入法需要在 LVDN 中装设信号发射装置（或模块）和信号接收装置（或模块），通过配电变压器侧的信号发射装置（或模块）在 LVDN 注入电压或电流特征信号，根据用户侧信号接收装置（或模块）对信号的接收反馈结果实现电气连接关系的识别，如图 1-5 所示。根据信号注入形式，信号设备注入法可分为基于载波通信的识别法和基于载波通信与脉冲电流相结合的识别法。

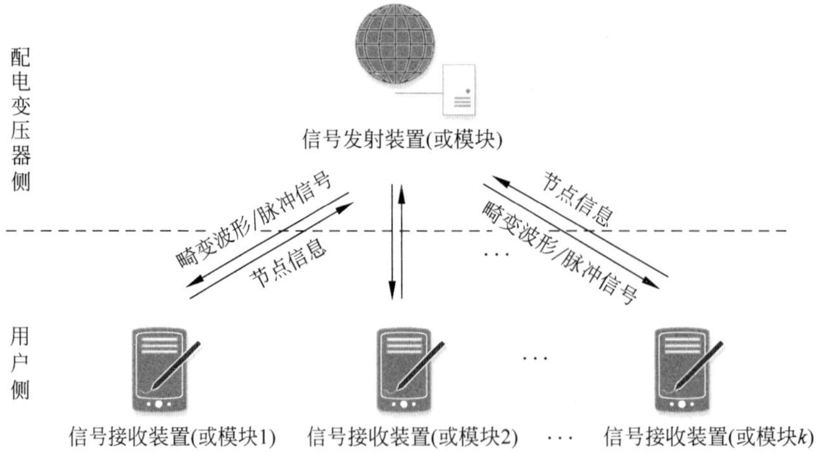

图 1-5 信号设备注入法示意图

在基于载波通信的识别法方面，文献[2]通过研制内置有基于 PRIME 技术的载波通信模块的编码控制器，并广泛安装于出线间隔箱/配电箱、开关、分支箱、表箱、电表及采集器处，实现“台区-出线-分支-表箱-用户”的树状拓扑识别。文献[3]提出了一种基于工频载波通信技术的低压配网拓扑自动识别方法及系统，通过基于波形畸变的多路拓扑识别信号的收发与解析，梳理台区的逻辑拓扑图。相比于高频电力载波信号，工频信号频率低，信号传输衰减少。文献[4]提出了一种基于宽带载波的台区网络拓扑动态自适应方法，通过采集器接收并解析台区集中器发送的电压特征信号，实现台区变户关系快速识别，但该方法仅适用于半载波方案台区，且未考虑因台区间共零共地引起的窜抄问题，难以确保识别准确度。文献[5]提出了基于载波通信物理链路的低压配电台区网络拓扑识别技术，利用特定频率载波信号无法穿过变压器绕组耦合至 10kV 线路的特点，实现台区变户关系的可靠识别；此外，提出了基于帧同步技术的相户自动辨识技术，通过识别出计量点的工频供电电压过零点与台区集中器参考相线工频过零点的相位时间差值，实现相对相位信息区分识别，但该方法对台区集中器与用户电表时钟同步性要求较高。文献[6]研制了一种电表供电相位识别系统，通过供电相位识别载波信号的收发，实现电表供电相户识别。文献[7]提出了一种基于载波通信的电力相位识别方法，利用窄带电力载波通信存在的跨相耦合特点，通过判别特定报文的收发时间实现用户相户识别。同样地，该方法对于集中器和电表的时钟同步性要求较高。

在基于载波通信与脉冲电流相结合的识别法方面，文献[8]提出了一种低压台区物理拓扑在线生成与实时监测方法，通过脉冲特征电流信号与电力载波信号的双向再确认，提高了识别的可靠度。文献[9]提出在集中器、采集器、智能电表与能效监测终端嵌入脉冲调制模块，通过脉冲信号的收发实现低压配电台区电气网络拓扑识别。

综上分析，信号设备注入法利用电力线的物理连接关系，可以直接获取拓扑。这对于具体的、少量的线路进行拓扑辨识是可行的，但应用在低压系统中往往需要增加大量终端设备，存在投资大、运维难等问题，难以在海量的 LVDN 形成有效推广。此外，信号设备注入法还容易受到电磁干扰而产生错误的拓扑识别结果。

1.2.2　数据分析法

随着智能电网技术的逐步推进与发展，高级量测体系(AMI)在配电网中的配置也在不断完善，如智能电表、低压集抄系统的全面覆盖等，产生了海量的用户数据资源。用户数据不仅反映了自身的用电行为习惯，同时蕴含着集群相依的内在规律。为此，国内外学者开展了大量研究，形成了基于数据特征挖掘的低压拓扑识别方法，主要包括模型拟合法、关联分析法与特征学习法三大类。其中，关联分析法可进一步划分为电压特性分析、功率特性分析、电压和电流/功率综合分析；特征学习法可进一步划分为无监督学习法和带监督学习法。

1. 模型拟合法

模型拟合法的基本思路与电力系统中的状态估计大致相当，一般采用最小二乘法将推测的低压配电网拓扑结构下的一些电压、电流、功率等电气量与实际的测量值相逼近，在理想的状态下，当推测的拓扑结构下配电网的电气量与实际测量值相等时，即可认为该推测的拓扑结构是正确的。

文献[10]介绍了一种通过混合整数二次规划实现拓扑识别的方法,该方法引入了表征支路之间连接关系的二进制变量,用以不断更新所推测的拓扑结构,然后将该二进制变量形成的网架拓扑所得到的潮流计算结果与实际测量值进行比对。在理想状态下,优化目标达到最优值,即计算结果与实际测量结果能够完全匹配,那么此时便认为该配电网拓扑得到了正确的识别。文献[11]针对配电网中的配变与相户关系判别给出了方法,首先将配电网中的配变进行分组,将不确定的变压器等效设置为不确定的母线,然后建立测量值与计算值误差最小的最小二乘法状态估计模型,并给出了最小二乘模型的迭代求解算法。

然而,网络状态估计的准确性依赖于网络参数信息,但当线路阻抗等参数信息缺失时,该方法的准确率难以保证。

2. 关联分析法

LVDN 中流通电力潮流,在该潮流的约束下,配电网节点间的电压、电流数据在时间和空间上存在相关性。关联分析法通过分析低压配电网中用户电压、电流/功率的内在关联特性,实现低压配电网的拓扑关系分析,主要包括电压特性分析、功率特性分析、电压与电流/功率综合分析三方面。

1)电压特性分析

为了说明用户电压曲线间的相关性及其与拓扑的内在联系,下面以一个简单的算例仿真分析展示。选取图 1-6 所示仿真系统,其线路参数、负荷分布与负荷特性均已知,通过 LVDN 三相四线潮流计算获取配电变压器低压侧母线三相电压、电流以及各电表分相电压、电流值。

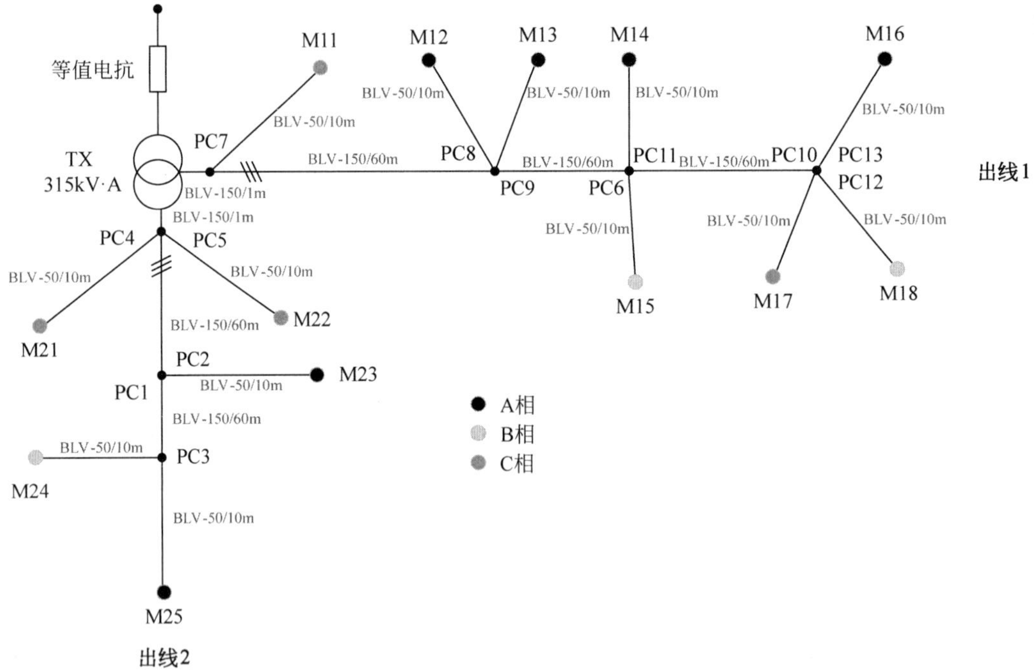

图 1-6 仿真系统网络示意图

以A相分析为例,图1-7、图1-8给出了A相出线1、出线2及其所接各电表的有功负荷曲线,通过低压配电网三相四线潮流仿真计算得到A相各电表电压时序曲线如图1-9所示。

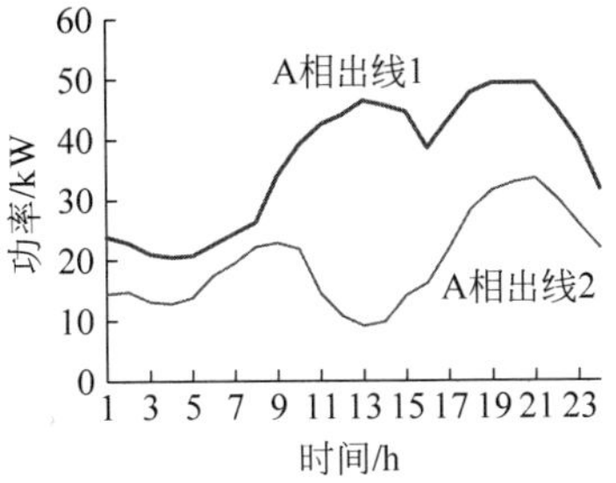

图1-7　A相各出线总负荷曲线

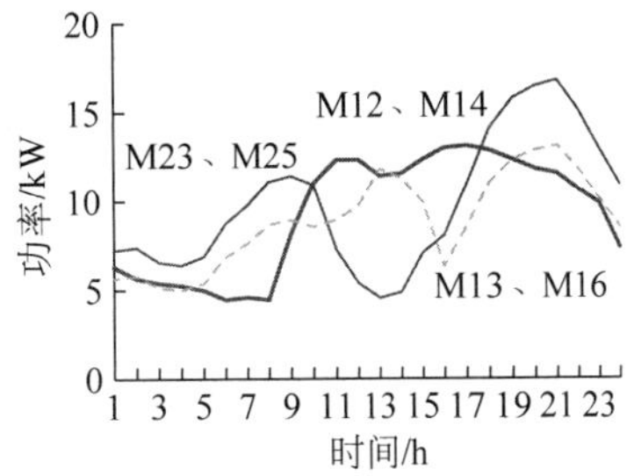

图1-8　A相各电表有功负荷曲线

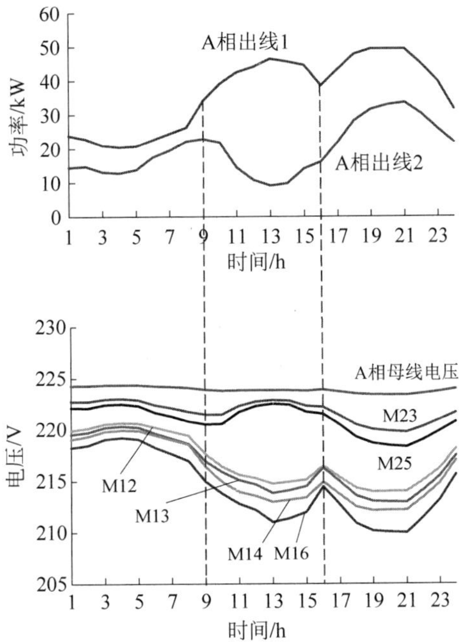

图1-9　A相各电表电压时序曲线与各出线负荷曲线对比

由图1-9可知,某一相线上节点电压的时间特性主要与其所属出线的整体负荷特性负相关,且具备较强电压时空相关性的节点位于同一相线,如M12、M13、M14和M16,以及M23和M25。因此,可以通过用户间电压曲线相关性进行LVDN拓扑识别。

在变户关系校验方面,文献[12]介绍了加拿大BCHydro公司开发的一种用于检测和纠正配电系统拓扑错误的算法。该方法从企业地理信息系统中的配电网拓扑信息出发,利用智能电表数据,根据每小时电压分布的相关系数和相对幅值水平,检测变压器邻域内连接错误的用户。一旦错误连接的用户被识别,就要进一步分析相关因素和相对电压水平,以便在配电网拓扑中重新正确地定位该用户。

在此基础上,文献[13]提出了一种低压配电网中判断负荷所属馈线的检测方法。该方法首先基于配电网电压的分布特性并结合相关性分析方法,判断出各负荷所属馈线,然后根据馈线中节点电压的幅值大小确定各负荷在馈线中的上下游关系，校验地理信息系统记录的配电网拓扑连接关系。文献[14]提出了一种基于离群点检测的低压配电网拓扑结构校验方法。该方法首先从用电信息采集系统提取待校验台区用户最近一段时间的智能电表电压序列数据，然后计算电压序列数据之间的相关系数来度量不同用户电压曲线的相似性，最后通过基于电压曲线相似性的离群点检测识别出台区标识错误的用户，可快速、有效地验证电网 GIS 系统中用户与台区变压器拓扑连接关系的正确性。

在此基础上，文献[15]提出了一种基于离散 Frechet 距离和剪辑近邻法的低压配电网拓扑结构校验方法。该方法基于电网 GIS 平台配变经纬度坐标数据计算校验用户台区变压器与该地区其他变压器之间的距离，搜索该校验用户的邻近台区。通过计算校验用户与所在台区其他用户、邻近台区所有用户之间的智能电表电压曲线离散 Frechet 距离，进而运用剪辑近邻法对训练样本集进行修剪，生成少量的关键样本集，可有效降低搜索复杂度，进而快速判别校验用户的正确台区类别，有效验证电网 GIS 平台用户与台区变压器拓扑连接关系的正确性。

类似地，文献[16]提出了一种基于改进的皮尔逊相关系数和 KNN 算法的低压配电网拓扑结构纯软件在线校验方法。该方法首先找出变户关系不正确的用户，基于 GIS 系统的数据和《配电网规划设计技术导则》剪辑生成用户样本集，运用 KNN 算法分析剪辑生成用户样本集，然后找出校验用户所属的正确台区。但是，该文献所提出的改进的皮尔逊相关系数方法的实用效果有待验证，在实际低压台区中，从配变低压侧沿输电线路分布的用户与配变低压母线的相关性是越来越低的，并且给出的"经验值"可能不具有普适性。

在相户识别方面，文献[17]基于在家庭和配电变压器上测量电压的时间序列，分析智能电表的电压曲线和配电变压器的电压曲线之间的相关性，确定用户的相位连接关系。文献[18]提出了一种自动识别用户相位连接的新技术。该技术参考变压器总表三相的电压信息与同一网络上其他用户电表的电压信息相关联，以确定最高概率的相位连接。同样地，文献[19]以变压器台区总表的 A、B、C 三相作为参照，针对用户电表几个时刻的电压值与变压器台区总表的对应相同时刻的各相电压值分别进行相关性运算，选择相关度最高的来确定相位。类似地，文献[20]提出了一种基于智能电表电压曲线相似性分析的低压台区用户相位识别方法。该方法首先从用电信息采集系统提取台区变压器及其所属用户智能电表电压序列数据；接着计算不同用户电压序列之间的 DTW 距离，并基于 DTW 距离计算每个用户的局部离群点因子，判断用户的台区变压器连接关系是否正确；然后计算每个台区变压器连接关系正确的用户与台区变压器 A、B、C 三相电压序列之间的 DTW 距离，该用户相位是 A、B、C 三相中 DTW 距离最小的相位。

文献[21]基于实际网络的电压数据，分析发现同一相位的用户电压曲线相较位于不同相位的用户，电压时间序列曲线更相似，据此，基于 K-means 聚类法对电压曲线分类，并分别以皮尔逊相关系数、L1 范数、L2 范数作为相似性度量，评估不同的相似性距离度量对相位识别结果的影响，以更好地检验和校正用户与配电网的相户连接关系。

然而，电表电压数据存在缺失情况，且量测数据亦存在同步性问题，导致分析结果存在偏差。为此，文献[22]提出了一种在谐波电压相关性系数基础上加入 FisherZ 变换的相户识别方法，该算法比传统的电压相关算法具有更好的抗噪声性和抗漏记性，并在大量负载未计量且智能电表记录没有很好同步的情况下更新数据库记录。此外，还提出了低压馈线和供电主阻抗的估算方法，该方法使用智能电表电压和负载数据来估计主馈线阻抗，并且不需要智能电表的高覆盖，即可提高低压配电网相户连接关系的识别准确率。

根据低压配电网潮流特性分析可知，在不考虑配电网中分布式电源功率倒送前提下，电气距离相近的节点具有相似的电压变化特性，上述文献基本围绕这一特性开展低压配电网变户与相户关系的识别，但存在以下两方面问题：

(1) 在变户关系校验方面，采用相关性阈值定值化判断的方式难以适应不同台区；在相户识别方面，以配变低压侧首端电压相户为参考的方式易造成误判。

(2) 当用户电压数据存在缺失或时钟不同步时，分析方法的准确率难以保证。

2) 功率特性分析

由能量守恒定律可知，任意时刻流入一个节点的功率应等于流出该节点的功率。LVDN 网络传输功率存在线路损耗，因此流入一个节点的功率等于与该节点连接的末端电表用电功率之和加上线路损耗。由此，基于 LVDN 拓扑连接关系可构建如下模型：

$$\boldsymbol{A}_{m\times n}\boldsymbol{P}_{n\times t}+\boldsymbol{\xi}_{m\times t}=\boldsymbol{Z}_{m\times t} \tag{1-1}$$

式中，$\boldsymbol{A}_{m\times n}$ 是维度为 $m\times n$、由 0-1 元素构成的拓扑矩阵，表示用户与分支线或相户或配电变压器的连接关系，n 表示 LVDN 中的等效单相用户数，$m=m_{\mathrm{T}}\times m_{\Phi}\times m_{\mathrm{L}}$ 表示拓扑识别的精度，m_{T}、m_{Φ}、m_{L} 分别表示待识别网络中配变、相户和分支线路的数量；$\boldsymbol{P}_{n\times t}$ 是维度为 $n\times t$ 的功率矩阵，表示 n 个叶节点在 t 个时段断面下的流出功率矩阵；$\boldsymbol{Z}_{m\times t}$ 为分支线或三相低压母线或变压器在 t 个时段断面下的注入功率矩阵；$\boldsymbol{\xi}_{m\times t}$ 是维度为 $m\times t$ 的功率损耗矩阵，表示分支线在 t 个时段断面下的功率损耗。

根据式(1-1)可知，LVDN 拓扑识别即为求解$(m\times n)$元一次方程组。理论上，当支路功率损耗矩阵$\boldsymbol{\xi}_{m\times t}$ 已知，且 $t=n$，$|\boldsymbol{P}_{n\times t}|\neq 0$，拓扑矩阵 $\boldsymbol{A}$ 可通过解析法直接求出。但在实际工程中，一方面支路功率损耗矩阵$\boldsymbol{\xi}_{m\times t}$ 未知，另一方面存在计量误差，基于式(1-1)难以求解得到准确的拓扑关系。因此。为了保证模型的可用性和有效性，一般将式(1-1)转化为求解误差最小的优化模型，即

$$\begin{cases}\min f=\|\boldsymbol{Z}_{m\times t}-\boldsymbol{A}_{m\times t}\boldsymbol{P}_{n\times t}\|_2^2\\ \text{s. t. }\sum\limits_{i=1}^{m}a_{i,j}=1,\quad \forall j=1,2,\cdots,n,a_{i,j}\in\{0,1\}\end{cases} \tag{1-2}$$

式中，$a_{i,j}$ 为矩阵 $\boldsymbol{A}_{m\times n}$ 中第 i 行、第 j 列的元素。

功率特性分析法即基于上述特性和模型开展低压拓扑识别工作。文献[23]通过不断更改所有电表的相户归属关系，直到能够找到一种拓扑结构，在该种拓扑结构下，每个相户的总功率与该相户下所接电表的功率之和之间的偏差最小，即可认为这时的拓扑结构得到了正确的识别。文献[24]则更加系统化地建立了基于上述功率特性的拓扑识别优化模型，该模型以每块电表与所有相户的归属关系设置为 0-1 二进制优化变量，目标函数为每个相户的总功率与按照二进制变量得到的该相户下所有电表的功率之和在所有时刻都尽量相等，模型中也包含了每块电表最多只能归属于一个相户的约束。同样地，文献[25]建立了以量测点功率实测值与计算值偏差最小化为目标的低压配电网相户识别优化模型，并采用 Tabu 搜索算法进行求解，通过算例仿真分析验证了所提方法的有效性。进一步地针对数据不完整问题，文献[26]认为低压母线功率的高频分量会与同相用户功率的高频分量相似，提出基于频谱分析和显著性分析的相户识别方法，采用傅里叶变换及其逆变换得到负荷序列的高

频分量，再用高频分量的变化量进行显著性分析，最后对显著变化量求取皮尔逊相关系数，并以爱尔兰某处配电网做了实例验证。结果显示，在100户配电网中，仅10%用户具有智能电表量测的情况下，算法准确率高达93%。

综上分析可知，围绕首末端功率近似相等特性形成的低压拓扑识别方法直观方便，但存在以下不足：

(1) 当用户功率数据缺失时，识别准确率难以保证；

(2) 由于用户负荷特性相似，导致识别结果并不唯一；

(3) 当用户负荷长期处于低水平时，算法识别准确率难以保证。

3) 电压与电流/功率综合分析

根据上述分析可知，电压与功率均能够在不同方面反映配电网中用户集群相依的特性。除此之外，基尔霍夫电流定律表明，任一时刻输入一相母线的电流值恒等于流入连接于该相所有用户的电流之和。这三种特性相结合将有助于提高低压拓扑识别的可靠性。为此，文献[27]提出了一种基于AMI量测信息的低压配电网拓扑校验方法。该方法首先借助AMI提供的负荷量测信息以及网络数据，得出同一配变下各负荷所属耦合节点电压以及所属支路电流，然后分别求得所有负荷间耦合节点电压和支路电流的相关系数，进行相关性分析，即相关性强的负荷属于同一馈线，进而确定各负荷所属的馈线；之后根据负荷的耦合节点电压幅值大小，确定各负荷在所属馈线中的上下游关系；最后通过相关性分析结果以及负荷的耦合节点电压分布，对存在错误连接关系的负荷进行修正，最终完成低压配电网络拓扑的校验与修正。值得商榷的是，网络中电气距离相近的节点电压存在相似性，但用户用电行为存在不同，同台区或同相用户电流并不一定具有相似性。

文献[28]以近似化节点电压降落公式为基础，将智能电表监测到的电压、电流数据作为状态变量，以支路电阻、电抗作为待估计变量，采用线性回归的方式，计算得到低压配电网中的支路阻抗数据，同时获取其拓扑链接关系，并在66节点系统上采用实际负荷数据进行了验证。类似地，文献[29]和文献[30]通过线性回归与电压降落分析实现了单相电表相户关系识别和低压配电网拓扑关系分析。

3. 特征学习法

近年来，人工智能(artificial intelligence，AI)技术逐渐兴起，机器学习(machine learning，ML)作为其中的重要分支，备受国内外学者的广泛关注。ML是一个算法范畴，其本质是找到一个目标函数 f，使其成为输入变量 X 到输出变量 Y 之间的最佳映射：$Y=f(X)$。ML算法主要分为四大类：带监督学习、无监督学习、半监督学习和强化学习(reinforcement learning，RL)。其中：带监督学习需要标识数据，无监督学习不需要任何标识数据；半监督学习介于前两者之间(有部分标识数据)；RL无须监督信号，可在模型未知的环境中平衡探索和利用。常用的ML算法有：线性回归、逻辑回归、反向传递神经网络、Apriori算法、Eclat算法、K-means算法、图论推理算法、支持向量机、线性判别分析、朴素贝叶斯法、K近邻算法、聚类算法、奇异值分解、矩阵分解、降维算法(如决策树、随机森林、最小二乘法、主成分分析法等)、梯度提高和演算法、Q-学习、时间差分学习、集成算法(如随机森林和Boosting、Bagging、Adaboost等)、人工神经网络等。

特征学习法指的是采用机器学习相关算法，对LVDN用户数据进行特征分析，寻找低压量测数据特征与节点空间分布特性的映射关系，自主拟合LVDN拓扑关系。特征学习法的 LVDN 拓扑识别流程如图 1-10 所示。在该领域,国内外学者主要采用无监督学习与带监督学习方法进行研究,具体分析如下。

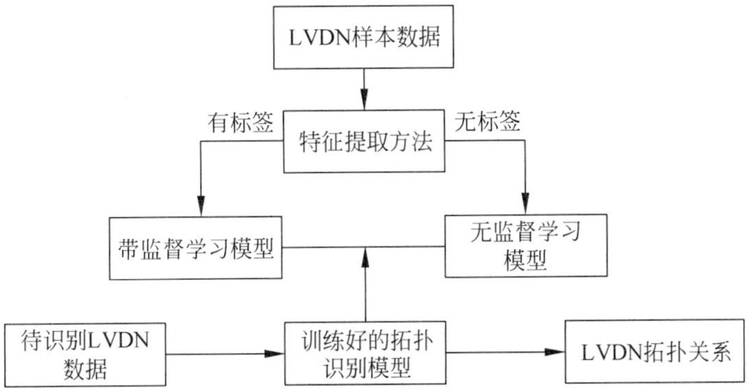

图 1-10 特征学习法的 LVDN 拓扑识别流程

1) 无监督学习

文献[31]提出了一种基于用户电压分析的聚类方法,通过分析用户电压量测数据、低压出线量测数据、GIS 数据与部分准确的变户关系标签,实现低压配电台区变户与相户关系的准确识别。文献[32]提出了一种带约束的 K-means,有效实现用户的供电相位识别。该算法并非直接对用户电压数据进行相关性分析,而是通过提取电压时序中的特征,有助于提高算法的识别准确率。该算法在南加州爱迪生电力公司的一个实际配电系统上进行了验证计算,识别准确率可达 90%以上。文献[33]在传统带约束 K-means 的基础上,提出了一种带约束的集群聚类算法,通过分析用户智能电表电压量测数据,即可有效识别用户的供电相别,并在比利时的低压配电网实例中进行了算法有效性验证。

除了常用的 K-means 以外,部分学者通过引入其他机制以提高算法的识别性能。文献[34]提出了一种基于三维时空特性的低压配电网拓扑识别方法。该方法首先基于地理信息系统中配变台区和终端用户的经纬度地理信息,结合台区辐射范围限制,利用多空间尺度特性初步确定变户关系;其次,基于辐射重叠区“变”“户”节点智能电表的电气量序列,利用 K-means 和主成分分析的多序列窗口截面特性实现拓扑校核;最后,基于多时间电压相关特性进行拓扑变化监控。该方法既能有效校核台区重叠区域用户的变户关系,还能对拓扑变化进行实时监控。文献[35]提出了一种联合 K-means 与混合高斯模型的聚类方法进行低压配电网相位识别,并在 IEEE 欧洲低压配电网测试网架中进行了有效性验证。

此外,部分学者采用了其他聚类算法进行研究。文献[36]提出了一种频谱聚类的方法,通过分析 AMI 量测数据实现用户供电相位识别。同时,通过联合频谱聚类与滑动窗口集合方法,提高了大规模数据集下算法的准确性和可伸缩性。文献[37]提出了一种基于 AMI 数据驱动的相位识别算法。首先,利用非线性降维技术从电压时间序列中提取关键特征;其次,采用一种约束驱动的混合聚类算法,以动态创建具有任意形状的智能电表簇。其优点有三:①不需要有关配电系统中相连接数量的先验知识;②与同时具有相-中心线连接和相间连接的配电馈线配合良好;③准确性对配电馈线中的不平衡程度不是很敏感。类似地,文献[38]中,先采用 t 分布的随机近邻嵌入技术对原始负荷数据进行降维处理,提取数据主要特征;接着采用基于层次方法的平衡迭代规约和聚类方法对处理后的负荷数据进行聚类,识别单相用户的相位和所接入的表箱。文献[39]提出了一种基于图论与最大生成树聚类算法的用户供电相位识别方法,并在比利时的实际低压配电网中进行了验证。

除此之外,部分学者采用了其他无监督学习方法进行了低压拓扑识别研究。文献[40]提出了一种联合线性回归与嵌有蒙特卡罗马尔科夫链采样的狄利克雷分类算法进行低压拓扑识别,在此基础上,提出了基于机器学习框架的低压配电网拓扑鲁棒追踪方法。算例结果表明,所提方法能够有效识别低压配电网拓扑信息及其变化情况。文献[41]提出了一种联合图论演绎与主成分分析方法进行低压配电网拓扑分析。

聚类等无监督学习方法的核心是根据数据间距离分类,使得聚类后的类内数据间的距离小于类内数据和类别外数据间的距离。这意味着,基于无监督学习的拓扑识别方法的性能受数据间差异性影响,数据差异性越大,性能越好。而对于用户用电特征、电压曲线差异小的场景,基于无监督学习的拓扑识别方法表现将变差。

2) 带监督学习

尽管无监督学习法具有快速收敛性能,但其应用仍缺乏可靠性。带监督学习方法强调输入-输出映射关系的自主拟合学习,不受限于特定网络结构性能。基于带监督学习的低压拓扑识别方法的一般性步骤如下:首先,获取低压配电网中各用户电压时序数据;其次,获取用户的拓扑关系标签,如变户归属关系标签、相户归属标签等,并将用户划分成训练集与测试集;最后,选择合适的算法训练识别模型,确保其能够正确识别用户的拓扑关系[42]。

文献[43]提出了一种基于特征共享神经网络的拓扑识别方法,并在IEEE-30节点测试系统上进行了仿真验证。结果表明,所提方法在学习与测试过程中具有良好的计算优势,并且依据少量数据便可训练出有效的分类器。然而,该方法仅在仿真系统中进行验证,其实际可用性仍有待商榷。

文献[42]综述了带监督学习法在配电网相户识别方面的研究情况,并对比了K邻近分类器、决策树、随机森林、Adaboost、Softmax分类器、感知机分类器、浅层前馈神经网络、贝叶斯神经网络等多种算法的性能。在此基础上,介绍了训练样本筛选与数据预处理方法。文献[44]提出了基于信息损失理论的带监督学习方法,旨在提高配电网相户识别准确率。该方法主要包括逆舒尔数据选取与信息加载技术。计算结果显示,在大多数极限场景中,所提方法能够将相户识别准确率从51.7%提升至97.3%。

基于带监督学习的拓扑识别方法在实际应用中存在两个方面的不足:首先,监督学习训练函数需要带标签的样本数据,而带标签的样本数据需要人工勘测,成本高;其次,监督学习训练出来的识别模型迁移性差,新的台区需要重新训练识别模型。

综上分析,低压拓扑识别数据分析法强调对台区运行数据内在规律的挖掘,在不额外新增大量识别终端或模块的前提下,能够较为准确地识别低压配电网的拓扑关系信息,避免了高额的投资改造成本,具有显著的经济价值。然而,台区数据存在不完整、不准确、不同步等问题,易影响数据分析法的准确率。抗差性与鲁棒性的提升无疑是数据分析法未来发展的方向。

1.2.3 其他方法

除了上述信号设备注入法、数据分析法以外,还有部分学者采用其他方法进行低压拓扑识别技术研究,如停电检测法、数据标签法等。

文献[45]提出了采用瞬时停电法进行变户异常排查,通过对各个变压器或各段母排进行顺次停电,且停电时间间隔保持在分钟级,然后利用掌机抄读智能电表的停电记录,以区分智能电表的变户关系。该方法简单直观,但影响用户的正常稳定用电,影响电网公司的供电可靠性。

文献[46]设计了一种计及射频识别(RFID)资产信息的台区用户自动识别系统,在该系统中,现场智能传感单元通过 RFID 技术采集电表的资产信息,同时通过 RS-485 或微功率无线采集电表的计量信息,将统一采集的这两种信息应用到台区拓扑自动识别与资产管理中,同时实现了台区用户的自动识别与电表资产信息的采集与录入。

文献[47]将知识图谱技术应用于拓扑辨识中,分析知识图谱构建方法,运用知识图谱技术对多个低压配电网信息系统中的数据进行整合,推理出缺失数据,挖掘出各数据之间的关系。然后构建出低压配电网拓扑结构的知识图谱。最后结合《低压配电网基建工程典型设计规范》以及语义分词技术,对低压配电网信息系统中的变户关系进行辨识。

文献[48]提出了一种基于无线 mesh 网的智能台区识别方法。该方法在从设备上电时主动向网络服务器注册获取一个 Ipv6 地址;网络服务器将该从设备的 Ipv6 地址、设备 ID 同步给主站,形成名单;主站把白名单发送到相应台区的配变终端主设备上;配变终端根据接收到的白名单启动本台区的设备及线路拓扑结构识别;识别返回的信息同步发送给主站,在主站上形成每个台区的设备及线路拓扑图。

文献[49]设计了配网拓扑自动识别系统。该系统可用于存储配电设备信息的电子标签、固定设置在每个配电区域内的配电终端以及用于与所有配电区域内的配电终端通信连接的配电主站,可实现高效率、高质量、规范化配电电气主接线图动态绘制。

文献[50]在常规交换机网络拓扑搜索方法的基础上,提出一种基于介质访问控制(MAC)地址匹配的智能变电站网络设备拓扑动态识别方法。该方法实现了智能变电站交换机网络和智能电子设备的拓扑动态识别。

这些方法主要通过人力、增加识别设备或硬件模块实现,施工质量要求高、电子化移交要求高,而实际中施工质量难以把控,同时加剧了基层人员的运维压力,不利于广泛应用。

1.3 LVDN 电压幅值和三相不平衡管理技术研究进展

在三相三线制中高压配电网中,通常采用更新网络、有载调压、换相开关、电容器无功补偿和电力电子补偿设备等方法改善三相电压不平衡和电压幅值越限问题[51]。文献[52-53]以线路改造、无功补偿、变压器调压以及新建变电站为调节手段,分别构建了以全寿命周期成本和治理方案投资成本为目标的电压治理模型。文献[54]以有载调压变压器、分组投切电容器和静止无功补偿装置作为调节手段,构建了以系统负序电压最小和网络损耗最小为目标的混合整数二次规划无功优化模型。文献[55]通过在三相三线网络中加装电感和电容器实现三相负载平衡,推导了相间补偿网络电纳负序加权计算公式及其与补偿容量的三维关系图。文献[56]以三相 PWM 整流器输出作为设备的直流母线电压,提出了一种有功注入型电压质量补偿装置,以改善电压质量。

类似的方案也应用在 LVDN 中改善三相电压不平衡和电压幅值越限问题。文献[57]提出了以三相电流不平衡度最小和自动换相装置开关切换次数最少为优化目标的低压负荷在线自动换相装置的最优换相模型，达到低压三相负荷动态平衡的目的。文献[58]以三相电压不平衡度和网损最小为目标，提出了一种可以动态调节居民负荷相户的换相开关动作优化模型。文献[59]以补偿后 LVDN 三相不平衡度最小为优化目标，提出了采用相间补偿电容和分相补偿电容策略的调节方法与容量配置方法。文献[60]依托用户负荷日曲线分析，以配电台区侧的三相负荷不平衡度最小为目标，提出负荷规划动态算法，寻找户表相位最优组合关系，并将该结果与当前的相户关系进行比较，指导 LVDN 相户关系改接，改善 LVDN 三相不平衡。文献[61]采用三相和单相有载调压分接开关改善 LVDN 中的电压幅值水平。

采用换相开关、有载调压、无功补偿装置是治理三相电压不平衡和电压幅值问题的有效手段，这些方法在 LVDN 中推广使用仍存在相关局限性。首先，由于低压台区数量众多，在每个台区都安装上述设备的投资改造量大，加剧了基层人员的运维压力；其次，这些方法的响应时间慢、灵活性差，难以适应低压配电网中由 DG 出力间歇性、波动性引起的电压频繁波动所带来的电压高频调节需求。

近年来，光伏、储能、电动汽车、高级量测体系的发展，为解决电压幅值和三相不平衡越限(voltage magnitude and unbalance limit violation，VMULV)提供了新思路。文献[62]提出无功控制与有功功率限制相结合的逆变器综合控制策略，以改善屋顶光伏高渗透率的 LVDN 中的电压幅值和不平衡问题。文献[63]利用光伏逆变器的无功功率容量，提高可再生能源渗透率高的分布式系统的电压调节能力。文献[64]通过协调控制光伏的有、无功出力，储能电池充放电功率和配电变压器低压侧有载调压分接开关，处理 VMULV 问题。文献[65-66]中提出了光伏逆变器与电动汽车的协调控制策略，以平衡 LVDN 中的负载。

然而，光伏逆变器的应用在实践中存在两个问题：①目前许多国家标准不允许光伏逆变器参与电压调节；②光伏发电的实际限电损害了光伏用户的利益，目前缺乏对消费者合理的补偿机制。

此外，目前的研究还包括储能技术在 LVDN 中的应用。文献[67-68]研究了储能系统和社区储能的充放电控制策略，以改善电压不平衡问题。文献[69]考虑系统运行经济性，通过优化储能容量配置和运行调度，提升系统电压质量。然而，由于储能系统成本较高，对于电网企业和用户经济负担较重，现阶段难以大规模应用于 LVDN 中。

需求响应(demand response，DR)作为用能互动中最重要的实现方式之一，基于高级量测体系，通过一定价格信号或激励信息，引导用户主动改变自身消费行为、优化用电方式[70]。2020 年，我国全社会用电量为 75 110 亿 kW・h，其中城乡居民生活用电量高达 10 949 亿 kW・h[71]。由于智能电表、无线通信、智能家电、家庭能源管理系统等智能技术的快速发展[72-73]，住宅需求侧资源具有极大的聚集潜力，以参与改善电力系统运行[74-76]。LVDN 三相不平衡是由居民负荷三相分布不均衡导致的，利用居民需求侧响应削减负荷，调整三相负荷分布，开展低压配电网电压质量管理，可从源头上解决问题。

文献[77]研究了用户电器开关状态与有载分接开关的协调控制策略，以管理 LVDN 中的电压问题。但是，该方法仅从一个时间段对用户电器的开断状态进行最优控制，未考虑这些电器设备延迟到其他时间段对 LVDN 运行的影响。居民的热控负荷如空调和热水器，属于惯性负荷，可以有效避免上述问题。且其用能功率高，可在短时间内迅速调整功率，对用户的舒适性影响也较小[78-79]，具有较强的功率调节潜力，广泛应用于居民用能优化和改善电力系统运行的需求侧响应中[80-81]。文献[82]提出了一种基于趋同算法的分布式控制策略，通过聚合和控制用户侧的空调负荷实现低压配电网电压管理。因此，可引入居民的热控负荷参与需求侧响应，缓解低压配电网中的 VMULV 问题。

1.4 本章小结

本章首先概述了 LVDN 的基本内涵和目前 LVDN 中的数据采集现状。接着综述了 LVDN 拓扑识别方法的研究进展，共包含信号设备注入法、数据分析法与其他方法三大类，其中数据分析法是目前的主流方法。最后论述了 LVDN 电压幅值和三相不平衡管理技术研究进展，其中传统方案是采用换相开关、有载调压、无功补偿装置治理三相电压不平衡和电压幅值问题，而利用居民需求侧响应削减负荷，调整三相负荷分布，开展低压配电网电压质量管理是当前的发展趋势。

1.5 参考文献

[1] 经济运行调节局. 南方电网实现智能电表和低压集抄全覆盖[EB/OL].（2019-02-28）[2023-5-27]. https://www.ndrc.gov.cn/fggz/jjyxtj/mdyqy/201902/t20190228_1024906.html.

[2] 张凤翱，李国平. 基于载波通信技术的低压配电网设备自动化识别系统[J]. 浙江电力，2017，36(4)：60-63.

[3] 杭州昊美科技有限公司. 一种基于工频载波通信技术的低压配网拓扑自动识别方法及系统：CN201710706444.0 [P]. 2017-12-15.

[4] 冬松. 一种基于宽带载波的台区网络拓扑动态自适应方法：CN106781414A[P]. 2017-05-31.

[5] 李明维，张传远，马晓昆，等. 低压配电台区网络拓扑和相别自动辨识技术研究[J]. 电气时代，2018(10)：62-63.

[6] 汪毅隆，徐凌，徐建伟，等. 一种电表供电相位识别系统：CN206208987U[P]. 2017-05-31.

[7] 郑杰，赵敬风，王海江，等. 一种基于载波通信的电力相位识别方法[J]. 电测与仪表，2015，52(S1)：77-79.

[8] 李忠平，文刚，蔡富东，等. 低压台区物理拓扑在线生成和实时监测方法及系统：CN106026408B[P]. 2019-07-12.

[9] 田世明，李文启，郭志民，等. 一种低压配电台区电气网络拓扑识别系统及方法：CN107332684A[P]. 2017-11-07.

[10] TIAN Z，WU W，ZHANG B. A mixed integer quadratic programming model for topology identification in distribution network[J]. IEEE Transactions on Power Systems，2015，31(1)：823-824.

[11] KRSMAN V D，SARIĆ A T. Verification and estimation of phase connectivity and power injections in distribution network[J]. Electric Power Systems Research，2017，143：281-291.

[12] LUAN W，PENG J，MARAS M，et al. Distribution network topology error correction using smart meter data analytics[C]//Power & Energy Society General Meeting. IEEE，2013.

[13] LUAN W，PENG J，MARAS M，et al. Smart meter data analytics for distribution network connectivity verification[J]. IEEE Transactions on Smart Grid，2015，6(4)：1964-1971.

[14] 耿俊成，吴博，万迪明，等. 基于离群点检测的低压配电网拓扑结构校验[J]. 电力信息与通信技术，2017，15(5)：61-65.

[15] 耿俊成，张小斐，郭志民，等. 基于离散 Frechet 距离和剪辑近邻法的低压配电网拓扑结构校验方法[J]. 电测与仪表，2017，54(5)：50-55.

[16] 肖勇，赵云，涂治东，等. 基于改进的皮尔逊相关系数的低压配电网拓扑结构校验方法[J]. 电力系统保护与控制，2019，47(11)：37-43.

[17] PEZESHKI H，WOLFS P J. Correlation based method for phase identification in a three phase LV distribution network[C]//2012 22nd Australasian Onicersities Dower Engineering Conference，Bali，Jndonesia，2012：1-7.

[18] PEZESHKI H，WOLFS P J. Consumer phase identification in a three phase unbalanced LV distribution network[C]//IEEE Pes International Conference & Exhibition on Innovative Smart Grid Technologies. IEEE，2012：1-7.

[19] 龙翔林，章恩友，马益平，等. 一种电表相位识别方法：CN107271946A[P]. 2017-10-20.

[20] 耿俊成，郭志民，张小斐，等. 基于电压曲线相似性分析的低压台区用户相位识别方法：CN108564485A[P]. 2018-09-21.

[21] ARYA V，MITRA R. Voltage-based clustering to identify connectivity relationships in distribution networks[C]//IEEE International Conference on Smart Grid Communications. IEEE，2013.

[22] WATSON J，WELCH J，NEVILLE W. Use of smart-meter data to determine distribution system topology[J]. The Journal of Engineering，2016(5)：94-101.

[23] BRINT A，POURSHARIF G，BLACK M，et al. Using grouped smart meter data in phase identification[J]. Computers & Operations Research，2018，96：213-222.

[24] ARYA V，SEETHARAM，D，KALYANARAMAN S，et al. Phase identification in smart grids[C]//2011 IEEE International Conference on Smart Grid Communications，Oct，2011.

[25] DILEK M，BROADWATE R P，SEQUIN R. Phase prediction in distribution systems[C]//Power Engineering Society Winter Meeting. IEEE，2002.

[26] XU MINGHAO，LI RAN，LI FURONG. Phase identification with incomplete data[J]. IEEE Transactions on Smart Grid，2018，9(4)：2777-2785.

[27] 闫卫国，王高猛，林济铿，等. 基于AMI量测信息的低压配电网拓扑校验方法[J]. 中国电力，2019，52(2)：125-133.

[28] SHORT，TOM A. Advanced metering for phase identification，transformer identification，and secondary modeling[J]. IEEE Transactions on Smart Grid，2013，4(2)：651-658.

[29] TIAN Z，WU W，ZHANG B. A mixed integer quadratic programming model for topology identification in distribution network[J]. IEEE Transactions on Power Systems，2015，31(1)：823-824.

[30] 张丽强，丛伟，董罡，等. 基于多元线性回归的单相电表相别判断方法[J]. 电力自动化设备，2020，40(5)：144-156，187.

[31] MITRA R，KOTA R，BANDYOPADHYAY S，et al. Voltage correlations in smart meter Data[C]//Acm Sigkdd International Conference on Knowledge Discovery & Data Mining. ACM，2015.

[32] WANG W，YU N，FOGGO B，et al. Phase identification in electric power distribution systems by clustering of smart meter data[C]//2016 15th IEEE International Conference on Machine Learning and Applications (ICMLA). IEEE Computer Society，2016.

[33] OLIVIER F，SUTERA A，GEURTS P，et al. Phase identification of smart meters by clustering voltage measurements[C]//IEEE 2018 Power Systems Computation Conference (PSCC). Dublin，Ireland，2018：1-8.

[34] 邹时容，陆慧，洪梓铭，等. 基于三维时空特性的低压配电网拓扑识别方法[J]. 电网与清洁能源，2019，35(9)：34-42，56.

[35] NI F，LIU J Q，WEI F，et al. Phase identification in distribution systems by data mining methods[C]//IEEE Conference on Energy Internet and Energy System Integration，2017.

[36] BLAKELY L，RENO M J，FENG W. Spectral clustering for customer phase identification using

AMI voltage timeseries [C]//2019 IEEE Power and Energy Conference at Illinois (PECI). IEEE, 2019.

[37] WANG W, YU N, LU Z. Advanced metering infrastructure data driven phase identification in smart grid [C]//The Second International Conference on Green Communications. Computing and Technologies, 2017.

[38] 连子宽，姚力，刘晟源，等. 基于 t-SNE 降维和 BIRCH 聚类的单相用户相位及表箱辨识[J]. 电力系统自动化，2020，44(8)：176-184.

[39] OLIVIER, FRÉDÉRIC, ERNST D, et al. Automatic phase identification of smart meter measurement data[J]. Cired Open Access Proceedings Journal, 2017(1): 1579-1583.

[40] LISOWSKI M, MASNICKI R, MINDYKOWSKI J. PLC-enabled low voltage distribution network topology monitoring[J]. IEEE Transactions on Smart Grid, 2019, 10(6): 6436-6448.

[41] SATYA J P, BHATT N, PASUMARTHY R, et al. Identifying topology of power distribution networks based on smart meter data[J]. IEEE Transactions on Smart Grid, 2016, 9(5): 5113-5122.

[42] FOGGO B, YU N. A comprehensive evaluation of supervised machine learning for the phase identification problem[J]. World Academy of Science, Engineering and Technology International Journal of Computer and Systems Engineering, 2018, 12(6): 419-427.

[43] ZHAO Y, CHEN J, POOR H V. Efficient neural network architecture for topology identification in smart grid[C]//2016 IEEE Global Conference on Signal and Information Processing, 2016.

[44] FOGGO B, YU N. Improving supervised phase identification through the theory of information losses[J]. IEEE Transactions on Smart Grid, 2020, 11(3): 2337-2346.

[45] 郑美春. 瞬时停电法在台区变户关系排查中的应用[J]. 企业导报，2014(23)：160，200.

[46] 潘明明，田世明，耿俊成，等. 计及 RFID 资产信息的台区用户自动识别系统研究[J]. 重庆理工大学学报(自然科学)，2017，31(11)：156-160，216.

[47] 高泽璞，赵云，余伊兰，等. 基于知识图谱的低压配电网拓扑结构辨识方法[J]. 电力系统保护与控制，2020，48(2)：34-43.

[48] 陈耀军，张国成，魏明林，等. 一种基于无线 mesh 网的智能台区识别方法及智能台区系统：CN108337332A[P]. 2018-07-27.

[49] 汤定阳，曾祥飞，罗宏管. 配网拓扑自动识别系统：CN202978420U[P]. 2013-06-05.

[50] 高磊，杨毅，卜强生，等. 基于 MAC 地址匹配的智能变电站网络设备拓扑动态识别[J]. 电力系统自动化，2014，38(20)：81-84.

[51] 张孝云，张洪波，刘鼎立，等. 换相技术在三相负荷不平衡治理中的应用研究[J]. 电力电容器与无功补偿，2019，40(2)：131-135，159.

[52] 谢峥，杨楠，刘钊，等. 考虑不确定性和安全效能成本的配电网低电压综合治理方法[J]. 电力系统保护与控制，2020，48(9)：36-48.

[53] 王文彬，伍小生，陈霖，等. 基于改进型蚁群算法的配电网低电压治理自动规划研究[J]. 武汉大学学报：工学版，2018，51(9)：831-836.

[54] 赵晋泉，刘绪，林昌年，等. 单相光伏大量接入的三相不平衡配电网无功优化[J]. 电力系统自动化，2016，40(13)：13-18.

[55] 廖坤玉，陶顺，姚黎婷，等. 不平衡负荷负序加权等效模型及其平衡化补偿方法[J]. 中国电机工程学报，2017，37(19)：5594-5603.

[56] 刘创华，刘莹，方琼. 有功注入型电压质量补偿器控制策略及仿真研究[J]. 电力系统保护与控制，2020，48(16)：108-114.

[57] 方恒福，盛万兴，王金丽，等. 配电台区三相负荷不平衡实时在线治理方法研究[J]. 中国电机工程学报，2015，35(9)：2185-2193.

[58] SHAHNIA F, WOLFS P J, GHOSH A. Voltage unbalance reduction in low voltage feeders by

dynamic switching of residential customers among three phases[J]. IEEE Trans Smart Grid,2014,5(3):1318-1327.

[59] 魏剑啸,粟忠来,杨波,等. 配电台区无功功率及三相不平衡电容调节的研究[J]. 电力系统保护与控制,2019,47(16):71-79.

[60] 唐冬来,郝建维,刘荣刚,等. 基于动态规划的配电台区三相负荷不平衡治理方法[J]. 电力系统保护与控制,2020,48(21):58-66.

[61] COPPO M, TURRI R, MARINELLI M, et al. Voltage management in unbalanced low voltage networks using a decoupled phase-tap-changer transformer[C]//2014 49th International Universities Power Engineering Conference,2014.

[62] WOLFS,P,MASOUM M A S,SU X. Comprehensive optimal photovoltaic inverter control strategy in unbalanced three-phase four-wire low voltage distribution networks [J], IET Generation, Transmission & Distribution,2014,8(11):1848-1859.

[63] SAFAYET A,FAJRI P,HUSAIN I. Reactive power management for overvoltage prevention at high PV penetration in a low-voltage distribution system [J]. IEEE Transactions on Industry Applications,2017,53(6):5786-5794.

[64] EFKARPIDIS N, DE RYBEL T, DRIESEN J. Optimization control scheme utilizing small-scale distributed generators and OLTC distribution transformers [J]. Sustainable Energy Grids & Networks,2016,8:74-84.

[65] AKHAVAN E, SHAABAN M, El-SAADANY E, et al. Managing demand for plug-in electric vehicles in unbalanced LV systems with photovoltaics [J]. IEEE Transactions on Industrial Informatics,2017,13(3):1057-1067.

[66] WECKX S, DRIESEN J. Load balancing with EV chargers and PV inverters in unbalanced distribution grids[J]. IEEE Transactions on Sustainable Energy,2015,6(2):635-643.

[67] ALAM,M. J E,SUTANTO,et al. Community energy storage for neutral voltage rise mitigation in four-wire multigrounded LV feeders with unbalanced solar PV allocation[J]. IEEE Transactions on Smart Grid,2015,6(6):2845-2855.

[68] CHUA K H,LIM Y S,TAYLOR P,et al. Energy storage system for mitigating voltage unbalance on low-voltage networks with photovoltaic systems[J]. IEEE Transactions on Power Delivery,2012,27(4):1783-1790.

[69] 陈厚合,刘丽娜,姜涛,等. 提升配电网电压质量的分布式储能经济优化配置方法[J]. 电网技术,2018,42(7):2127-2135.

[70] HLALELE THABO G,ZHANG JIANGFENG,NAIDOO RAJ M,et al. Multi-objective economic dispatch with residential demand response programme under renewable obligation[J]. Energy,2021,218:119473.

[71] 国家能源局. 2020 年全社会用电量同比增长 3.1% [EB/OL]. http://www.nea.gov.cn/2021-01/20/c_139682386.htm.

[72] THANH H,YONGJUN Z,JINBAO H,et al. Energy hub's structural and operational optimization for minimal energy usage costs in energy systems[J]. Energies,2018,11(4):707.

[73] ZHOU L, ZHANG Y, LIN X, et al. Optimal sizing of PV and BESS for a smart household considering different price mechanisms [J],IEEE Access,2018,6:41050-41059.

[74] HU Q, LI F, FANG X, et al. A framework of residential demand aggregation with financial incentives[J]. IEEE Transactions on Smart Grid,2017,9 (1):497-505.

[75] HAIDER H T,SEE O H,ELMENREICH W. A review of residential demand response of smart grid [J]. Renewable & Sustainable Energy Reviews,2016,59:166-178.

[76] BAHRAMI S,AMINI M H,SHAFIE-KHAH M,et al. A decentralized electricity market scheme

enabling demand response deployment[J]. IEEE Transactions on Power Systems, 2018, 33(4): 4218-4227.

[77] RAHMAN M M, AREFI A, SHAFIULLAH G M. A new approach to voltage management in unbalanced low voltage networks using demand response and OLTC considering consumer preference [J]. International Journal of Electrical Power & Energy Systems, 2018, 99: 11-27.

[78] 李彬,吴倩,陈宋宋,等. 基于云模型理论的家用电热水器优化控制策略[J]. 电力建设, 2018, 39(5): 95-104.

[79] FOTOUHI G M A, SOARES J, ABRISHAMBAF O, et al. Demand response implementation in smart households[J]. Energy & Buildings, 2017, 143: 129-148.

[80] VIVEKANANTHAN C, MISHRA Y. Stochastic ranking method for thermostatically controllable appliances to provide regulation services[J]. IEEE Transactions on Power Systems, 2015, 30(4): 1987-1996.

[81] 南思博,李庚银,周明,等. 智能小区可削减柔性负荷实时需求响应策略[J]. 电力系统保护与控制, 2019, 47(10): 42-50.

[82] 吴润基,王冬骁,谢昌鸿,等. 空调负荷参与配电网电压管理的分布式控制方法[J]. 电力系统自动化, 2021, 45(6): 215-222.

第2章

基于知识驱动的变户关系识别

现阶段低压用户接线复杂，负荷转供频繁，加上人工录入误差等因素影响，LVDN 中广泛存在变户关系错误问题。准确的变户关系是 LVDN 线损管理、停复电处理的关键，同时也是后续准确识别 LVDN 相-线-户关系、实现 LVDN 全拓扑可视化的前提。传统依靠人力和信号注入设备校验变户关系的方法投资成本高、效率低且无法自动更新。因此，研究 LVDN 变户关系自动识别技术显得尤为重要。

为此，本章融合统计学数据处理方法和 LVDN 电力潮流固有的拓扑关联先验知识，提出了一种基于知识驱动的变户关系识别方法。该方法主要适用于没有误差的理想数据场景。首先，推导 LVDN 中的 AMI 量测数据的时空特性，在此基础上分析、提炼与 LVDN 变户关系相关的先验知识，为后续知识驱动算法研究提供理论基础。其次，联合 Z-Score 标准化和主成分分析法对原始数据进行标准化和特征提取处理，以放大数据间的差异并削弱数据噪声的影响。再次，综合利用有关靠近配变首端和非靠近配变首端用户的电压关联特性的先验知识，提出用于确定变户关系错误的用户，并能辨识其真实变户关系的知识驱动变户识别模型。最后，在广东省某实际 LVDN 中验证了所提方法的有效性，探讨了所提方法在不同场景下的性能表现，并与已有识别方法进行了比较分析。算例表明，本章方法相比已有方法，可以达到更高的变户关系识别准确率，且对数据区分度和噪声有较好的鲁棒性。

2.1 LVDN 变户关系识别问题概述

变户关系指的是 LVDN 配变和用户电表的归属关系。若配变与用户存在直接的供用电关系，则认为该用户归属该配变，反之则不归属该配变。图 2-1 给出了简化的 LVDN 示意图，其中，用户电表 M1、M2、M3、M4 由配变 T1 供电，则认为这些用户归属于 LVDN#1。同样地，用户电表 M5、M6、M7、M8 由配变 T2 供电，则认为这些用户归属于 LVDN#2。

LVDN 的集中器中存有抄表档案信息，即集中器需要抄集数据的电表编号，可以视为目前电网公司可以获取的变户关系。理想情况下，这个抄表档案信息有且仅有该 LVDN 供电的所有用户电表信息。然而，LVDN 集中器中的抄表档案信息与实际的变户关系不符是

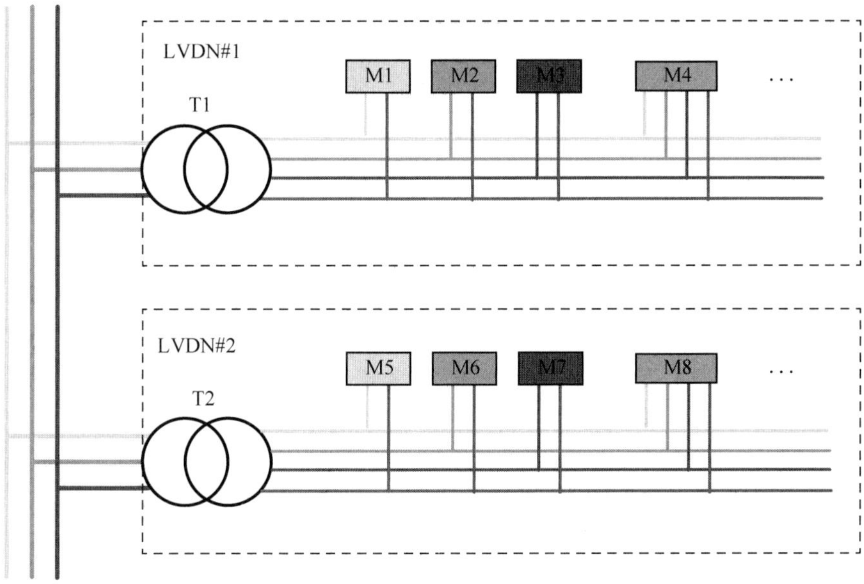

图 2-1　LVDN 示意图

比较常见的工程问题，可能存在以下表现形式：

（1）集中器中的抄表档案信息完全覆盖本 LVDN 的电表档案，但存在不属于本 LVDN 的电表档案。

（2）集中器中的抄表档案信息不存在属于其他 LVDN 的电表档案，但没有完全覆盖本台区的电表档案，部分电表档案归属在其他 LVDN 集中器的抄表档案中。

（3）集中器中的抄表档案信息没有完全覆盖本台区的电表档案，部分电表档案归属在其他 LVDN 集中器的抄表档案中，同时又存在属于其他 LVDN 的电表档案。

造成抄表档案信息与实际的变户关系不符的原因包括：LVDN 运行方式调整，对部分用户进行了转供电操作，但没有及时更新集中器中的抄表档案信息；在接线复杂区域，难以分辨用户的变户关系，人工录入错误的电表档案信息。

准确的变户关系不仅是 LVDN 线损管理精细化和降损节能的基础，同时也影响后续 LVDN 全拓扑关系的准确识别，因此，校验 LVDN 变户关系的研究是十分重要和必须的。

2.2　量测数据时空特性推导与 LVDN 变户关系先验知识分析

LVDN 中流通电力潮流，在该潮流约束下，配电网节点间的电压、电流数据在时间和空间上存在相关性。本节首先从节点电压计算公式着手，推导 LVDN 中量测数据的时空特性。在此基础上，进一步分析 LVDN 变户关系相关的先验知识。

2.2.1　量测数据时空特性推导

本节涉及的量测数据包括智能电表记录的停电事件记录、电压数据和电流数据。

1. 智能电表停电事件记录的时空特性

通常情况下，LVDN 为辐射型网络结构，此时 LVDN 相当于图论中的树，任意两个顶点间存在唯一一条路径，如图 2-2 所示。

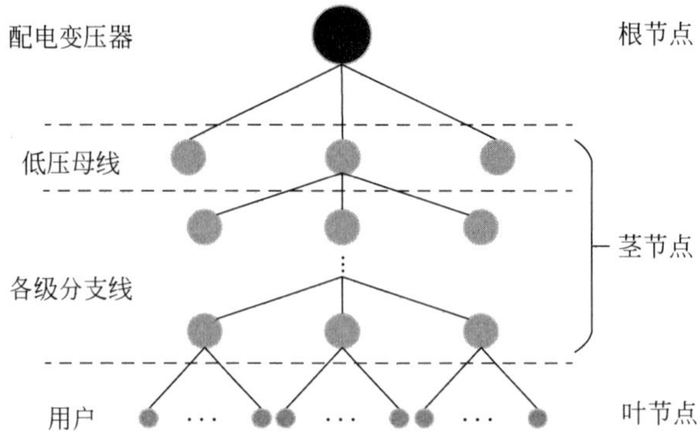

图 2-2　类比树状结构的 LVDN 拓扑示意图

在图 2-2 所示的树状结构中，配电变压器为根节点，低压母线和各级分支线为茎节点，用户为叶节点。其中，若根节点出现停电，连接于该根节点的所有叶节点将停电；若茎节点出现停电，连接于该茎节点的所有叶节点将停电。由此，总结智能电表停电记录的时空特性如下：

（1）当低压变压器故障或计划停电时，由该变压器供电用户的智能电表都会记录相应的停电事件，且停电事件发生及结束的时刻相近。

（2）当某相母线故障停电或计划停电时，由该相母线供电用户的智能电表都会记录相应的停电事件，且停电事件发生及结束的时刻相近。

（3）当某条一级分支线故障停电或计划停电时，由该一级分支线供电用户的智能电表都会记录相应的停电事件，且停电事件发生及结束的时刻相近。

2. 电压数据的时空特性

本节在研究 LVDN 电压数据的时空特性时，以某一相线为例进行分析。图 2-3 为 LVDN 某一相线示意图。为更好地揭示节点电压的变化特性，本节结合工程实践经验，在理论推导过程中进行了以下简化处理：

（1）城市低压台区由电缆经集中表箱分接入户，用户电表没有引下线，而农村低压台区用户电表的引下线长度一般在 1～2m，较短。因此，在推导过程中忽略用户电表引下线上的电压降。

（2）不考虑 LVDN 中存在反向潮流的情况。

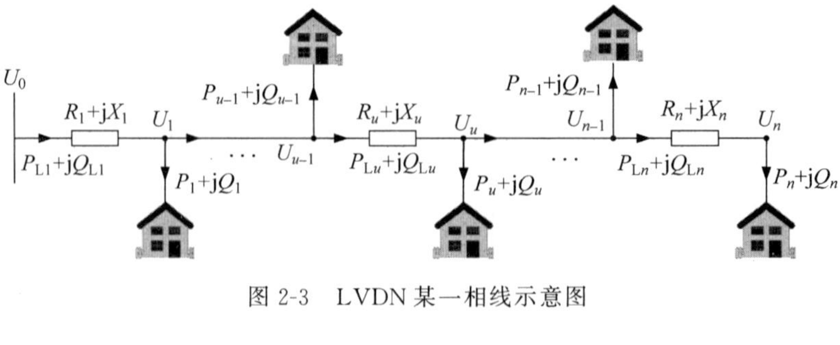

图 2-3　LVDN 某一相线示意图

1）电压空间特性分析

于台区相线上任一节点 u，根据电压降公式分析可知，t 时刻节点 u 电压可由式(2-1)表示：

$$\begin{aligned} U_u^t &= U_0^t - \frac{R_1 P_{L1}^t + X_1 Q_{L1}^t}{U_0^t} - \cdots - \frac{R_u P_{Lu}^t + X_u Q_{Lu}^t}{U_{u-1}^t} \\ &= U_0^t - \sum_{i=1}^{u} \frac{R_i P_{Li}^t + X_i Q_{Li}^t}{U_{i-1}^t}, \quad u = 1,2,\cdots,n \end{aligned} \tag{2-1}$$

式中，U_u^t 为 t 时刻节点 u 电压；U_0^t 为 t 时刻配变低压侧母线电压；R_u、X_u 分别为第 u 段线路的电阻、电抗；P_{Lu}^t、Q_{Lu}^t 分别为 t 时刻第 u 段线路的首端传输有功功率、无功功率；R_i、X_i 分别为第 i 段线路的电阻、电抗；P_{Li}^t、Q_{Li}^t 分别为 t 时刻第 i 段线路的首端传输有功功率、无功功率；n 为 LVDN 中的节点总数。

根据式(2-1)可计算 t 时刻相邻节点的电压降，即

$$\Delta G_u^t = U_{u+1}^t - U_u^t = -\frac{R_{u+1} P_{L(u+1)}^t + X_{u+1} Q_{L(u+1)}^t}{U_u^t} < 0 \tag{2-2}$$

式中，ΔG_u^t 为 t 时刻节点 u 与节点 $(u+1)$ 之间的电压幅值变化量。

分析式(2-1)和式(2-2)，可总结台区电压的空间特性，具体如下：

(1) 线路上任一节点电压幅值与该相母线电压、节点距首端电气距离、LVDN 整体线路传输功率有关。

(2) 单电源线路，同一时刻断面下沿线节点电压幅值呈现逐渐递减的变化规律。

2）电压时间特性分析

结合式(2-1)和式(2-2)可推导低压线路任意节点在相邻时刻的电压变化量表达式，即

$$\Delta U_u^t = U_u^{t+1} - U_u^t = U_0^{t+1} - U_0^t - \sum_{i=1}^{u} \frac{R_i P_{Li}^{t+1} + X_i Q_{Li}^{t+1}}{U_{i-1}^{t+1}} + \sum_{i=1}^{u} \frac{R_i P_{Li}^t + X_i Q_{Li}^t}{U_{i-1}^t}, \quad u = 1,2,\cdots,n \tag{2-3}$$

式中，ΔU_u^t 为节点 u 第 t 时刻至第 $(t+1)$ 时刻的电压变化量；U_u^t 和 U_u^{t+1} 分别为 t 时刻和 $t+1$ 时刻节点 u 的电压；U_0^{t+1} 和 U_0^t 分别为 t 时刻和 $t+1$ 时刻配变低压侧母线电压。

分析式(2-3)，可总结台区电压的时间特性：相邻时刻，线路上任一节点的电压变化量(方向与幅度)主要与配变低压侧母线电压变化量、上游各段线路流过的有功功率变化量(线路整体负荷特性)、上游各段线路长度和上游节点电压幅值相关。

台区同一出线上任一节点电压在相邻时刻的变化方向取决于上游各线段流过的功率变化量之和，即该出线的整体负荷特性，而并非仅由该节点自身负荷特性决定，因此，在某一时段内，当同相不同出线上的整体负荷特性存在较为明显差异时，若同一用户接入不同出线，其电压时间特性也应存在差异。当不同相线上的整体负荷特性存在较为明显差异时，不同相线上节点的电压时间特性大概率存在差异。

3. 电流数据的时空特性

基尔霍夫电流定律指出，所有流入一个节点的电流的总和等于所有流出这个节点的电流总和。在不考虑反向潮流的情况下，LVDN 中的电流由变压器传送至低压三相母线，再经各级分支线传送至用户。此时，LVDN 中的电流数据存在如下时空特性：

(1) 在任意时刻,某 LVDN 变压器输入网络的总电流等于由该变压器供电的所有用户的智能电表记录的电流值之和。

(2) 在任意时刻,LVDN 某相低压母线输入网络的总电流等于由该相低压母线供电的所有用户的智能电表记录的电流值之和。

(3) 在任意时刻,LVDN 某级分支线输入网络的总电流等于由该分支线供电的所有用户的智能电表记录的电流值之和。

值得注意的是,上述电流数据时空特性等式成立于没有考虑计量误差的理想场景。

2.2.2 LVDN 变户关系先验知识分析

由 2.2.1 节中的智能电表停电事件记录的时空特性和电流数据的时空特性分析可得到 LVDN 变户关系中的先验知识。

先验知识 1:用户的停电事件记录(包括停电次数和停电时间)应该与所连接 LVDN 变压器的停电记录(包括停电次数和停电时间)一致。

先验知识 2:在任意时刻,LVDN 变压器输入网络的总电流等于由该变压器供电的所有用户的智能电表记录的电流值之和。

基于电压数据的时空特性,进一步推导分析与上述 LVDN 变户关系相关的先验知识。对于靠近低压母线的节点,其到低压母线的线路距离较短,进而这些节点与低压母线之间的每条线的距离也很短。因此,这些节点和低压母线之间的每条线路的电阻(R_i)和电抗(X_i)都很小。于是,对于低压母线附近的节点,可以假设为

$$-\sum_{i=1}^{u}\frac{R_iP_{\mathrm{L}i}^{t+1}+X_iQ_{\mathrm{L}i}^{t+1}}{U_{i-1}^{t+1}}+\sum_{i=1}^{u}\frac{R_iP_{\mathrm{L}i}^{t}+X_iQ_{\mathrm{L}i}^{t}}{U_{i-1}^{t}}\approx 0 \tag{2-4}$$

将式(2-4)代入式(2-3),可得 $\Delta U_u^t\approx\Delta U_0^t$。由于不同 LVDN 配变低压侧母线电压以及台区的综合负荷特性存在差异,因此靠近首端的用户与所属 LVDN 的低压母线电压曲线相似性最大(图 2-1 中 M_1、M_5 分别和 T1、T2 的低压母线电压曲线相似性最大)。引入 Person 相关性系数描述电压曲线间的相似性,电压曲线越相似,它们之间的 Person 相关性系数越大,计算公式如下:

$$\rho_{rs}=\frac{\mathrm{cov}(r,s)}{\sigma_r\sigma_s}=\frac{E[(X-\mu_r)(Y-\mu_s)]}{\sigma_r\sigma_s} \tag{2-5}$$

式中,ρ_{rs} 为电压时序曲线之间的 Pearson 相关系数;$\mathrm{cov}(r,s)$为两个电压时间序列向量的协方差;σ_r、σ_s 分别为 r、s 的标准差;X、Y 分别为节点 r 和 s 的电压时间序列向量;μ_r、μ_s 分别为 r、s 的均值。

因此,对于靠近配变首端的用户,可以通过比较他们与配变首端低压母线的电压曲线相关性系数(correlation coefficient of voltage profiles,CCVP)来确定他们的变户关系。总结 LVDN 变户关系中的先验知识如下:

先验知识 3:靠近配变首端的用户,其与所属 LVDN 的低压母线之间的 CCVP 值最大。

对于远离首端、位于线路末端的节点,受线路整体负荷特性和线路长度的影响,ΔU_u^t 可能与 ΔU_0^t 有较大的区别。此时,远离首端、位于线路末端的节点和低压母线的电压时序曲线相似性较低,无法确定哪个 LVDN 的低压母线与其 CCVP 值最大。换而言之,与其 CCVP 值最大的低压母线的相位可能与他们相同也可能不相同,视具体情况而定。由此,无

法通过比较他们与配变首端低压母线的 CCVP 值来确定他们的变户关系。

根据 2.2.1 节分析的电压数据时间特性可知，任一节点电压时序变化主要与其所在台区配变低压侧所属相母线电压时序变化、上游各段线路功率时序变化（即相线的综合负荷特性）有关。由于不同台区配变低压侧母线电压以及台区的综合负荷特性存在差异，因此，LVDN 中用户之间的电压相关性将会因不同台区和相户而呈现不同的变化特性。定义用户 u 与其他用户的电压相关性序列 Ω_u 为

$$\Omega_u = \{\rho_{u1}, \rho_{u2}, \cdots, \rho_{uv}, \cdots, \rho_{un}\} \tag{2-6}$$

式中，ρ_{uv} 为用户 u 与 v 之间的 CCVP 值。

不同 LVDN 的用户之间存在如下情况：

(1) 同相用户的电压相关性较强，而不同相用户的电压相关性较弱，因此本 LVDN 用户之间的电压相关性序列将出现显著波动，即电压相关性序列标准差较大，而非本 LVDN 的用户因与其他用户的电压相关性均较弱，所以其与本 LVDN 的用户之间的电压相关性序列标准差较小。

(2) 本台区用户之间的电压相关性均较强，而非本台区用户与其他用户的电压相关性较弱，因此本台区用户之间的电压相关性序列均值较大，而非本台区用户与本台区用户之间的电压相关性序列均值较小。

由此，可利用上述两条特性确定远离首端、位于线路末端的用户的变户关系，总结 LVDN 变户关系中的先验知识。

先验知识 4：本 LVDN 用户之间的电压相关性序列标准差和均值较大，而非本 LVDN 用户之间的电压相关性序列标准差和均值较小。

2.3 知识驱动的 LVDN 变户关系识别模型

本节中的“知识”具体指的是 2.2.2 节提炼的与 LVDN 变户关系相关的先验知识，知识因子 ϑ 定义为根据知识推导得到的具体经验规则。根据知识表示中的产生式表示法，知识因子 ϑ 可以表示为

$$\vartheta: \{\text{if } M \text{ then } N\} \tag{2-7}$$

式(2-7)为若 M 成立则 N 成立的因果逻辑经验规则，其中，M 为条件事件，为知识因子的触发条件。在本章所研究的问题中，条件事件可以设置为：多个节点间电压的相关度、节点空间位置分布的聚合度或负荷电流高频分量的相似度等指标测量值超过阈值。N 为结论事件，表示在条件事件 M 成立下的经验判断，如节点的上下游关系、层级关系、位置关系等拓扑关系判断。

考虑到在工程实际中配电变压器停电多为 10kV 线路计划停电导致，此时连接在该 10kV 线路上的 LVDN 的停电记录一致，难以通过停电事件记录判断变户连接关系。因此，本节主要考虑基于 2.2 节中的先验知识 3 和先验知识 4，构建知识驱动的 LVDN 变户关系识别模型。

图 2-4 给出了所提知识驱动的 LVDN 变户关系识别模型流程图。

如图 2-4 所示，所提方法共包含两部分：第一部分为数据预处理环节，利用 Z-score 和主成分(principal components analysis，PCA)分析法分别对原始数据进行数据标准化和主

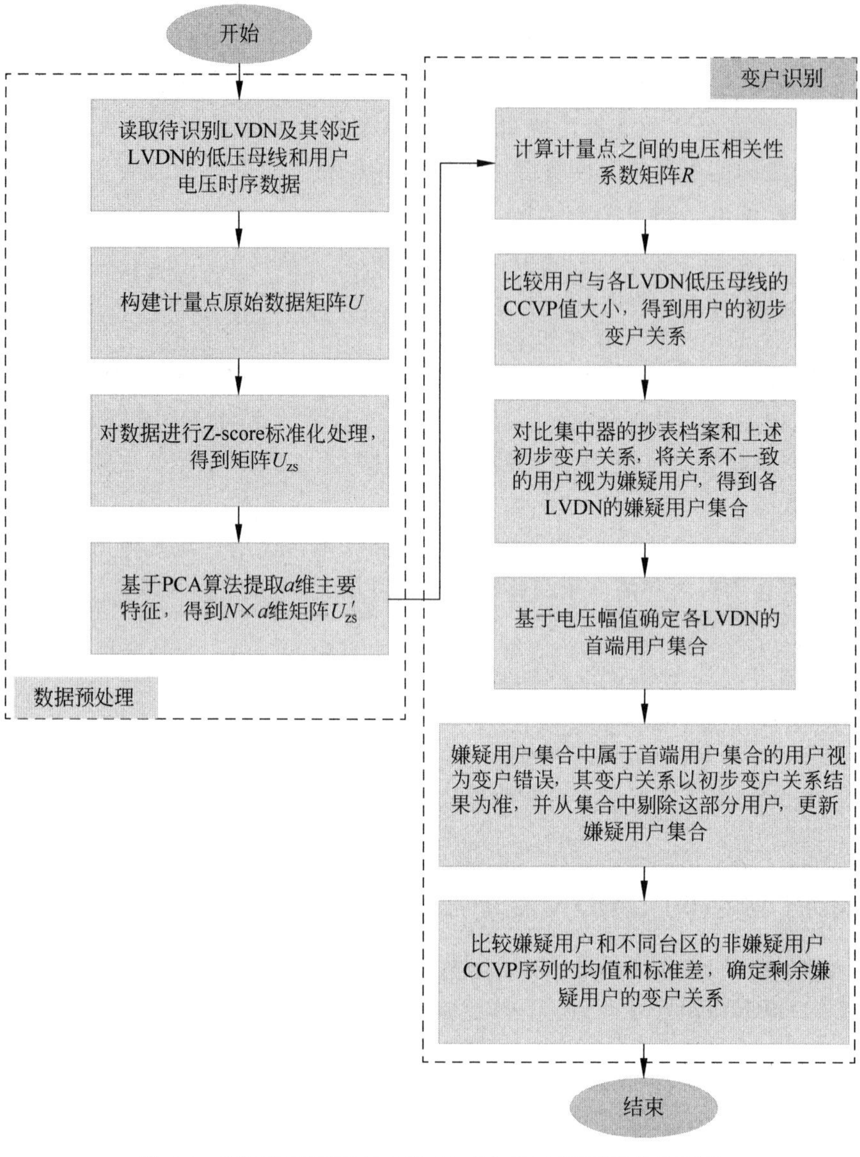

图 2-4　所提知识驱动的 LVDN 变户关系识别模型流程图

要特征提取处理，以减少数据噪声、数据冗余对模型识别结果准确性的影响。第二部分为 LVDN 变户关系识别环节，分别利用先验知识 3 和先验知识 4 判别靠近配变低压母线首端用户和非靠近低压母线首端用户的变户归属关系。

值得注意的是，本章所提方法是在明确了待识别台区及其邻近台区的基础上校验待识别台区的 LVDN 变户关系。如何确定待识别台区的相邻台区请参见文献[1]中的方法，本章不作赘述。所提模型的细节如下所述。

2.3.1　数据标准化和主要特征提取

经过三相不平衡度治理的 LVDN，采集到的电压数据往往分布集中，用户特征间的差异很小，一定程度上影响了算法的精度，可以采用 Z-Score 标准化方法对特征的差异进行放大。受限于电表计量误差和通信问题，智能电表采集到的数据中常混有一些噪声，同时需要高维数据才能刻画台区所有用户电压的整体规律。为了削弱噪声影响、降低算法的时间复杂度，采用 PCA 降维算法保留电压数据的主要特征。

1. 基于 Z-Score 的数据标准化

解决变户关系识别问题需要对用户电压数据集进行分析，因此希望保留原始数据集中的数据分布特性。不同相位用户间的电压波动特性存在一定差异，需要消除统计方差的影响。Z-Score 标准化是特征工程中的一种特征缩放方法，它将原始数据变换为均值为 0、标准差为 1 的分布。利用该方法不改变数据分布、去均值化和标准化方差的特性，可以解决上述问题。

将 LVDN 低压母线上的计量终端和用户侧的智能电表统称为计量点，并基于待识别 LVDN 及其邻近 LVDN 的低压母线和用户的电压数据构建原始电压数据矩阵：$\boldsymbol{U}=[\boldsymbol{U}_{\mathrm{L1}},\boldsymbol{U}_{\mathrm{L2}},\cdots,\boldsymbol{U}_{\mathrm{L}e};\boldsymbol{U}_{\mathrm{C1}},\boldsymbol{U}_{\mathrm{C2}},\cdots,\boldsymbol{U}_{\mathrm{C}e}]$，其中 $\boldsymbol{U}_{\mathrm{L1}}$ 和 $\boldsymbol{U}_{\mathrm{C1}}$ 分别表示第一个 LVDN 的低压三相母线电压矩阵和用户电压矩阵，如式(2-8)和式(2-9)所示，e 代表总 LVDN 数目，其余类推。

$$\boldsymbol{U}_{\mathrm{L1}}=\begin{bmatrix} u_{\mathrm{L1A}}^{1} & u_{\mathrm{L1A}}^{2} & \cdots & u_{\mathrm{L1A}}^{T} \\ u_{\mathrm{L1B}}^{1} & u_{\mathrm{L1B}}^{2} & \cdots & u_{\mathrm{L1B}}^{T} \\ u_{\mathrm{L1C}}^{1} & u_{\mathrm{L1C}}^{2} & \cdots & u_{\mathrm{L1C}}^{T} \end{bmatrix} \tag{2-8}$$

$$\boldsymbol{U}_{\mathrm{C1}}=\begin{bmatrix} u_{\mathrm{C11}}^{1} & u_{\mathrm{C11}}^{2} & \cdots & u_{\mathrm{C11}}^{T} \\ u_{\mathrm{C12}}^{1} & u_{\mathrm{C12}}^{2} & \cdots & u_{\mathrm{C12}}^{T} \\ \vdots & \vdots & \vdots & \vdots \\ u_{\mathrm{C1}f}^{1} & u_{\mathrm{C1}f}^{2} & \cdots & u_{\mathrm{C1}f}^{T} \end{bmatrix} \tag{2-9}$$

式中，u_{L1A}^{T}、u_{L1B}^{T} 和 u_{L1C}^{T} 分别为第一个 LVDN 中 A、B、C 三相母线在 T 时刻的电压值；$u_{\mathrm{C1}f}^{T}$ 为第一个 LVDN 中第 f 个用户在 T 时刻的电压值；f 为第一个 LVDN 中集中器抄表档案中的总用户数。

计量点电压数据的 Z-Score 标准化计算方法为

$$u_{u}^{t'}=\frac{u_{u}^{t}-\mu(\boldsymbol{U}_{\Phi}^{t})}{\sigma(\boldsymbol{U}_{\Phi}^{t})},\quad u\in\Phi \tag{2-10}$$

式中，$u_{u}^{t'}$ 表示第 j 个计量点电压在 t 时刻的 Z-Score 标准值；$\boldsymbol{U}_{\Phi}^{t}$ 为一个列向量，表示所有计量点在 t 时刻的电压值；$\mu(\boldsymbol{U}_{\Phi}^{t})$ 表示在 t 时刻所有计量点的电压均值；$\sigma(\boldsymbol{U}_{\Phi}^{t})$ 表示在 t 时刻所有计量点的电压标准差；$\boldsymbol{\Phi}$ 为计量点集合。

以 $\boldsymbol{U}_{\Phi}^{t'}$ 表示所有计量点电压在 t 时刻的 Z-Score 标准值向量，标准化后的计量点电压数据集可以表示为 $\boldsymbol{U}_{\mathrm{zs}}$：

$$\boldsymbol{U}_{\mathrm{zs}}=[U_{\Phi}^{1\prime},U_{\Phi}^{2\prime},\cdots,U_{\Phi}^{T\prime}] \tag{2-11}$$

标准化后的电压数据集维度与原始电压数据集维度保持一致。

2. 基于 PCA 的特征提取

PCA 算法是一种基于线性变换的无监督降维算法，利用正交变换将存在相关性的变量转换为一组线性不相关的变量，从而获取能替代数据的主要内容，即“主成分”，同时通过舍弃其他次要的维度实现降维和特征提取[2]。

PCA 广泛应用于数据压缩消除冗余和数据噪声消除等领域。PCA 算法的示意图如图 2-5 所示，具体为：首先计算原始高维矩阵 $\boldsymbol{W}$ 的协方差矩阵 $\boldsymbol{C}$；然后基于特征值分解法求出该协方差矩阵 $\boldsymbol{C}$ 的特征值和特征向量，并将特征向量按特征值的大小从大到小进行排列；再取经过排列后的特征向量的前 a 个向量组成向量 $\boldsymbol{P}$，a 为期望降至的维度；最后将 $\boldsymbol{P}$ 与 $\boldsymbol{W}$ 相乘，即可将原始数据转换到前 a 个特征向量构建的新空间 $\boldsymbol{Z}$ 中。

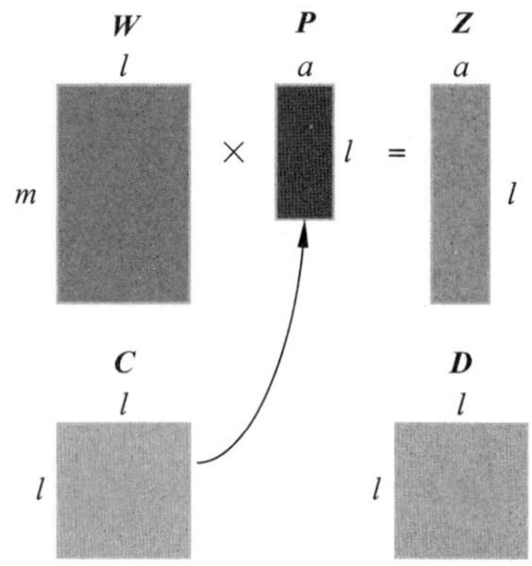

图 2-5　PCA 算法过程

图 2-5 中，$\boldsymbol{W}$ 为含 m 个对象的 l 维原始数据；$\boldsymbol{C}$ 是 $\boldsymbol{W}$ 的协方差矩阵；$\boldsymbol{P}$ 是变换矩阵；$\boldsymbol{Z}$ 为降维后的矩阵；$\boldsymbol{D}$ 是 $\boldsymbol{Z}$ 的协方差矩阵。

首先求出原始高维矩阵 $\boldsymbol{W}$ 的协方差矩阵 $\boldsymbol{C}$，然后通过正交变换可以得到变化后矩阵 $\boldsymbol{Z}$ 的协方差矩阵 $\boldsymbol{D}$ 与原始矩阵 $\boldsymbol{W}$ 的协方差矩阵 $\boldsymbol{C}$ 的关系为

$$\boldsymbol{D}=\boldsymbol{ACA}^{\mathrm{T}} \tag{2-12}$$

式中，$\boldsymbol{A}$ 是协方差矩阵 $\boldsymbol{C}$ 的特征向量；$\boldsymbol{D}$ 为一对角矩阵，其中对角元素是 $\boldsymbol{C}$ 的特征值，非对角元素为 0。

由式(2-12)可推出：

$$\boldsymbol{D}=\boldsymbol{ZZ}^{\mathrm{T}}=\boldsymbol{ACA}^{\mathrm{T}}=\boldsymbol{AWW}^{\mathrm{T}}\boldsymbol{A}^{\mathrm{T}}=(\boldsymbol{AW})(\boldsymbol{AW})^{\mathrm{T}} \tag{2-13}$$

从式(2-13)可以推出变换后矩阵 $\boldsymbol{Z}$ 与原始矩阵 $\boldsymbol{W}$ 之间的关系为：$\boldsymbol{Z}=\boldsymbol{AW}$。

对于降维过程，假如期望最终降维至的维度为 a，将协方差矩阵 $\boldsymbol{C}$ 的特征向量按照特征值从大到小排列，选择前 a 个特征向量组成向量 $\boldsymbol{P}$，一般要求前 a 个特征值在所有特征值中所占的比例在 90%以上，用向量 $\boldsymbol{P}$ 替代 $\boldsymbol{A}$，可得

$$\boldsymbol{Z}=\boldsymbol{PW} \tag{2-14}$$

此时 $\boldsymbol{Z}$ 为降维后的矩阵。

应用 PCA 算法对标准化后的电压数据集 $\boldsymbol{U}_{\mathrm{zs}}$ 进行降维处理，得到保留 a 个主要特征的数据矩阵 $\boldsymbol{U}'_{\mathrm{zs}}$，$\boldsymbol{U}'_{\mathrm{zs}}$ 的维度为 $N\times a$，其中 N 为总计量点数目。

2.3.2　基于先验知识的变户关系识别模型

变户关系识别中包含两个子问题：一个是 LVDN 中哪些用户存在变户关系错误，另一个是这些存在变户关系错误的用户的真实变户关系。2.2.2 节中的先验知识 3 指出了靠近配变首端的用户电压关联特性，即其与所属 LVDN 的低压母线之间的 CCVP 值最大。先验知识 4 指出了非靠近配变首端的用户电压关联特性，即本 LVDN 用户之间的电压相关性序列标准差和均值较大，而非本 LVDN 用户之间的电压相关性序列标准差和均值较小。

由此，本节联合先验知识 3 和先验知识 4，构建基于先验知识的变户关系识别模型，确定 LVDN 中存在变户关系错误的用户及这些用户的真实变户关系，详细流程如下：

步骤 1：经数据标准化和主要特征提取处理后，原始计量点电压数据矩阵转变为 $\boldsymbol{U}'_{\mathrm{zs}}$，基于 $\boldsymbol{U}'_{\mathrm{zs}}$ 计算计量点间的 CCVP 值，得到维度为 $N\times N$ 的计量点电压相关性系数矩阵 $\boldsymbol{R}$。$\boldsymbol{R}$ 可分成 4 个分块矩阵：

$$\boldsymbol{R}=\begin{bmatrix}\boldsymbol{R}_1 & \boldsymbol{R}_2\\ \boldsymbol{R}_3 & \boldsymbol{R}_4\end{bmatrix} \tag{2-15}$$

式中，$\boldsymbol{R}_1$ 为 $N_1\times N_1$ 维方阵，表示待识别 LVDN 的低压母线与邻近 LVDN 的低压母线间的电压相关性系数矩阵，N_1 表示待识别 LVDN 和邻近 LVDN 的低压母线总数；$\boldsymbol{R}_2$ 为 $N_1\times N_2$ 维矩阵，表示待识别 LVDN 和邻近 LVDN 中的用户与低压母线间的电压相关性系数矩阵，N_2 表示待识别 LVDN 和邻近 LVDN 的用户总数；$\boldsymbol{R}_3$ 为 $N_2\times N_1$ 维矩阵，是矩阵 $\boldsymbol{R}_2$ 的转置；$\boldsymbol{R}_4$ 为 $N_2\times N_2$ 维方阵，表示待识别 LVDN 和邻近 LVDN 所包含用户间的电压相关性系数矩阵。

步骤 2：$\boldsymbol{R}_2$ 中的列向量 $\boldsymbol{R}_2(:,h)$，$h=1,2,\cdots,N_2$，即为用户与各个 LVDN 低压母线的 CCVP 值，以每列向量中的最大值 $\mathrm{argmax}\{\mathrm{abs}[\boldsymbol{R}_2(:,h)]\}$ 对应的低压母线所在 LVDN 作为相应用户的变户关系，从而得到初步的变户关系。

步骤 3：将已有的 LVDN 台账信息表与步骤 2 得到的变户关系结果对比，将第 g 个 LVDN 中存在两个变户连接关系不一致的用户纳入嫌疑用户集合 ξ_g 中，$g=1,2,\cdots,b$，b 为 LVDN 数，共得到 b 个嫌疑用户集合。

用户的电压幅值越大，越靠近配变首端。因此，利用用户的电压幅值来判断它的位置。

步骤 4：对每个 LVDN 台账信息上的用户，基于原始电压数据，计算计量周期内这些用户的电压平均值，并将用户按平均值由大到小排序，以前$[\tau\times M_g]$个用户作为靠近第 g 个 LVDN 配变首端的用户，得到首端用户集合 α_g，其中 τ 为阈值系数，$\tau\in[0,0.5]$，M_g 为第 g 个 LVDN 中待识别的用户数目，共得到 b 个首端用户集合。

步骤 5：集合 ξ_g 中属于 α_g 的用户确认为变户关系错误用户，这些用户的变户关系以步骤 2 中的变户关系为准，进一步将这部分从集合 ξ_g 剔除，ξ_g 更新为 ξ_{1g}，$g=1,2,\cdots,b$。

步骤 6：将每个 LVDN 中的用户划分为嫌疑用户集合和非嫌疑用户集合，例如第 g 个 LVDN 中的嫌疑用户集合和非嫌疑用户集合分别用 ξ_{1g} 和 λ_{1g} 表示。对嫌疑用户中的每个用户，从矩阵 $\boldsymbol{R}_4$ 中提取其与所有 LVDN 中的非嫌疑用户间的 CCVP 值，每个用户对应有 b 个电压相关性系数序列，其中 ξ_{1g} 中第 k 个用户的第 g 个电压相关性系数序列 $R_{k,gg}$ 如下：

$$R_{k,gg}=\{\rho_{1gk,1g1},\rho_{1gk,1g2},\cdots,\rho_{1gk,1go},\cdots,\rho_{1gk,1go}\} \tag{2-16}$$

式中，$\rho_{1gk,1go}$ 为 ξ_{1g} 中第 k 个用户与 λ_{1g} 中第 o 个用户间的 CCVP 值，o 为集合 λ_{1g} 中的用户数目，$g=1,2,\cdots,b$。

步骤 7：计算 ξ_{1g} 中第 k 个用户的 b 个电压相关性系数序列的均值 $E_{1g,k}$ 和标准差序列 $F_{1g,k}$，即

$$E_{1g,k}=\{\mu_{kg1},\mu_{kg2},\cdots,\mu_{kgv},\cdots,\mu_{kgb}\} \tag{2-17}$$

$$F_{1g,k}=\{\sigma_{kg1},\sigma_{kg2},\cdots,\sigma_{kgv},\cdots,\sigma_{kgb}\} \tag{2-18}$$

式中，μ_{kgv} 和 σ_{kgv} 分别为 ξ_{1g} 中第 k 个用户的第 v 个电压相关性系数序列 $R_{k,gv}$ 的均值和标准差，$v=1,2,\cdots,b$，$g=1,2,\cdots,b$。

对于 ξ_{1g} 中第 k 个用户，若第 v 个 LVDN 的 μ_{kgv} 和 σ_{kgv} 均大于第 g 个 LVDN 的 μ_{kgg} 和 σ_{kgg}，则该用户的变户关系修正为连接于第 v 个 LVDN，否则其变户关系以步骤 2 中的变户关系为准，$g=1,2,\cdots,b$。

2.4 算例分析

算例分析共包含五个部分：①描述识别过程，详细说明所提方法如何识别变户关系；②计算并分析所提方法不同场景下的性能表现；③对比分析所提方法和现有方法；④研究分析阈值系数 τ 对识别准确率的影响。

2.4.1 算例参数描述

为验证所提方法的有效性，本节通过建立仿真台区方法模拟相邻 LVDN 场景，两相邻 LVDN 在 10kV 线路上的连接情况如图 2-6 所示，两个 LVDN 的网络拓扑结构分别如图 2-7 和图 2-8 所示。

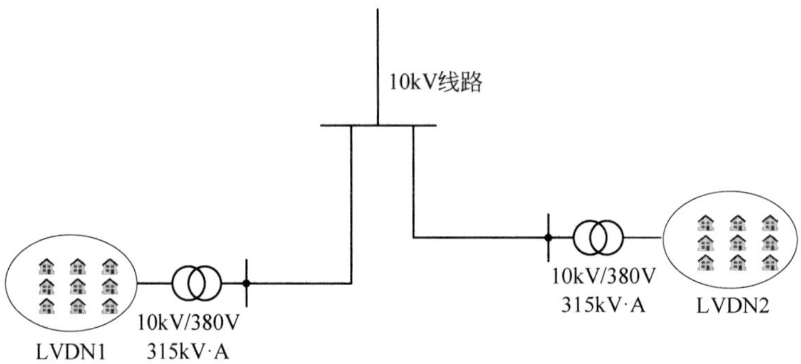

图 2-6 相邻 LVDN 在 10kV 线路上的连接关系示意图

LVDN1 配变容量是 315kV·A，用户规模是 170 户，其中 150 户为单相表，20 户为三相表。LVDN2 配变容量是 315kV·A，用户规模是 315 户，其中 274 户为单相表，41 户为三相表。三相用户配备的三相电表，可以分别记录三相的功率、电压和电流数据。1 个三相用户可以视为 3 个独立的单相用户。因此，LVDN1 可视为包含 210 户单相表，LVDN2 可视为包含 397 户单相表。两个 LVDN 主干线均采用 BLV-150×4 架空导线，分支线采用 BLV-50×2 架空导线，下户线采用 BLV-16×2 架空导线。

利用文献[3]所提的低压三相四线潮流计算方法，获取两个 LVDN 低压母线和各用户的电压时序数据，构建数据库。

本节采用混淆矩阵来统计变户关系识别准确率。混淆矩阵是一种专门评估机器学习模型学习效果的误差矩阵，常用于分析带监督学习和无监督学习结果与实际结果之间重合与不重合的部分，得到学习结果的准确率。

混淆矩阵的每一行表示实际类别，而每一列表示聚类类别。在本节中，混淆矩阵的行和列均表示待识别的 LVDN 编号。混淆矩阵有两个一级指标。分别为正确指标和错误指标。正确指标代表识别变户关系与实际变户关系相吻合的个数，分布于矩阵的对角线上，而错误指标代表识别变户关系与实际变户关系不吻合的个数，分布于矩阵的非对角线上。则矩阵对角线上所有元素之和表示识别结果正确的样本个数，矩阵非对角线上所有元素之和表示识别结果错误的样本个数。混淆矩阵 $\boldsymbol{X}$ 中的非对角线元素 x_{ij} 表示类 i 被错分到类 j 的个数。

彩图 2-7

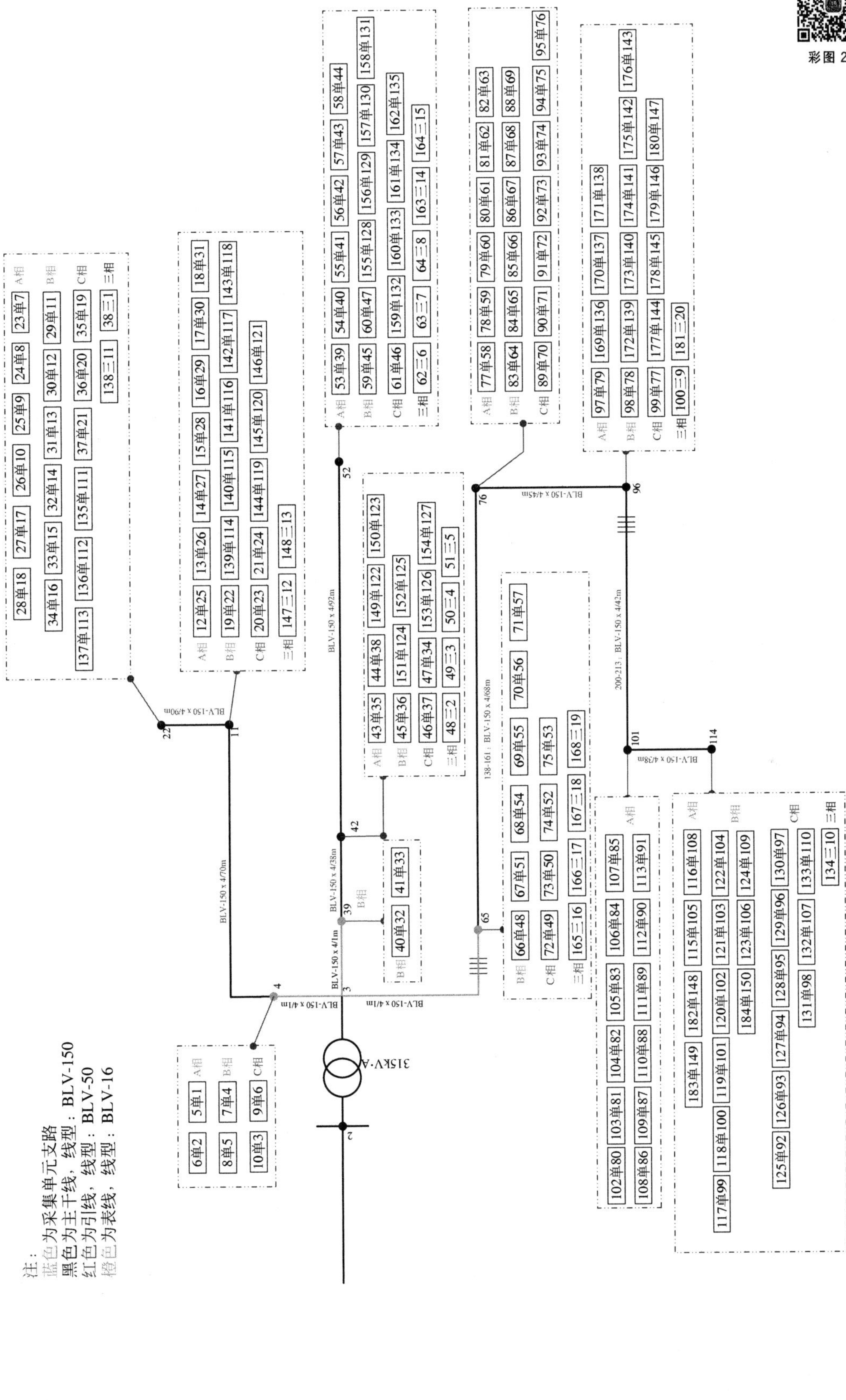

图 2-7　LVDN1 的网络拓扑示意图

彩图 2-8

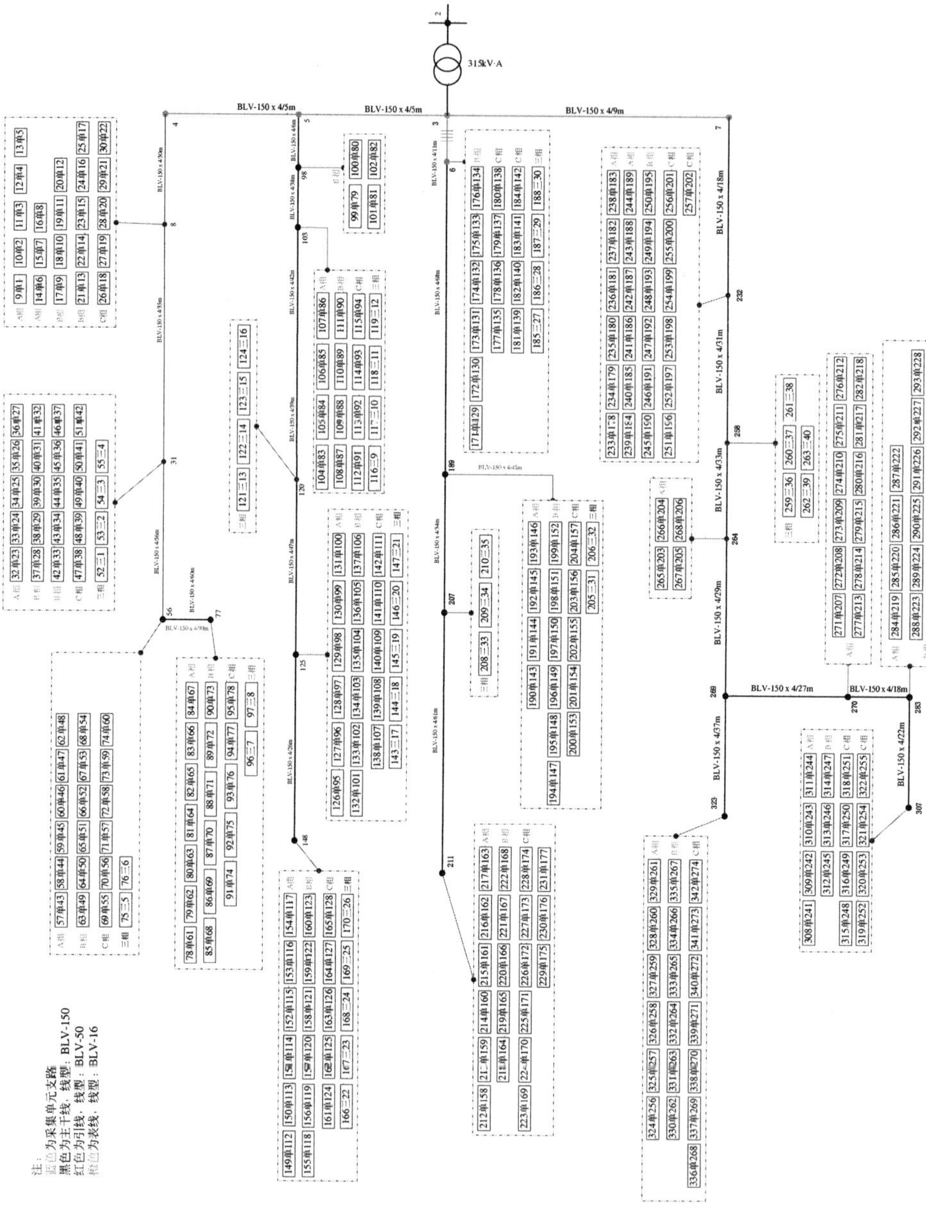

图 2-8 LVDN2 的网络拓扑示意图

识别准确率 ACC 基于一级指标进行计算，即混淆矩阵对角线元素之和除以样本总数：

$$\mathrm{ACC}=\frac{\sum_{i=1}^{K}x_{ii}}{\sum_{i=1}^{K}\sum_{j=1}^{K}x_{ij}} \tag{2-19}$$

式中，K 表示待识别 LVDN 个数；x_{ij} 表示混淆矩阵第 i 行第 j 列的数据。

2.4.2 方法识别过程

本节从数据库中提取长度为一天包含 96 个计量点的用户和低压三相母线的数据，阐述所提方法的识别过程。LVDN1 中的用户编号以 G 开头，LVDN2 中的用户编号以 H 开头。LVDN1 作为目标台区，假定其相邻 LVDN2 中有 10 个用户混入 LVDN1 的档案，用户名分别为 H3、H5、H10、H12、H20、H32、H55、H56、H70、H120，以模拟低压配电网存在变户关系错误场景。设定 PCA 提取保留特征维数 $a=30$，阈值 $\tau=0.3$。

在模拟变户关系错误场景中，LVDN1 中共有 220 户单相表，LVDN2 中共有 387 户单相表。根据 2.3.1 节所述方法构建原始电压数据矩阵 $\boldsymbol{U}$，$\boldsymbol{U}$ 是一个 613×96 维的矩阵，其中前六行元素分别为 LVDN1 和 LVDN2 的低压母线时序数据，剩下的元素为两个 LVDN 的电表时序数据。接着利用 Z-Score 的数据标准化和 PCA 降维方法对原始电压数据矩阵 $\boldsymbol{U}$ 进行数据标准化和特征提取，得到 613×20 维的数据矩阵 $\boldsymbol{U}'_{\mathrm{zs}}$。在此基础上，计算计量点电压相关性系数矩阵 $\boldsymbol{R}$。由 2.3.2 节步骤 1 和步骤 2 得到两个 LVDN 的初步变户关系，在该初步变户关系中，LVDN1 中除用户 H3、H5、H10、H12、H20、H32、H55、H56、H70、H120 外的 210 个用户均属于 LVDN1，LVDN2 中的 387 个用户均属于 LVDN2。表 2-1 给出了这 10 个用户与两个 LVDN 中 6 根低压母线的 CCVP 值。其中，B1～B3 分别为 LVDN1 的 A、B、C 三相低压母线，B4～B6 分别为 LVDN2 的 A、B、C 三相低压母线，粗体标记的数值为用户与低压母线间的 CCVP 最大值。

表 2-1 10 用户与 6 根低压母线的 CCVP 值

	H3	H5	H10	H12	H20	H32	H55	H56	H70	H120
B1	0.886	0.880	0.297	0.300	0.641	0.486	0.943	0.936	0.755	0.820
B2	0.876	0.869	0.284	0.286	0.640	0.522	0.934	0.925	0.748	0.821
B3	0.855	0.846	0.252	0.253	0.652	0.548	0.907	0.898	0.754	**0.826**
B4	**0.921**	**0.917**	**0.361**	**0.363**	0.596	0.440	**0.966**	**0.961**	0.722	0.826
B5	0.872	0.866	0.283	0.284	0.635	0.522	0.924	0.916	**0.767**	0.779
B6	0.803	0.791	0.199	0.199	**0.659**	**0.585**	0.856	0.847	0.757	0.798

由表 2-1 可知，与 H3、H5、H10、H12、H20、H32、H55、H56、H70、H120 这 10 个用户的 CCVP 值最大的低压母线均属于 LVDN2，但是这 10 个用户的抄表档案在 LVDN1 中，两个变户关系不一致，因此将这 10 个用户纳入嫌疑用户集合 ξ_1 中。进一步，由 2.3.2 节步骤 4 得到两个 LVDN 的首端用户集合，如表 2-2 所示。

表 2-2　靠近配电变压器的用户

低压配电网	靠近配电变压器的首端表
LVDN1	G1,G2,G199,G205,G202,G196,G154,G16,G160,G157,G163,G17,G46,G45,G52,G61,G53,G3,G62,G9,G67,G68,G66,G4,G184,G5,G203,G69,G70,G187,G6,G197,G200,G206,G71,G8,G7,G105,G104,G114,G115,G116,G117,G198
LVDN2	H346,H349,H343,H352,H355,H358,H39,H38,H40,H37,H344,H350,H353,H347,H138,H136,H51,H141,H139,H52,H49,H53,H137,H48,H55,H50,H54,H47,H56,H119,H1,H2,H116,H118,H117,H367,H361,H364,H5,H3,H4,H6,H289,H298,H292,H295,H22,H24,H23,H25,H44,H43,H42,H153,H41,H46,H45,H154,H158,H155,H156,H157,H345,H212,H213,H351,H348,H354,H217,H214,H216,H218,H215,H219,H140,H265,H271

对比表 2-2 可知，上述 10 个嫌疑用户不在两个 LVDN 的首端用户集合内。根据 2.3.2 节步骤 5，更新后的嫌疑用户集合 ξ_{11} 仍等于嫌疑用户集合 ξ_1。然后对这 10 个嫌疑用户按 2.3.2 节步骤 6、步骤 7 进行处理，表 2-3 给出了这 10 个用户与两个 LVDN 非嫌疑用户的电压相关性系数序列的均值 $E_{1g,k}$ 和标准差序列 $F_{1g,k}$。

表 2-3　嫌疑用户与两个 LVDN 中的非嫌疑用户的 CCVP 值的 $E_{1g,k}$ 和 $F_{1g,k}$ 序列

用户	均值			标准差		
	LVDN1	LVDN2	差值	LVDN1	LVDN2	差值
H3	0.121	0.238	−0.117	0.085	0.238	−0.153
H5	0.113	0.257	−0.144	0.060	0.257	−0.197
H10	0.101	0.242	−0.141	0.053	0.242	−0.189
H12	0.101	0.246	−0.145	0.056	0.246	−0.190
H20	0.113	0.254	−0.141	0.078	0.254	−0.176
H32	0.109	0.217	−0.107	0.075	0.217	−0.142
H55	0.109	0.223	−0.114	0.067	0.223	−0.156
H56	0.107	0.222	−0.115	0.068	0.222	−0.155
H70	0.111	0.216	−0.105	0.066	0.216	−0.150
H120	0.103	0.222	−0.119	0.062	0.222	−0.160

由表 2-3 可知，10 个嫌疑用户和 LVDN2 非嫌疑用户的 CCVP 序列的均值和标准差均高于其与 LVDN1 非嫌疑用户的。由此，这 10 个嫌疑用户确认为变户关系错误用户，他们的真实变户关系为 LVDN2。此识别结果与真实结果一致，识别准确率为 100%，这充分验证了所提方法识别变户关系错误用户的有效性和准确性。

2.4.3　算法性能分析

本节主要研究所提方法在不同变户关系错误率、数据计量误差率、三相电压不平衡度以及数据长度下的性能表现。通过在 LVDN1 的抄表档案中不断增加 LVDN2 用户数目构造变户关系错误率递增的数据场景，其中变户关系错误率 ε 定义为不属于 LVDN1 的用户数目与 LVDN1 总用户数的比值，即

$$\varepsilon=\frac{N_{\text{false}}}{N_{\text{LVDN1}}} \tag{2-20}$$

式中，N_{false} 为不属于 LVDN1 的用户数目；N_{LVDN1} 为 LVDN1 总用户数。

通过在原来数据基础上施加均值为 0、标准差 σ 不断增加的正态分布误差构建数据计量误差率 η 不断增加的数据场景，其中 $\eta=3\sigma$。

Λ 定义为计量周期内三相电压不平衡度的平均值，用来反映 LVDN 中三相不平衡水平，即

$$\Lambda=\left[\sum_{t=1}^{T}\frac{U_{\text{D}}^{\max}(t)-U_{\text{D}}^{\min}(t)}{U_{\text{D}}^{\max}(t)}\times 100\%\right]\Big/T \tag{2-21}$$

式中，$U_{\text{D}}^{\max}(t)$ 为时刻 t 低压母线电压的最大值；$U_{\text{D}}^{\min}(t)$ 为时刻 t 低压母线电压的最小值。

首先，固定数据长度为 15 天，共 1440 个计量时刻，逐渐增加 LVDN1 中的变户关系错误率 ε 和数据计量误差率 η，构建多组数据场景，测算所提方法的性能。每个数据场景下，通过多次相户识别，对结果求取均值，作为该数据场景下的相户识别准确率，结果如图 2-9 所示。

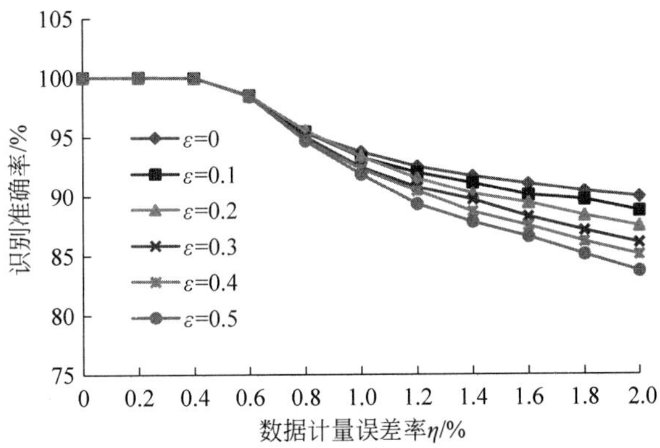

图 2-9　不同 ε 和 η 下的变户关系识别准确率

由图 2-9 可知，固定变户关系错误率下，随着数据计量误差率的增加，识别准确率递减。当电表计量误差率在 0.4%以内时，所提方法的识别准确率下跌微小，近似于 100%。当计量误差率 $\eta>0.4\%$ 时，识别准确率受数据计量误差影响较大，在 η 处于[0.4%，1%]，下跌斜率较大，随后趋于平缓。此外，电表数据计量误差率增加，将放大初始抄表档案变户关系错误率 ε 对识别准确率的影响。例如，当电表计量误差率在 0.4%以内时，6 种变户关系错误率场景的识别准确率差别非常小，且数值都接近 100%。当电表数据计量误差率超出 0.4%并逐渐增大时，6 种变户关系错误率场景的识别准确率差值越来越大，且变户关系错误率越高的场景，识别准确率越低。

这是因为所提方法的核心是比较计量点间的 CCVP 值，计量误差的叠加改变了不同电压时序曲线间的 Person 相关性系数值的相对大小，具体表现为削减了用户与所连接配变低压母线间的电压曲线相似性，以及位于同一个 LVDN 的用户群之间的电压曲线相似性。此时，由于用户与低压母线的电压曲线相似性降低，无法确定哪相低压母线与其 CCVP 值最大。换而言之，与其 CCVP 值最大的低压母线所在的 LVDN 可能与它连接的 LVDN 相同也可能不同，难以确定。

表 2-4 给出了数据计量误差率为 2%时，在不同变户关系错误率场景下，由 2.3.2 节步骤 1 和步骤 2 得到的初步变户关系准确率 ACC1 和最终的识别准确率 ACC2。

表 2-4 不同ε下初步变户关系准确率和最终的识别准确率

	变户关系错误率ε					
	0	0.1	0.2	0.3	0.4	0.5
ACC1	43.14%	43.48%	43.33%	43.14%	42.74%	43.32%
ACC2	89.73%	88.79%	87.74%	86.20%	84.96%	83.95%

如表 2-4 所示，当 η 为 2%时，各个 ε 下初步变户关系准确率 ACC1 均比较低，小于 50%。利用 2.3.2 节步骤 3～步骤 7 可校正 ACC1 中部分错误识别结果，但随着 ε 的增加，校正能力下降，进而导致所提方法的最终识别准确率 ACC2 逐步下降。

接着，固定数据长度为 15 天，共 1440 个计量时刻，固定数据计量误差率 η 为 0.4%，逐渐增加 LVDN1 中的变户关系错误率和三相电压不平衡度，构建多组数据场景，测算所提方法的性能。在每个数据场景下，通过多次相户识别，对结果求取均值，作为该数据场景下的相户识别准确率，结果如图 2-10 所示。

由图 2-10 可知，固定变户关系错误率下，算法识别准确率随着三相电压不平衡度的增加而递增。这是因为本章所提算法依赖于电表间以及电表与配变低压侧母线间电压时序曲线相关性。而三相电压不平衡度增加，加大了同相电表与异相电表间的电压时序曲线区分度，从而提升了本章算法的识别准确率。特别是在变户关系错误率为 0.5 的场景下，Λ 为 0.24%时的识别准确率与 Λ 为 0.12%时的识别准确率相比，提升了 8%。因此，为了缓解数据计量误差的影响，可选取三相电压不平衡度较大时段的数据进行变户关系校验。

进一步探讨数据长度的影响。固定变户关系错误率 $\varepsilon=0.3$，逐渐增加数据长度和数据计量误差率，构建多组数据场景，测算数据长度对算法识别性能的影响。在每个数据场景下，通过多次相户识别，对结果求取均值，作为该数据场景下的相户识别准确率，结果如图 2-11 所示。

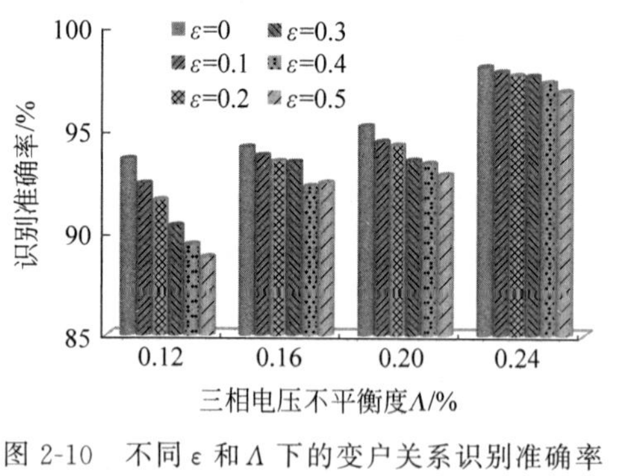

图 2-10 不同 ε 和 Λ 下的变户关系识别准确率

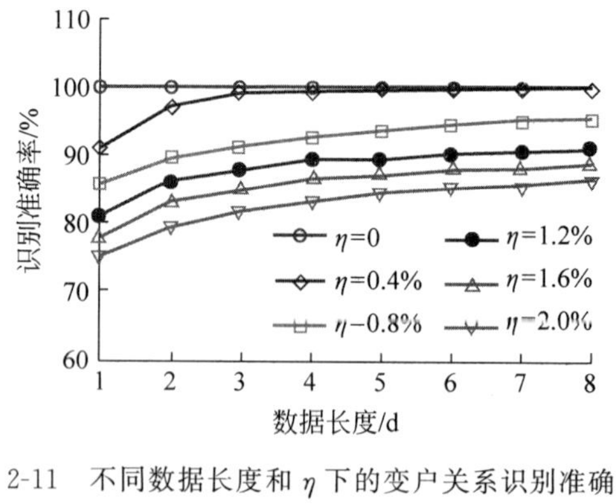

图 2-11 不同数据长度和 η 下的变户关系识别准确率

由图 2-11 可知，当不存在数据计量误差($\eta=0$)时，各个数据长度下的识别准确率均为 100%，当存在数据计量误差($\eta=0.4\%\sim2\%$)时，识别准确率随着数据长度的增加而增加，且增速逐渐变缓。这是因为用户间的 CCVP 值差异随着数据长度的增加而增加，进而提升了识别准确率。特别是当 $\eta=0.4\%$时，6～8d 数据场景下的识别准确率可提升至 100%。

因此，为了缓解数据计量误差的影响，可选取时间长度较长的数据进行变户关系校验。

2.4.4 与现有方法的对比分析

本节固定数据长度为1天96个点，不断增加数据计量误差率和变户关系错误率，构建多组数据场景，对比分析不同方法的识别效果。目前基于AMI量测数据的变户关系识别方法有两种：一种是通过比较用户间的电压曲线相关性[4]，另一种是比较用户与配变低压母线间的电压曲线相关性[5]。本节对比分析以下4种变户关系识别方法。

方法1：比较用户与配变低压母线间的电压曲线相关性（参见文献[5]）。

方法2：比较用户间的电压曲线相关性（参见文献[4]）。

方法3：在本章方法的基础上，去除Z-score标准化和PCA特征提取环节。

方法4：本章所提方法。

4种方法在不同数据计量误差率和变户关系错误率下的识别准确率如图2-12所示。

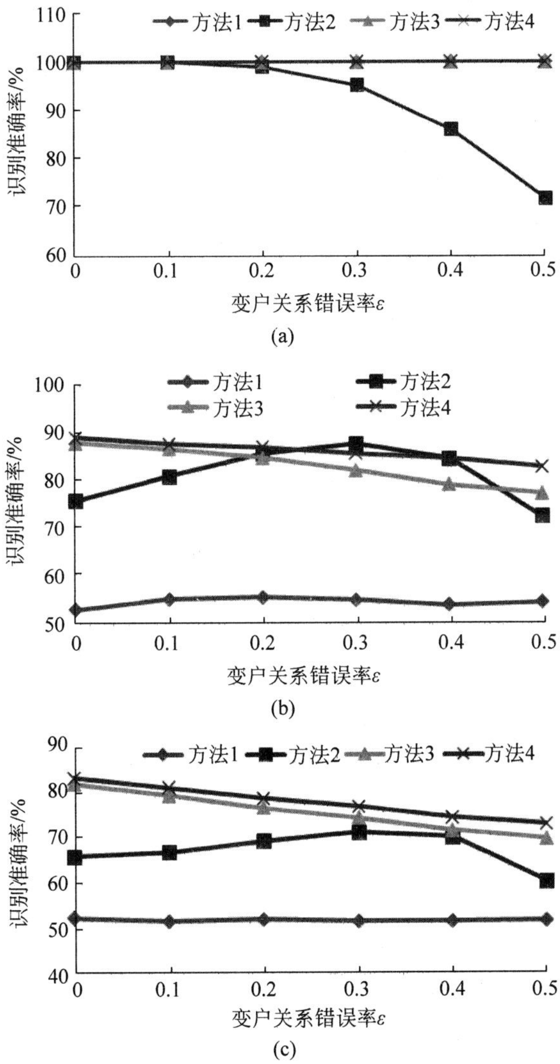

图2-12　不同场景下4种方法的识别效果

(a) $\eta=0$；(b) $\eta=0.8\%$；(c) $\eta=1.6\%$

由图 2-12 可以得到以下几点：

(1) 对比方法 1 和方法 4，当数据计量误差率 $\eta=0$ 时，两种方法的识别准确率均为 100%。但当存在数据计量误差($\eta=0.8\%$，$\eta=1.6\%$)时，方法 4 的识别准确率在各个场景下明显高于方法 1 的识别准确率。这表明，在考虑数据计量误差的情况下，单独比较用户与配变低压母线间的电压曲线相关性不足以准确识别变户关系。方法 4 在方法 1 的基础上考虑比较用户间的相关性作为补充校验手段，更具优越性。

(2) 对比方法 2 和方法 4，当数据计量误差率 $\eta=0$，变户关系错误率 $\varepsilon<0.2$ 时，两种方法的识别准确率均为 100%，但当 $\varepsilon>0.2$ 时，方法 2 的识别准确率随着变户关系错误率的增加而明显下降，而方法 4 的识别准确率仍维持在 100%。这是因为方法 2 通过比较用户间的相关性大小来判定它的变户关系，当某个 LVDN 内大多数变户关系错误时，方法 2 将不属于该 LVDN 的用户也判别为该 LVDN，导致变户关系错误识别。LVDN 初始抄表档案中不属于该 LVDN 的用户越多，方法 2 的错误识别率越高。当 LVDN 中存在数据计量误差时，方法 2 的识别准确率与变户关系错误率不再存在单调的线性关系。这是因为计量误差的叠加改变了不同电压时序曲线间的 Person 相关性系数值的相对大小，具体表现为削减了用户电压曲线间的相似性，此时方法 2 的判别结果具有随机性。在除了 $\eta=0.8\%$，$\varepsilon=0.3$ 的场景外，方法 4 的准确率均高于方法 2 的准确率。这充分表明方法 4 综合考虑了用户与配变低压母线的相关性和用户间的相关性，识别准确率更加稳定，更具优越性。

(3) 对比方法 3 和方法 4，当数据计量误差率 $\eta=0$ 时，两种方法的识别准确率均为 100%。但当存在数据计量误差($\eta=0.8\%$，$\eta=1.6\%$)时，方法 4 的识别准确率在各个场景下均高于方法 3 的识别准确率，充分说明了 Z-Score 标准化和 PCA 特征提取环节增强了识别方法对于数据计量误差的鲁棒性。

2.4.5 阈值系数灵敏性分析

本节固定数据长度为 1 天 96 个点，变户关系错误率 $\varepsilon=0.3$，不断增加数据计量误差率和 2.3.1 节中提到的 PCA 主要特征数，分析 PCA 主要特征取值对本章所提方法识别结果的影响，计算结果如图 2-13 所示。

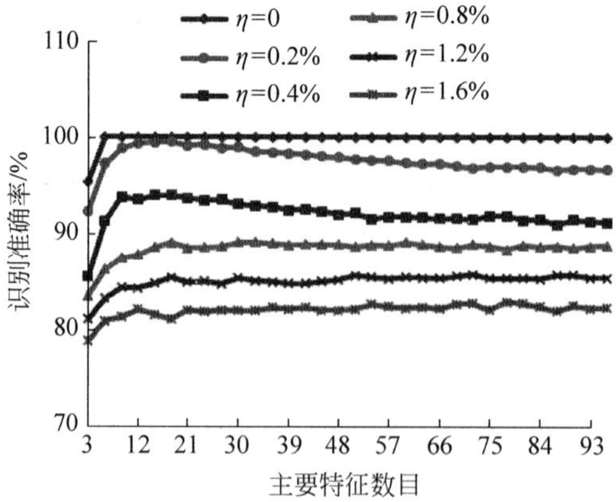

图 2-13 不同 PCA 主要特征数值下的识别准确率

由图 2-13 可知，不同数据计量误差率下，PCA 主要特征数目对识别准确率的影响不同。当数据计量误差率 $\eta=0$ 时，PCA 主要特征数目增加可将识别准确率提升至 100%。当 $0<\eta\leqslant 0.4\%$ 时，识别准确率随着 PCA 主要特征数目的增加先增加后减小。当 $\eta\geqslant 0.8\%$ 时，识别准确率随着 PCA 主要特征数目的增加先增加后趋于平缓。这表明实现最佳识别准确率的主要特征数受数据计量误差的影响，数据计量误差率越高，主要特征数越大。上述结果验证了 PCA 降维方法保留少数主要特征，替代高维数据的有效性。

2.5　本章小结

为了实现智能自动化 LVDN 变户关系识别并加强算法对于数据区分度和噪声的鲁棒性，本章融合统计学数据处理方法和 LVDN 电力潮流固有的拓扑关联先验知识，提出了一种基于知识驱动的变户识别模型。一系列算例仿真评估了所提方法的性能，并将其与其他方法进行了比较，进一步研究了所提方法 PCA 主要特征数值对识别准确率的影响。结论如下：

(1) 所提方法能有效辨别变户关系错误用户并识别其正确的变户关系，且 Z-Score 标准化和 PCA 特征提取的数据处理环节可增强识别方法对于数据计量误差的鲁棒性。

(2) 所提方法的识别准确率随着变户关系错误率和数据计量误差的增加而下降，但选取三相电压不平衡度大的数据或时间尺度长的数据场景可以提升所提方法的识别准确率。

(3) 在存在数据计量误差的场景下，所提方法综合利用用户与配变低压母线的相关性和用户间的相关性，优于文献[5]中仅比较用户与配变低压母线间的电压曲线相关性的方法和文献[4]中仅比较用户间的电压曲线相关性的方法。

(4) 本章所提方法的 PCA 降维过程中，只需保留少数主要特征，即可替代高维数据实现较高的识别准确率。实现最佳识别准确率的主要特征数受数据计量误差的影响，数据计量误差率越高，最佳主要特征数越大。

2.6　参考文献

[1] 邹时容，陆慧，洪梓铭，等. 基于三维时空特性的低压配电网拓扑识别方法[J]. 电网与清洁能源，2019，35(9)：34-42，56.

[2] HOTELLING H. Analysis of a complex of statistical variables into principal components[J]. Journal of Educational Psychology，1933，24(7)：498-520.

[3] 高元海，王淳，辛建波，等. 计及接地阻抗及含多种分布式电源的中低压配电网三相潮流计算(一)：模型[J]. 中国电机工程学报，2016，36(10)：2619-2627.

[4] LUAN W，PENG J，MARAS M，et al. Smart meter data analytics for distribution network connectivity verification[J]. IEEE Transactions on Smart Grid，2015，6(4)：1964-1971.

[5] 肖勇，赵云，涂治东，等. 基于改进的皮尔逊相关系数的低压配电网拓扑结构校验方法[J]. 电力系统保护与控制，2019，47(11)：37-43.

第3章

考虑空房用户自适应聚类的相-线-户关系识别

第 2 章给出了基于知识驱动的 LVDN 变户关系识别方法，本章在第 2 章变户关系识别结果的基础上，聚焦 LVDN 相-线-户关系识别研究，以期贯通 LVDN 变-相-线-户全拓扑。LVDN 相-线-户关系是保证供电可靠性和供电质量的基础。然而，空房用户和电表计量误差增加了已有数据方法识别的难度。

针对该问题，本章提出了一种基于用户聚类、二次规划和概率分布的 LVDN 相-线-户关系识别方法。该方法既可以识别 LVDN 的相户关系，也可以识别用户与 LVDN 一级分支线的连接关系，简称线户关系。首先，为了解决空房用户的识别问题，提出了基于用户电压特性的用户自适应聚类方法。其次，基于节点电流定律，构建了用于相-线-户关系识别的二次规划模型。进一步，为了提升识别算法对电表计量误差的鲁棒性，提出了基于蒙特卡罗的概率分布模型。最后，在广东省某实际 LVDN 中验证了所提方法的有效性，并与已有基于混合整数模型(mix integer programming，MIP)的识别方法进行了比较分析，探讨了阈值系数对识别准确率的影响。算例表明，在存在空房用户和电表计量误差的场景下，与 MIP 方法相比，本章方法可达到更高的识别准确率。

3.1 LVDN 空房问题描述

图 3-1 根据实际情况，给出了一个简化的配电网示意图。如图 3-1 所示，目前中高压配电网的拓扑关系已知，而大部分区域的 LVDN 拓扑关系仍处于盲区，或者已有的连接关系不准确。作为 LVDN 拓扑辨识的重要环节，相户关系识别定义为识别每个用户连接的相户关系，线户关系识别定义为识别用户和 LVDN 一级分支线的连接关系。准确的相-线-户关系有利于故障快速定位，加快故障修复，减少线损的统计误差，完善三相电压不平衡管理。

定义长时间用电量很小甚至为 0 的用户为空房用户，如图 3-1 中的黑色用户所示。农村地区存在很多外出务工人员，节假日才返乡。他们外出期间，住宅用电量很低，接近于 0，因此农村地区非节假日期间空房率很高。除此之外，由于屋顶光伏等分布式电源就地分担负荷，配备分布式电源的用户消耗 LVDN 传输的电能减少，他们的用电情况也与空房用户类似。而在节假日期间的用电高峰期，峰电大部分来源于这部分空房用户。为了满足和管理高峰用电需求，需要明确空房用户的相-线-户关系。因此，在相-线-户关系辨识中计及空房用户是十分必要的。

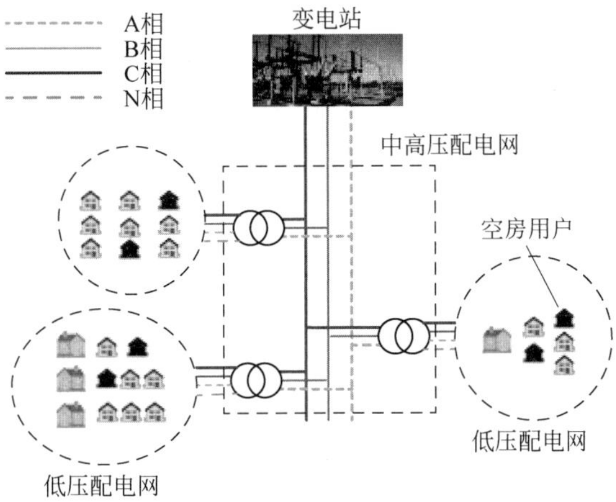

图 3-1　配电网示意图

3.2　应对空房用户的用户自适应聚类模型

由于空房用户的用电特征不明显，用电量甚至接近于 0，现有基于负荷曲线的识别方法难以识别空房用户，将空房用户与用电用户关联起来可以解决这个问题。本节基于电压曲线间的相关性系数(CCVP)，提出了一种用户自适应聚类模型，可将电气距离近且连接在相同一级分支线的用户聚成一个类别，进而将空房用户与相同分支线上的用电用户关联起来。具体来讲，首先基于 2.2.1 节电压数据的时空特性，推导分析了用户间的关联特性，为后续研究提供理论基础；其次根据用户间的 CCVP 值对用户进行初步聚类；最后利用用户和三相低压母线间的 CCVP 值对聚类结果进行修正。

3.2.1　用户间的关联特性推导

回顾 2.2.2 节，对于靠近低压母线的节点，其到低压母线的线路距离较短，进而这些节点与低压母线之间的每条线的距离也很短。于是对于低压母线附近的节点，可得到 $\Delta U_u^t \approx \Delta U_0^t$。当 LVDN 三相电压不平衡度比较轻微时，三相低压母线的电压曲线差异很小，可能存在 $U_{A0}^t \approx U_{A1}^t \approx U_{B0}^t \approx U_{B1}^t \approx U_{C0}^t \approx U_{C1}^t$，其中 U_{A0}^t、U_{B0}^t、U_{C0}^t 分别为 A、B、C 三相低压母线的电压，U_{A1}^t、U_{B1}^t、U_{C1}^t 分别为临近 A、B、C 三相低压母线的节点电压。换言之，当 LVDN 三相不平衡度低时，靠近低压母线但位于不同相线的用户之间的电压曲线相似性很高。

2.2.2 节的电压时间特性分析中指出，不同相线上的总体负荷特性存在较为明显的差异时，不同相线上节点的电压时间特性大概率存在差异。进一步，由式(2-2)和式(2-3)可得到相邻节点相邻时刻电压差值 ΔU_{u+1}^t：

$$\Delta U_{u+1}^t = U_{u+1}^{t+1} - U_{u+1}^t = (U_u^{t+1} + \Delta G_u^{t+1}) - (U_u^t + \Delta G_u^t) = \Delta U_u^t + \Delta G_u^{t+1} - \Delta G_u^t$$

$$\approx \Delta U_u^t - \frac{R_{u+1}P_{L(u+1)}^{t+1} + X_{u+1}Q_{L(u+1)}^{t+1}}{U_u^{t+1}} + \frac{R_{u+1}P_{L(u+1)}^{t} + X_{u+1}Q_{L(u+1)}^{t}}{U_u^{t}}, \quad u=1,2,\cdots,n \tag{3-1}$$

式中，ΔU_u^t 为节点 u 第 t 时刻至第 $(t+1)$ 时刻的电压变化量；U_{u+1}^t 和 U_{u+1}^{t+1} 分别为 t 时刻和 $t+1$ 时刻节点 $u+1$ 的电压；ΔG_u^t 和 ΔG_u^{t+1} 分别为 t 时刻和 $t+1$ 时刻节点 u 与节点 $(u+1)$ 之间的电压幅值变化量；R_{u+1} 和 X_{u+1} 分别为第 $u+1$ 段线路的电阻、电抗；$P_{L(u+1)}^t$ 和 $Q_{L(u+1)}^t$ 分别为 t 时刻第 $u+1$ 段线路的首端传输有功、无功；n 为 LVDN 中的节点总数。

当节点 u 和节点 $u+1$ 之间的距离很短时，节点 u 和节点 $u+1$ 之间的线路电阻与电抗 R_{u+1} 和 X_{u+1} 也会很小，从而 $R_{u+1}P_{L(u+1)}^{t+1}+X_{u+1}Q_{L(u+1)}^{t+1}$ 和 $R_{u+1}P_{L(u+1)}^{t}+X_{u+1}Q_{L(u+1)}^{t}$ 可以忽略，可得到 $\Delta U_{u+1}^t \approx \Delta U_u^t$。因此，相邻电气距离近的节点间的电压曲线相似性高。

综上所述，总结用户间的电压曲线相关性如下：

(1) 当 LVDN 三相不平衡度低时，靠近低压母线但位于不同相线的用户之间的电压曲线相似性很高。

(2) 当不同相线上的总体负荷特性存在较为明显差异时，不同相线上用户之间的电压曲线相似性低。

(3) 相邻电气距离近的用户间的电压曲线相似性高。

接下来，以一个 9 用户的简单低压网络简要分析上述情况。图 3-2 给出了 9 用户 LVDN 的拓扑结构和网络参数，图 3-3 和图 3-4 分别展示了各用户的负荷曲线和低压三相母线的总负荷曲线。

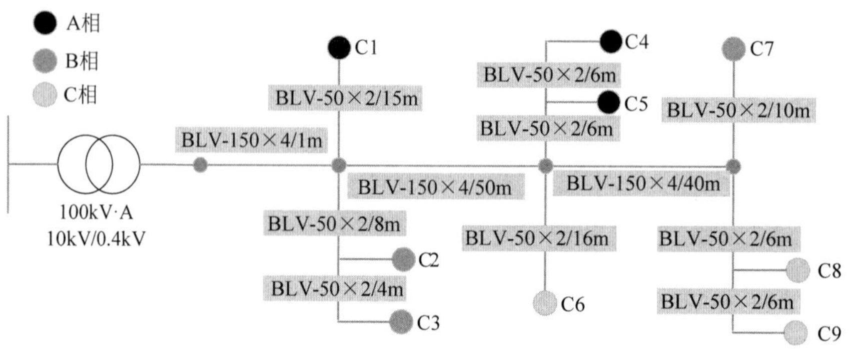

图 3-2　9 用户 LVDN 的拓扑结构和网络参数

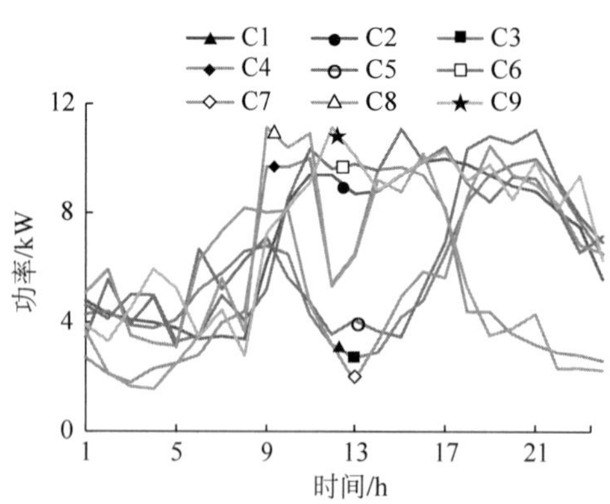

图 3-3　用户的负荷曲线

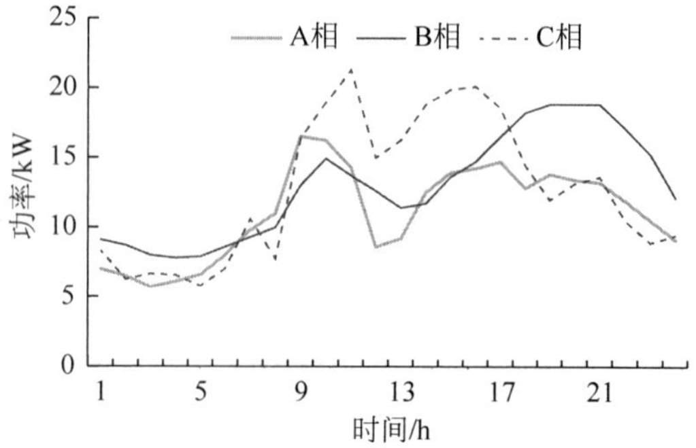

图 3-4　低压三相母线的负荷曲线

采用文献[2]中的三相四线潮流方法计算该 LVDN 的潮流，图 3-5 给出了 9 用户的电压曲线。

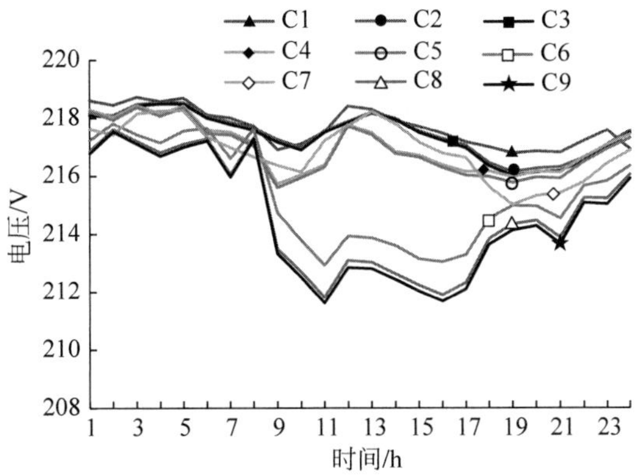

图 3-5　9 用户的电压曲线

综合图 3-2 中的拓扑结构关系和图 3-5 中的用户电压曲线结果可知，当 LVDN 三相不平衡度低时，靠近配电变压器但位于不同相线的用户电压曲线相似性高，例如用户 C1 和 C2 在 1～11h 时段电压曲线相似性高。当不同相线上的总体负荷特性存在较为明显差异时，不同相线上用户之间的电压曲线相似性低，例如用户 C6 和 C7 在 9～19h 时段电压曲线相似性低。而相邻电气距离近的用户间的电压曲线相似性很高，例如用户 C2 和 C3、用户 C4 和 C5 以及用户 C8 和 C9 的电压曲线。仿真结果与上述理论推导一致。

进一步引入 Person 相关性系数量化电表间的电压时序曲线相似性 Person 相关性系数越大，电表间的电压曲线相似性越高[3]。因此，根据上述推导的 3 点用户间电压相关特性可知，用户间的 CCVP 值越高，越大概率属于以下两种情况之一：①相户连接关系一致；②相户关系不一致，但邻近配电变压器。

3.2.2　关联空房用户的自适应聚类模型

3.2.1 节指出，用户间的电气距离越近，他们的电压曲线相似度越高。而电压曲线越相似，他们之间的 CCVP 值越大。因此电气距离近的用户，他们之间的 CCVP 值很大。在不同相线上且远离配变首端的用户，他们之间的电压曲线相似性较低，因此他们之间的 CCVP 值相对较小。根据上述特性，对各用户进行自适应聚类分析，聚类原则为同类电表两两之间的 CCVP 值大于等于相关性阈值系数，异类电表两两之间的 CCVP 值小于相关性阈值系数，即

$$\begin{cases}\tau_{mv} \geqslant \tau_0^y, & m,v \in \Omega_{\text{cla}}(y) \\ \tau_{mw} < \tau_0^y, & m \in \Omega_{\text{cla}}(y) \text{ 且 } w \notin \Omega_{\text{cla}}(y)\end{cases}, \quad m,v,w \in \Theta \tag{3-2}$$

$$\tau_{mv} = \tau_{vm} = \frac{\sum_{t=1}^{T} u_{v,t} u_{m,t} - \frac{1}{T}\left(\sum_{t=1}^{T} u_{m,t} \sum_{t=1}^{T} u_{v,t}\right)}{\sqrt{\left[\sum_{t=1}^{T} u_{v,t}{}^2 - \frac{1}{T}\left(\sum_{t=1}^{T} u_{v,t}\right)^2\right]\left[\sum_{t=1}^{T} u_{m,t}{}^2 - \frac{1}{T}\left(\sum_{t=1}^{T} u_{m,t}\right)^2\right]}} \tag{3-3}$$

式中，τ_{mv} 和 τ_{mw} 分别为用户 m 与用户 v 和用户 w 的 CCVP 值；τ_0^y 为第 y 个聚类的相关性

阈值系数；$\Omega_{\text{cla}}(y)$表示第 y 个聚类的用户集合；Θ 为待识别用户集合；$u_{m,t}$ 和 $u_{v,t}$ 分别为电表 m、v 在时刻 t 的电压值，$t=1,2,\cdots,T$；T 为总计量时间断面数。

值得注意的是，本节所提的相关性阈值系数是通过迭代计算得到的，不同类别的相关性阈值系数不同。以 τ_0^y 为例简要说明确定相关性阈值系数的迭代过程，步骤如下：

(1) 设定阈值系数初值 τ_0^y 和迭代步长 $\Delta\tau$。

(2) CCVP 值大于等于 τ_0^y 的用户纳入类别 y 中。

(3) 如果类别 y 内所有用户间的 CCVP 值均不小于 τ_0^y，且他们与类别 y 外所有用户间的 CCVP 值均小于 τ_0^y，迭代结束，输出 τ_0^y，否则执行下一步。

(4) 如果 $\tau_0^y=1$，迭代结束，输出 τ_0^y，否则 $\tau_0^y=\tau_0^y+\Delta\tau$，返回步骤(2)。

在迭代过程中，阈值系数的上限值为 1。当某电表聚类阈值系数迭代增加至 1 时，结束该表的聚类迭代，将其单独聚成一类，并开始下一块表的聚类迭代，直至所有电表完成聚类。因此，本章所提的迭代过程不会陷入死循环。

3.2.3 用户聚类结果修正策略

3.2.1 节指出，靠近配变低压母线首端但在不同出线的电表，由于距离母线电气距离近，因此它们的电压时序曲线相似性很高，在 3.2.2 节中的聚类过程中，容易被聚成一类。然而用户聚类的目标是将电气距离近且连接在相同一级分支线的用户聚成一个类别，3.2.2 节初步聚类结果无法满足这个目标。为避免该问题，本节通过分析用户和配变低压三相母线间的 CCVP 值，识别靠近配变低压侧母线的用户，并将其单独聚成一个类别。同时，对 Ω_{cla} 初始聚类结果中的单用户类别作进一步聚类。步骤如下：

(1) 对于 Ω_{cla} 中的单用户类别，将其聚类至与其 CCVP 值最大的用户所在的类别，聚类集合 Ω_{cla} 更新为 Ω_{cla1}。

(2) 计算各用户与配变低压三相母线的 CCVP 值，得到 3 个向量$\boldsymbol{\Gamma}_{\text{A}}^{\text{line}}$、$\boldsymbol{\Gamma}_{\text{B}}^{\text{line}}$ 和$\boldsymbol{\Gamma}_{\text{C}}^{\text{line}}$，即

$$\boldsymbol{\Gamma}_{\varphi}^{\text{line}}=[\tau_{\varphi,1}^{\text{line}},\cdots,\tau_{\varphi,v}^{\text{line}}\cdots,\tau_{\varphi,M}^{\text{line}}],\quad \forall\varphi\in L,\forall v\in\Theta \tag{3-4}$$

式中，$\tau_{\varphi,v}^{\text{line}}$ 为 φ 相母线和用户 v 的 CCVP 值，$\varphi\in L=\{\text{A},\text{B},\text{C}\}$。

(3) 将$\boldsymbol{\Gamma}_{\text{A}}^{\text{line}}$、$\boldsymbol{\Gamma}_{\text{B}}^{\text{line}}$ 和$\boldsymbol{\Gamma}_{\text{C}}^{\text{line}}$ 中的数值按从大到小的顺序排序，得到 3 个向量 $\boldsymbol{S}_{\text{A}}$、$\boldsymbol{S}_{\text{B}}$ 和 $\boldsymbol{S}_{\text{C}}$，$\boldsymbol{S}_{\varphi}=[s_{\varphi,1},\cdots,s_{\varphi,x},\cdots,s_{\varphi,M}]$，$x\in\{1,2,\cdots,M\}$。

(4) 对步骤(3)得到的 3 个向量，由式(3-5)计算每个向量中第一个元素 $s_{\varphi,1}$ 与其他元素之间的变化率，然后得到 3 个 CCVP 变化率向量 $\boldsymbol{S}_{\text{A}}^{d}$、$\boldsymbol{S}_{\text{B}}^{d}$ 和 $\boldsymbol{S}_{\text{C}}^{d}$，$\boldsymbol{S}_{\varphi}^{d}=[\xi_{\varphi,1},\cdots,\xi_{\varphi,x-1},\cdots,\xi_{\varphi,M-1}]$。

$$\xi_{\varphi,x-1}=\frac{[(1-s_{\varphi,1})-(1-s_{\varphi,x})]}{1-s_{\varphi,1}}\times 100\%,\quad \forall x=2,\cdots,M \tag{3-5}$$

式中，$\xi_{\varphi,x-1}$ 为 $s_{\varphi,1}$ 和 $s_{\varphi,x}$ 之间的 CCVP 变化率。

(5) 设定相关系数变化率指标，若 $\xi_{\varphi,x-1}$ 不大于 ξ_0，则 $s_{\varphi,x}$ 对应的用户视为靠近配变首端的用户。

(6) 从结果 Ω_{cla1} 中将步骤(5)所得到的靠近配变首端的用户提取出来，单独作为一个类别，此时聚类结果由 Ω_{cla1} 更新为 Ω_{cla2}，聚类结束。

进一步，为削减后续相-线-户关系识别模型中的变量数目，对聚在同一类别的电表的电

流值求和,并将该值作为此类别的电流值,即

$$I_g = \sum_{a \in \Omega_E(g)} I(a), \quad \forall g = 1, 2, \cdots, E \tag{3-6}$$

式中,I_g 为第 g 个类别所有电表的电流值之和;$I(\mathrm{a})$为类别 g 中电表 a 的电流值;E 为聚类集合 $\Omega_E(g)$中电表聚类类别总数。

3.3 基于二次规划和概率分布的相-线-户关系识别建模

图 3-6 给出了所提相-线-户关系识别模型的流程图。如图 3-6 所示,所提方法共包含两个部分:第一部分即 3.2 节给出的用户聚类方法,实现部分同相同线用户的聚合,以减少 LVDN 电表变量规模和空房用户、计量误差等因素对识别结果准确性的影响。第二部分即本节研究内容,包括用于相-线-户关系识别的二次规划优化模型和提升模型对数据误差鲁棒性的概率分布模型。本节依托节点电流定律和概率分布模型,以各聚类的连接关系作为变量,建立电流分类优化模型,通过求解模型,实现台区变户、相户与线户关系的准确识别,具体如下。

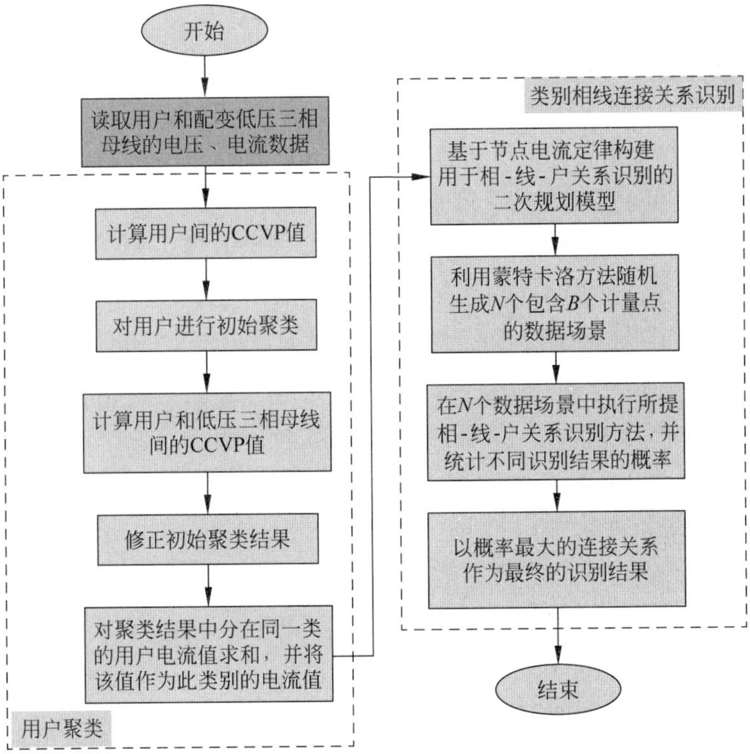

图 3-6　所提相-线-户关系识别模型的流程图

3.3.1 基于节点电流定律的相-线-户关系识别二次规划模型

本节基于节点电流定律将相-线-户关系识别转换为二次规划问题求解。节点电流定律指出,电路中任一个节点上,在任一时刻流入节点的电流之和恒等于流出节点的电流之

和[1]。因此，在 LVDN 中，任一时刻，某相低压母线或一级分支线上的注入电流恒等于流入连接于该相(一级分支线)所有用户的电流之和。在不考虑窃电的情况下，支路传输电流损耗非常小。由于损耗微小，聚合用户的电流相比文献[4]中用的功率更能接近配变低压母线上记录的数值。

因此，在 LVDN 中，任一时刻，某相出线首端节点流出的有功电流值总等于该相线上所有电表的流入有功电流值之和，即

$$I_{\rho}^{t}=\sum_{b\in\psi_{\rho}}I_{b}^{t},\quad \forall\rho\in L,t\in\beta \tag{3-7}$$

式中，I_{ρ}^{t} 为 t 时刻配变低压相线 ρ 首端流出的有功电流值。$\beta=\{1,2,\cdots,T\}$，为采集时刻集合。Ψ_{ρ} 为配变低压侧出线 ρ 上所有的用户集合。I_{b}^{t} 为配变低压侧出线 ρ 上第 b 个用户在 t 时刻的有功电流值。L 为低压侧各相出线集合，若需要辨识的拓扑结构为相户关系，则 L 表示相户集合，$L=\{A,B,C\}$；若需要辨识的为线户关系，则 L 表示一级分支线集合，$L=\{A_1,A_2,\cdots,A_e;\ B_1,B_2,\cdots,B_e;\ C_1,C_2,\cdots,C_e\}$，$e$ 为一级分支线数目。

在实际的配电网中，考虑到电表的测量误差和电流传输过程中的漏电流等问题，式(3-7)并不会严格成立。此时，某一出线首端电流与该相线上所有电表的流入电流值的关系为

$$I_{\rho}^{t}=\sum_{b\in\psi_{\rho}}I_{b}^{t}+\xi_{\rho}^{t},\quad \forall\rho\in L,t\in\beta \tag{3-8}$$

式中，ξ_{ρ}^{t} 为 t 时刻 LVDN 出线 ρ 上电表的测量误差和电流传输过程中的漏电流导致的误差总和。

电表聚类集合 Ω_{cla2} 中在同一类别的电表属于相同相线，因此，以由式(3-6)计算得到的类别电流 $I_g(t)$代替单个用户电流。进一步，为识别 LVDN 线户关系，引入 0-1 变量 x 表征各个类别的相线连接关系：若类别 g 属于待识别 LVDN 出线 ρ，则 $x_{g,\rho}=1$，反之则 $x_{g,\rho}=0$。结合电表聚类结果，式(3-8)转换为

$$I_{\rho}^{t}=\sum_{g=1}^{E}x_{g,\rho}I_{g,\text{clu}}(t)+\xi_{\rho}^{t},\quad \forall\rho\in L,t\in\beta \tag{3-9}$$

式中，$I_g(t)$为 t 时刻第 g 个类别电表的电流值，$x_{g,\rho}$ 为表征第 g 类别与出线 ρ 连接关系的 0-1 变量。

令 $\boldsymbol{X}_{\rho}=[x_{1,\rho},x_{2,\rho},\cdots,x_{E,\rho}]^{\text{T}}$，$\boldsymbol{P}=[I_{g}^{t}]_{T\times E}$，$\boldsymbol{\xi}_{\rho}=[\xi_{\rho}^{1},\xi_{\rho}^{2},\cdots,\xi_{\rho}^{T}]^{\text{T}}$，$\boldsymbol{I}_{\rho}=[I_{\rho}^{1},I_{\rho}^{2},\cdots,I_{\rho}^{T}]^{\text{T}}$，定义矩阵 $\boldsymbol{Q}$、$\boldsymbol{X}$、$\boldsymbol{\xi}$、$\boldsymbol{I}$ 如下：

$$\boldsymbol{Q}=\begin{bmatrix}\boldsymbol{P} & \cdots & 0\\ \vdots & \ddots & \vdots\\ 0 & \cdots & \boldsymbol{P}\end{bmatrix},\quad \boldsymbol{X}=\begin{bmatrix}\boldsymbol{X}_{\text{A}_1}\\ \vdots\\ \boldsymbol{X}_{\text{C}_e}\end{bmatrix},\quad \boldsymbol{\xi}=\begin{bmatrix}\boldsymbol{\xi}_{\text{A}_1}\\ \vdots\\ \boldsymbol{\xi}_{\text{C}_e}\end{bmatrix},\quad \boldsymbol{I}=\begin{bmatrix}\boldsymbol{I}_{\text{A}_1}\\ \vdots\\ \boldsymbol{I}_{\text{C}_e}\end{bmatrix} \tag{3-10}$$

式(3-9)的矩阵形式表达如下：

$$\begin{cases}\boldsymbol{QX}+\boldsymbol{\xi}=\boldsymbol{I}\\ \text{s.t.}\ \ x_{g,\rho}\in\{0,1\},\quad \forall g=1,2,\cdots,E,\forall\rho\in L\end{cases} \tag{3-11}$$

式中，$\boldsymbol{Q}=\text{diag}(\boldsymbol{P},\boldsymbol{P},\cdots,\boldsymbol{P})$，是一个以 $\boldsymbol{P}$ 为对角线元素的 $3e\times 3e$ 维的对角矩阵；$\boldsymbol{I}$ 表示低压各相母线首端流出的电流值矩阵；ξ 为低压各相出线上电流误差矩阵；$\boldsymbol{X}$ 为表征类别连接相线关系的矩阵。

此时 LVDN 线户关系识别问题转化为 0-1 变量求解问题。为求解 $\boldsymbol{X}$，构建如下优化

模型：

$$
\begin{cases}
\min f = \| \boldsymbol{I} - \boldsymbol{Q}\boldsymbol{X} \|_2^2 \\
\text{s. t. } \sum_{\rho \in L} x_{g,\rho} \leqslant 1 \qquad , \quad \forall g = 1,2,\cdots,E \\
x_{g,\rho} \in \{0,1\}
\end{cases}
\tag{3-12}
$$

该式是一个 0-1 整数二次规划问题，属于 NP 问题，可用分支定界等算法求解，但是随着变量的增加，求解需要的时间将呈指数增长。为提升求解速度、增加可解性，将式(3-12)中的整数变量松弛为连续变量，即 $x_{g,\rho} \in \{0,1\}$ 改为 $x_{g,\rho} \in [0,1]$[4]，由此转换为二次规划问题。在该模型中，基于二次规划问题计算得到的 $\boldsymbol{X}$ 矩阵元素包含小数，而采集数据时刻 T 越多，小数值将越接近 0 或 1，识别结果越准确[5]。为明确连接关系，需要将 $\boldsymbol{X}$ 矩阵中的小数值转化成 0-1 值，即

$$
x_{g,\rho}^{\mathrm{INT}} = \begin{cases}
1, & |x_{g,\rho} - 1| \leqslant |x_{g,\rho}| \\
0, & |x_{g,\rho} - 1| > |x_{g,\rho}|
\end{cases}
\tag{3-13}
$$

式中，$x_{g,\rho}^{\mathrm{INT}}$ 为 $x_{g,\rho}$ 的 0-1 形式。

由上可得到各个类别的相-线-户连接关系，而同一类别下的电表属于相同相线，因此可根据各个类别的相-线-户连接关系确定 LVDN 所有用户的相-线-户连接关系。

3.3.2　提升算法鲁棒性的蒙特卡罗概率分布模型

文献[4]指出，如果低压母线和用户之间的功率或电流差值不随着计量周期的增加而增加，上述二次规划的解将随着计量周期的增大而逐渐趋于真实的用户相户连接关系。但如果低压母线和用户之间的功率或电流差值较大，上述混合整数规划可能产生目标函数值低于真实的用户相户连接关系的最优解。这意味着所提二次规划模型对相-线-户关系的识别准确率受数据误差的显著影响。而数据计量误差存在一定的随机性，不同时刻误差值大小可能不同，为了避免部分时刻误差较大对识别结果的影响，本节提出了一种基于概率分布的改进方法，具体如下：

(1) 在数据库中，利用蒙特卡罗方法随机抽取 N 个包含 B 个计量点的数据场景，B 取与 3.2 节用户聚类后的类别总数。

(2) 在 N 个数据场景中执行 3.3.1 节所提相-线-户关系识别方法，并统计不同识别结果的概率分布，即

$$
\vartheta_o = \frac{\chi_o}{N}, \quad o = 1,2,\cdots,O \tag{3-14}
$$

式中，ϑ_o 为第 o 种识别结果的概率，O 为 N 个场景中识别结果总数；χ_o 为第 o 种识别结果在 N 个场景中出现的次数。

(3) 概率最大的第 $r_{\max}$ 个识别结果视为最终的识别结果，$r_{\max}$ 由下式获得：

$$
r_{\max} = \operatorname{argmax}\{\vartheta_o\}, \quad o = 1,2,\cdots,O \tag{3-15}
$$

当存在分布式能源如屋顶光伏从用户侧并网时，分布式电源就地分担用户的负荷，用户消耗由电网供给的电能减少。此时，用户消耗由电网供给的电能可能大于 0、接近 0 或为负值，这取决于分布式电源的发电容量。当用户需要电网供应的电能为负值时，LVDN 中出现反向潮流，这将改变 3.2.1 节推导的用户电压特性。考虑到所提出的相户识别算法是基

于 3.2.1 节中的电压特性，所以它仅适用于用户的分布式电源没有功率倒送的场景。

3.4 算例分析

3.3 节构建的模型可以识别 LVDN 中的相户关系和线户关系，本节以相户关系识别为例阐述本章所提方法的仿真验证结果。算例分析共包含 3 个部分：①描述识别过程，详细说明所提方法如何识别相户关系；②在 5 种场景下，对比分析所提方法和现有方法的性能表现，以说明所提方法的优越性；③研究分析阈值系数 ξ_0 对识别准确率的影响。

3.4.1 算例参数描述

以广东省某地区包含 120 个用户的 LVDN 作为研究对象，其中单相用户 110 户，三相用户 10 户，该 LVDN 共有 9 条一级分支线。三相用户配备的三相电表，可以分别记录三相的功率、电压和电流数据。考虑到 LVDN 中的三相用户不需要明确各相关系，本节算例中只识别 110 个单相用户的相户连接关系。

算法验证需要的数据包括：①智能电表以 15min/点采集的用户电压、电流数据；②配变终端以 15min/点采集的三相低压母线的电压、电流数据。用户电压数据和三相低压母线的电压数据计量时刻相同，即数据是同步的。实际上，电表根据它的内部时钟记录读数，这个时钟可能与标准时钟存在偏差，电表间难以实现精准的同步。在部分地区，智能电表会定期与集中器校准时间，保证了智能电表之间的计量同步性不会偏离太多，因此实际 LVDN 中采集的数据基本能满足所提方法的要求。为了评价所提相位识别算法的准确性，还需要准确的 LVDN 拓扑结构，这由人工现场勘查获得，如图 3-7 所示。

进一步，定义 Λ 为计量周期内三相电流不平衡度的平均值，用来反映 LVDN 中三相负荷不平衡水平，如式(3-16)所示。定义空房率为 LVDN 中空房用户数和所有用户数目的比值。

$$\Lambda=\left[\sum_{t=1}^{T}\frac{I_{\mathrm{D}}^{\max}(t)-I_{\mathrm{D}}^{\min}(t)}{I_{\mathrm{D}}^{\max}(t)}\times 100\%\right]\Big/T \tag{3-16}$$

式中，$I_{\mathrm{D}}^{\max}(t)$为时刻 t 低压母线电流的最大值；$I_{\mathrm{D}}^{\min}(t)$为时刻 t 低压母线电流的最小值。

3.4.2 方法识别过程

本节从数据库中提取长度为一天包含 96 个计量时刻的用户和低压三相母线的数据。在这个数据场景中，Λ 为 20%，空房率为 13.3%。空房用户分别为 S3、S4、S18、S23、S24、S26、S27、S28、S38、S48、S51、S57、S59、S67、S81 和 S93。阈值 ξ_0 设定为 20%。

由 3.2 节所提应对空房用户的聚类方法，得到初始用户聚类结果和修正后的用户聚类结果，分别如表 3-1 和表 3-2 所示。将表 3-1 中的聚类结果与拓扑结构图 3-7 比较可知，3.2.1 节提出的用户聚类方法将靠近配变首端但位于不同相线的用户聚成了同一类，即{S1,S2,S32,S33}。此外，由于 3.2.1 节聚类方法中对用户间的 CCVP 值要求较高，初始聚类结果表 3-1 中存在大量的单用户类别。由表 3-2 可知，经过 3.2.2 节的聚类修正，靠近首端的电表 S1、S2、S32、S33 和 S34 被辨识出来，并单独分类，避免了不同相线的用户聚成一类。同时，通过将单用户类别聚类至与其 CCVP 值最大的用户所在的类别，总聚类数目明显

彩图 3-7

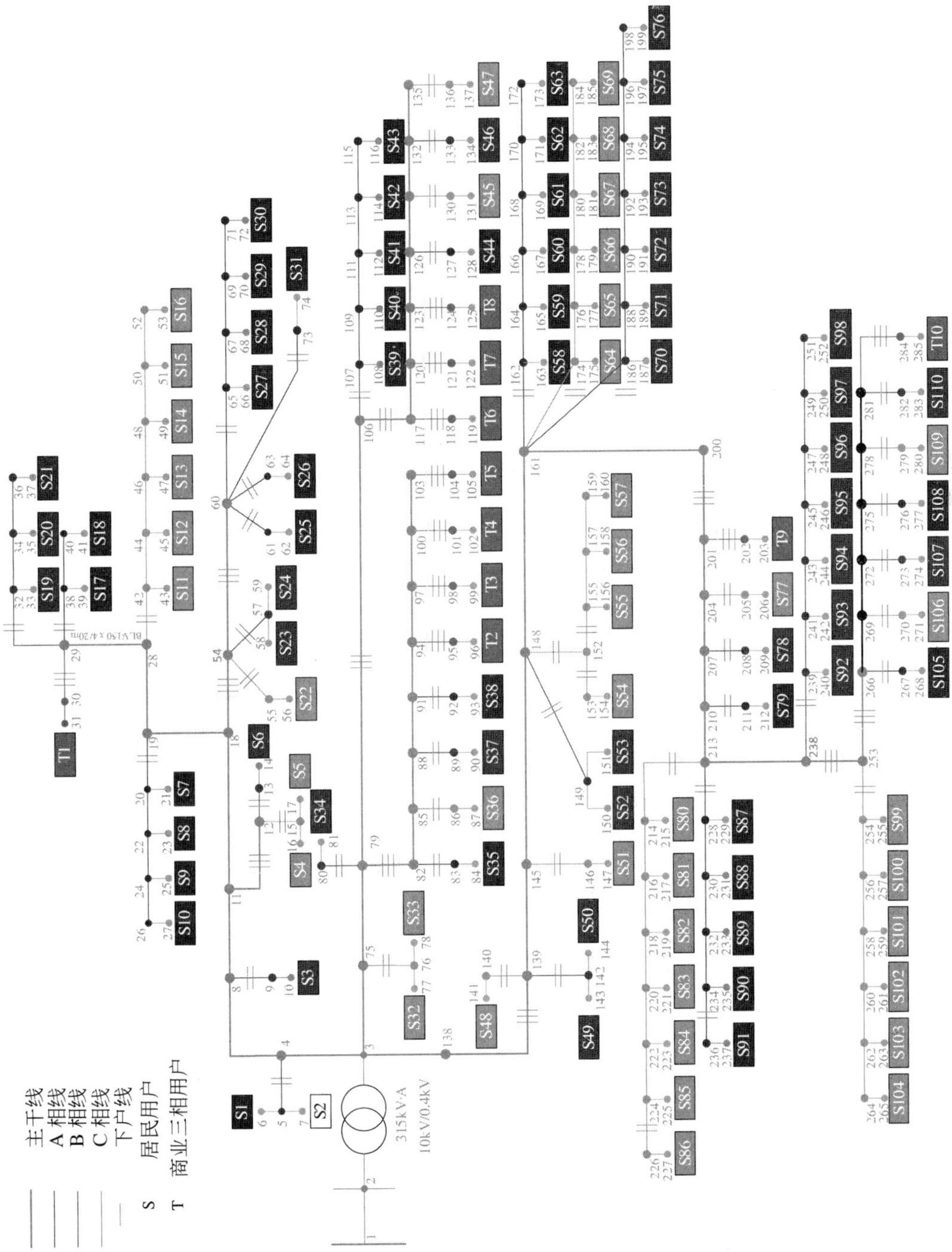

图 3-7 广东省某 LVDN 拓扑结构示意图

下降。此外，还可以由表 3-2 观察到，空房用户除了 S23 和 S24，均已与同相线的用电用户相关联。上述分析验证了所提用户聚类方法的有效性。

表 3-1 初始用户聚类结果

类别	类别	类别	类别	类别	类别
{**S1**,**S2**,**S32**,**S33**}	{S52,S53}	{S66}	{S99}	{S14}	{S76}
{S7,S8,S9,S10,S17,S18,S25,S26,S27,S28,S29,S30,S31}	{S45,S47}	{S67}	{S36}	{S34}	{S78}
{S79,S87,S88,S89,S90,S91,S105,S108}	{S100}	{S68}	{S101}	{S37}	{S92}
{S39,S40,S41,S42,S43,S44}	{S97}	{S69}	{S102}	{S46}	{S93}
{S58,S59,S60,S61,S62,S63}	{S11}	{S77}	{S103}	{S15}	{S94}
{S54,S55,S56,S57}	{S48}	{S80}	{S104}	{S13}	{S95}
{S107,S110}	{S51}	{S81}	{S16}	{S70}	—
{S4,S5,S22}	{S12}	{S82}	{S3}	{S71}	—
{S35,S38}	{S64}	{S83}	{S6}	{S72}	—
{S106,S109}	{S65}	{S84}	{S19}	{S73}	—
{S23,S24}	{S96}	{S85}	{S20}	{S74}	—
{S49,S50}	{S98}	{S86}	{S21}	{S75}	—

在表 3-2 聚类结果的基础上，进一步执行 3.2 节中的相-线-户关系识别。在统计概率分布环节，利用蒙特卡罗方法随机抽取 $N=1000$ 个具有与表 3-2 聚类总数相同的计量时刻数。在 1000 个数据场景中执行 3.3.1 节所提相-线-户关系识别方法，共得到 5 种相户连接关系，图 3-8 给出了这 5 种相户连接关系结果的概率分布情况。5 种相户连接关系结果对应的准确率分别为 98.18%、90.91%、93.64%、75.45%和 79.09%。由图 3-8 可知，概率最大的相户连接关系结果为 R1，且 R1 对应的识别准确率最高，验证了所提概率分布方法可有效提升算法对数据计量误差的鲁棒性。

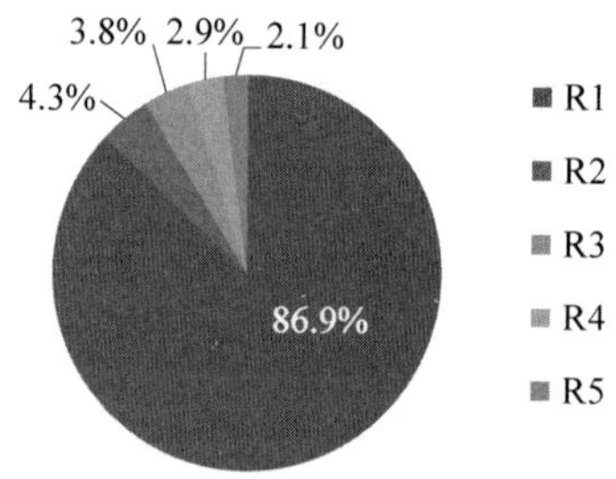

图 3-8 5 种相户连接关系结果概率分布

表 3-2 修正后的用户聚类结果

分类结果	分类结果	分类结果	分类结果	分类结果
{**S1**}	{**S2**}	{**S32**}	{**S33**}	{**S34**}
{S7,S8,S9,S10,S17,S18,S25,S26,S27,S28,S29,S30,S31}	{S11,S12,S13,S14,S15,S16}	{S34,S37,S46}	{S23,S24}	{S3,S6}
{S79,S87,S88,S89,S90,S91,S105,S108}	{S99,S100,S106,S109}	{S84,S85,S86}	{S45,S47}	{S92,S93}
{S64,S65,S66,S67,S68,S69,S77}	{S101,S102,S103,S104}	{S94,S95,S96}	{S49,S50}	{S80,S81}
{S39,S40,S41,S42,S43,S44}	{S54,S55,S56,S57}	{S74,S75,S76}	{S52,S53}	{S97,S98}
{S58,S59,S60,S61,S62,S63}	{S32,S33,S36}	{S107,S110}	{S70,S71}	{S82,S83}
{S4,S5,S22,S48,S51}	{S19,S20,S21}	{S72,S73,S78}	{S35,38}	—

表 3-3 给出了 R1 对应的相户连接关系。对比表 3-3 中的相户连接关系和图 3-7 给出的 LVDN 拓扑结构图可知，表 3-3 识别结果中将位于 C 相的 S23 和 S24 用户错误地分到了 A 相。这是因为 S23 和 S24 两个用户均为空房用户，在聚类中他们聚成一类，未能与用电用户关联起来，导致了他们难以准确识别。

进一步，基于表 3-3 的分类结果，对各个时刻下属于各相的电表有功电流值求和，绘制三相用户电表求和值与对应的配变低压母线三相电流差值变化曲线，如图 3-9 所示。由图 3-9 可知，受用户电表采集误差和线损的影响，各相电表的累计电流之和与变压器首端电流并不严格相等，电流误差在－2.72～1.47A。其中 B 相存在电流误差的时刻最多，电流误差绝对值也最大。

表 3-3　R1 对应的相户连接关系

相户	用　户
A 相	S1，S2，S7，S8，S9，S10，S17，S18，S23，S24，S25，S26，S27，S28，S29，S30，S31，S35，S38，S39，S40，S41，S42，S43，S44，S58，S59，S60，S61，S62，S63，S79，S87，S88，S89，S90，S91，S105，S108
B 相	S4，S5，S11，S12，S13，S14，S15，S16，S22，S32，S33，S36，S45，S47，S48，S51，S54，S55，S56，S57，S64，S65，S66，S67，S68，S69，S77，S80，S81，S82，S83，S84，S85，S86，S99，S100，S101，S102，S103，S104，S106，S109
C 相	S3，S6，S19，S20，S21，S34，S37，S46，S49，S50，S52，S53，S70，S71，S72，S73，S74，S75，S76，S78，S92，S93，S94，S95，S96，S97，S98，S107，S110

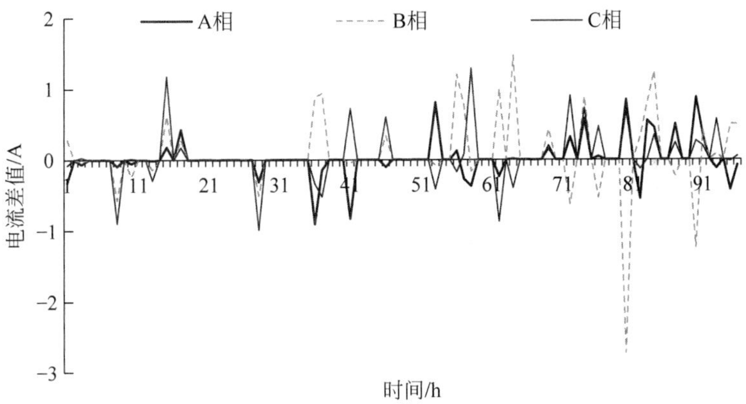

图 3-9　电表电流之和与变压器首端各相电流量测值的差值

3.4.3　与现有方法的对比分析

本节基于空房率、计量误差率以及 LVDN 三相不平衡度 Λ 三项指标构建了 5 个场景，对比分析不同识别方法的识别效果，如表 3-4 所示。空房率和三相不平衡度的定义同 3.4.1 节。引入均值为 0 且标准差为计量误差率的三分之一的高斯误差，描述用户电表的计量误差，即在已有数据基础上施加标准差为计量误差率的三分之一的正态分布误差。

与本章最具有可比性的方法是文献[4]中基于功率守恒，将相户关系识别问题转换为求解混合整数规划问题的方法。这种方法适用于缺乏分支线和用户连接关系的场景，被广泛用来进行对比分析[6-7]。文献[4]的方法定义为方法 1；没有用户聚类，仅包括 3.3 节所提二次规划和概率分布环节的方法定义为方法 2；包含用户聚类、二次规划和概率分布环节的方法即本章所提方法定义为方法 3。表 3-5 给出了这 3 种方法在上述 5 种场景下的识别准确率。

表 3-4　5 个数据场景的空房率、数据计量误差率和三相不平衡度

场　景	空　房　率	数据计量误差率	三相不平衡度
1	13.3%	5%	20%
2	13.3%	25%	20%
3	13.3%	5%	46%
4	0	5%	20%
5	0	5%	46%

表 3-5　5 种场景下 3 种方法的识别准确率

场　景	方法 1	方法 2	方法 3
1	85.45%	85.45%	98.18%
2	81.82%	85.45%	98.18%
3	85.45%	85.45%	100%
4	90%	100%	100%
5	92.73%	100%	100%

由表 3-5 可以得到以下几点：

(1) 5 种场景下，方法 3 的识别准确率均高于方法 1。方法 3 相对于方法 1 准确率提升了 7.27%～16.36%。在存在空房率的场景下(场景 1～场景 3)，方法 3 的识别准确率均高于方法 2。在场景 1～场景 3 中，方法 3 相对于方法 2 准确率提升了 12.73%～14.55%。场景 4 和场景 5 不存在空房率，方法 2 和方法 3 的识别率均达到了 100%。这验证了本章所提方法的优越性。

(2) 比较 3 种方法在场景 1 和场景 4 的识别准确率可知，空房率对方法 1 和方法 2 的识别准确率影响显著，但对方法 3 影响很小。具体来说，受空房用户影响，方法 1 和方法 2 的识别准确率分别下降了 8.18%和 14.55%，而方法 3 的识别准确率仅减少了 1.82%。这说明了本章提出的电压分类方法能有效缓解空房用户对算法识别准确率的影响。

(3) 比较 3 种方法在场景 1 和场景 2 的识别结果可知，数据计量误差对方法 1 有影响，使其识别准确率下降了 4.03%，而对方法 2 和方法 3 无影响。这说明本章所提的蒙特卡罗概率分布模型可有效增强算法对数据计量误差的鲁棒性。

(4) 比较 3 种方法在场景 4 和场景 5 的识别结果可知，不存在空房率时，三相不平衡度增加有利于提升方法 1 的识别准确率。然而，场景 1 和场景 3 下的识别结果表明，存在空房率时，三相不平衡度的增加对方法 1 和方法 2 的识别准确率无影响，但提升了方法 3 的识别准确率。这表明空房率相对三相不平衡度来说，是影响方法 1 和方法 2 识别准确率的决定性因素。

接着，对比分析分支定界算法和本节所提整数变量松弛为连续变量的方法(后续简称松弛方法)在相户识别中的应用效果。表 3-6 给出了这两种算法在上述 5 种场景下的识别准确率和计算时间。由表 3-6 可知，本章所提松弛方法在每个场景中和分支定界算法的识别准确率相同，但需要的时间更短。此外，随着整数变量的增加，分支定界算法需要的时间逐渐增加，而所提松弛方法需要的时间受变量增加的影响很小。这验证了本章所提松弛方法

的有效性和优越性。

表 3-6　分支定界算法和所提松弛方法应用效果

场景	分支定界算法		所提松弛方法	
	识别准确率/%	计算时间/s	识别准确率/%	计算时间/s
1	98.18	0.559	98.18	0.357
2	98.18	0.703	98.18	0.416
3	100	0.578	100	0.324
4	100	0.613	100	0.362
5	100	0.889	100	0.353

3.4.4　阈值系数灵敏性分析

本节在 3.4.1 节算例基础上，设定不同的相关系数变化率阈值 ξ_0，分析 ξ_0 取值对识别结果的影响。在不考虑利用 ξ_0 辨识靠近首端用户的情况下，所提方法的识别准确率为 89.09%。图 3-10 给出了不同阈值 ξ_0 下的识别准确率。

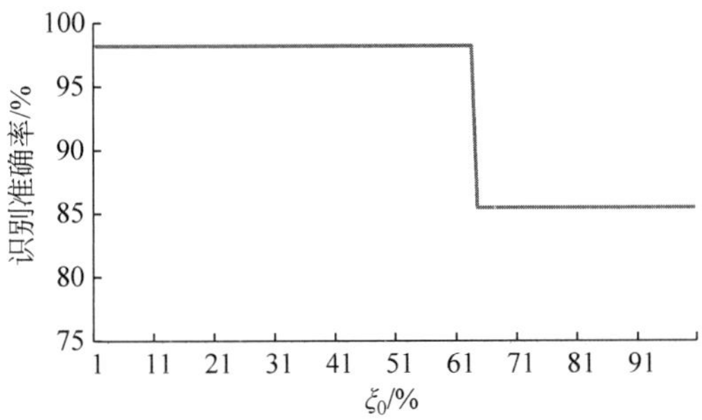

图 3-10　不同阈值 ξ_0 下的识别准确率

结合图 3-10 分析可知，ξ_0 存在临界值(本算例中为 64%)。当 ξ_0 小于该临界值时，随着 ξ_0 的增加，识别准确率不变，都为 98.18%，优于不利用 ξ_0 辨识靠近首端用户时的准确率(89.09%)。识别准确率都相同是因为 ξ_0 在 64% 以下时，电压聚类结果中除了空房用户 S23 和 S24，其他空房用户均通过与用电用户聚类，实现准确识别。而当 ξ_0 大于该临界值时，随着 ξ_0 的增加，识别准确率均为 85.45%。此时由于 ξ_0 过大，所有的电表均被单独分类，相当于未分类。因此，空房用户未能与用电用户关联，在最后的相户识别时，相户分布全部出错，导致识别准确率比不利用 ξ_0 辨识靠近首端用户时的准确率(89.09%)差。总结如下：ξ_0 在一定范围内取值时，可提升方法的识别准确率，而当 ξ_0 取值过大时，将降低方法的识别准确率。

3.5　本章小结

为了提升存在空房率和计量误差场景下的低压配电网相-线-户关系识别准确率，本章计及空房用户，提出了一种基于用户聚类、二次规划和概率分布的相-线-户关系识别方法。

一系列算例仿真验证了本章所提方法的有效性，并将它与其他方法进行了比较。进一步研究了所提方法中阈值 ξ_0 的取值对识别准确率的影响。结论如下：

(1) 所提方法能有效缓解空房用户对识别准确率的影响，且对电表测量误差具有较高的鲁棒性。

(2) 所提方法应用效果优于文献[4]中的整数规划方法，具体来讲，在本章算例中所提方法的识别准确率相比文献[4]中的方法提高了 7.27%～16.36%。

(3) 存在空房用户时，所提方法在三相电流不平衡度较大的场景表现更好。

(4) 用户聚类中的阈值 ξ_0 设置在合理范围内，可以有效提高所提方法的相户识别准确率。

3.6 参考文献

[1] PENIDO D R R, ARAUJO L R D, CARNEIRO S, et al. Three-phase power flow based on four-conductor current Injection method for unbalanced distribution networks[J]. IEEE Transactions on Power Systems, 2008, 23(2): 494-503.

[2] 高元海，王淳，辛建波，等. 计及接地阻抗及含多种分布式电源的中低压配电网三相潮流计算(一)：模型[J]. 中国电机工程学报，2016，36(10)：2619-2627.

[3] LUAN W, PENG J, MARAS M, et al. Smart meter data analytics for distribution network connectivity verification[J]. IEEE Transcation on Smart Orid, 2015, 6(4): 1964-1971.

[4] ARYA V, SEETHARAM, D, KALYANARAMAN S, et al. Phase identification in smart grids[C]//2011 IEEE International Conference on Smart Grid Communications, 2011.

[5] 唐捷，蔡永智，周来，等. 基于数据驱动的低压配电网线户关系识别方法[J]. 电力系统自动化，2020，44(11)：127-134.

[6] XU M, LI R, LI F. Phase identification with incomplete data[J]. IEEE Transactions on Smart Grid, 2018, 9(4): 2777-2785.

[7] PAPPU S J, BHATT N, PASUMARTHY R, et al. Identifying topology of low voltage distribution networks based on smart meter data[J]. IEEE Transactions on Smart Grid, 2018, 9(5): 5113-5122.

第4章

面向新能源并网的低压用户链路识别

我国于 2020 年 9 月 22 日在联合国大会上提出，二氧化碳排放力争于 2030 年前达到峰值，努力争取 2060 年前实现“碳中和”。构建以新能源为主体的新型电力系统是实现“双碳目标”的重要途径，然而巨量的新能源并网将给电力系统带来强不确定性和弱惯性。其中，低压配电网（LVDN）作为分布式电源的接入点，受到的影响尤为显著。

伴随间歇性超高渗透率新能源并网而生的跃变性、双向性潮流，将颠覆传统 LVDN 中的诸多特性。网络运行从单向潮流转变为双向潮流，将导致用户和电网运行数据的时序性发生变化。第 2 章、第 3 章基于电压数据的拓扑识别方法依赖于“位于同一相户的用户电压相关性高于不同相户用户间的电压相关性”这一特性。双向潮流下，受同相用户间的电压数据时序性差异影响，位于同一相户的用户电压相关性可能低于不同相户用户间的电压相关性。已有的简单辐射状配电网的电气量时空特征等先验知识很难适用于 LVDN 的准确拓扑识别。

为应对分布式电源并网带来的电压特性变化影响，并将低压拓扑识别下沉到用户之间具体的上下游连接关系，提出了基于图信号处理（graph signal processing，GSP）的用户链路识别模型。首先，利用图信号处理理论刻画以电压、电流数据为图信号的低压用户链路关系图结构模型。其次，综合利用图信号的平滑性规律、节点电流定律以及图结构的稀疏特性，构建以用户链路关系为变量矩阵的图结构优化识别模型，克服分布式电源并网对拓扑识别算法的影响，并将低压拓扑识别下沉至用户之间的上下游连接关系。再次，提出由相户识别-用户排序和链路识别-结果修正多模块组成的用户链路识别算法，应对输入数据无序性问题。最后，给出了算例验证。

4.1 低压用户链路识别问题描述

4.1.1 图信号处理相关理论概述

在图论中，图的拓扑结构可用 $\boldsymbol{G}=\{\boldsymbol{V},\boldsymbol{E},\boldsymbol{A}\}$ 表示。其中，$\boldsymbol{V}$ 表示图中所有顶点的集合，$\boldsymbol{V}=\{v_1,v_2,\cdots,v_i,\cdots,v_n\}$；$\boldsymbol{E}$ 表示图中所有边的集合，$\boldsymbol{E}=[e_{ij}]$，$i,j\in n$，$e_{ij}\in\{0,1\}$，边由

图中的顶点指向另一个顶点，若顶点 i 和顶点 j 之间存在连接关系，则 e_{ij} 为 1，否则为 0；$\boldsymbol{A}$ 表示边的权重矩阵，又称之为邻接矩阵，$\boldsymbol{A}=[a_{ij}]_{n\times n}$，$i,j\in n$，$a_{ij}>0$，其数值越大，顶点 v_j 指向顶点 v_i 的联系权重越大[1]。

根据图 $\boldsymbol{G}$ 中的边有无方向，图可以分为有向图和无向图。无向图中，$e_{ij}=e_{ji}$、$a_{ij}=a_{ji}$，$\boldsymbol{E}$ 和 $\boldsymbol{A}$ 都为对称矩阵；有向图中，$\boldsymbol{E}$ 和 $\boldsymbol{A}$ 不一定为对称矩阵。如果只考虑顶点间是否存在连接关系，不考虑其连接的强弱性，此时 a_{ij} 的取值为 0 或 1，邻接矩阵 $\boldsymbol{A}$ 内的元素和 $\boldsymbol{E}$ 矩阵内的元素相同。图的拓扑结构可简化为 $\boldsymbol{G}=\{\boldsymbol{V},\boldsymbol{A}\}$。

图信号是指图中各顶点包含的信号，图 $\boldsymbol{G}$ 的图信号用 $\boldsymbol{S}_G=[s_1,s_2,\cdots,s_n]$ 表示。图信号处理(GSP)是对图中的信号进行分析和处理的过程[2]。图信号蕴含与所支持的图的拓扑有关的数据属性，GSP 的目标是开发有效利用这种关系结构的算法，可以从图信号中获得信息来推断图的拓扑结构。

4.1.2 用户链路识别的基本模型

图 4-1 给出了一个简单的 LVDN 示意图。低压网络通过三相线路和单相线路将电能传送至用户。用户包括单相用户和三相用户，用户端配置的电表计量用户的电压、电流、功率等数据，低压台变侧配备的配变终端计量配变低压侧三相母线的电压、电流、功率等数据，位于低压变压器侧的集中器与该低压变压器的用户电表通信，收集电表采集的信息。

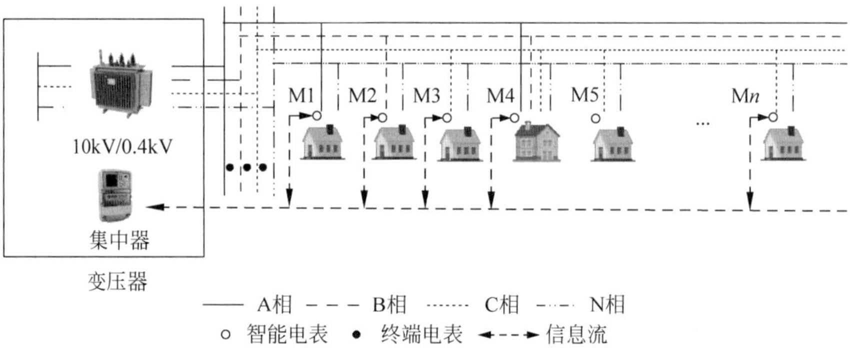

图 4-1 LVDN 示意图

低压台区的拓扑结构关系即为安装在低压母线、分支馈线和用户侧上的电表之间的连接关系。低压台区中的电流存在流动方向。无电能倒送时，低压台区中电能由低压母线沿各级分支馈线传送至用户端；存在电能倒送时，低压台区中电能的流通方向可能出现由低压母线沿各级分支馈线传送至用户端、用户端沿各级分支馈线传送至其他用户端、用户端沿各级分支馈线传送至低压母线等多种情形。因此，低压台区拓扑可视为以各级分支线节点和用户侧电表为顶点，分支线节点之间以及分支线节点和电表之间连接关系为边的有向图，且是一个包含三棵树的森林，如图 4-2 中黑实线连接的网络结构所示。值得注意的是，三相用户的电表分别记录了三相的用电数据，因此可以等效为分别连接在 A、B、C 相的三个单相用户，在图 4-2 中用灰色圆形表示。

目前国内绝大部分低压台区能够获取的数据仅包含用户侧和三相低压母线的电表量测信息，各级分支线节点处没有计量数据，因此本文不考虑分支线节点连接关系识别问题。低压台区有向图中去掉分支线节点和分支线以后，留下了三相低压母线电表节点和用户侧电

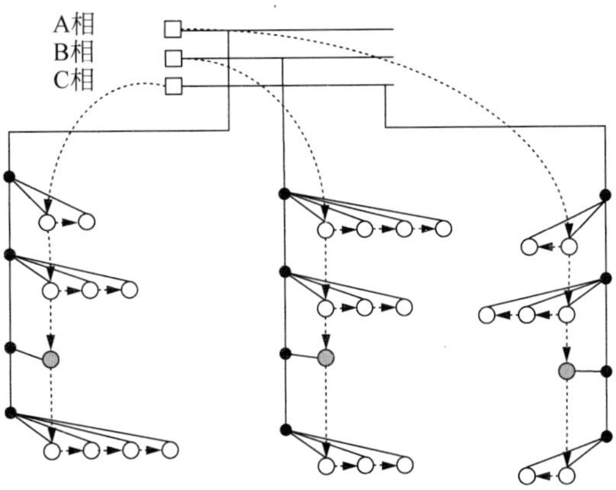

图 4-2 一个简单的 LVDN 等效森林图及其用户链路关系

表节点。用户链路识别用于拟合三相低压母线电表节点和用户侧电表节点间的连接关系。链路源于通信术语，定义为无源的点到点的物理连接。借鉴链路的基本概念，定义用户链路为用户端到用户端的连接关系，反映用户之间的上下游连接关系。用户链路关系可以抽象为由"根-茎-叶"节点组成的辐射型树状结构，如图 4-2 中的虚线树状结构所示。其中，根节点为配变低压侧三相母线电表（Φ_A、Φ_B、Φ_C），茎、叶节点为单相用户电表和等效单相电表（$C_1 \sim C_n$）。

用户链路识别问题的关键在于构建"根-茎-叶"节点间的连接关系识别模型，其重点关注的是节点和节点之间有无连接关系，用户链路关系可简化成 $\boldsymbol{G}=\{\boldsymbol{V},\boldsymbol{A}\}$。顶点 $\boldsymbol{V}$ 仅包含了低压三相母线上的计量电表和用户侧电表，邻接矩阵 $\boldsymbol{A}$ 中的元素反映低压三相母线和用户以及用户之间端到端的连接关系。已知所有用户端到端连接关系，即可获取用户的上下游位置关系。电表计量的电压、电流数据即为图信号。此时，用户链路识别问题转化为已知低压三相母线、用户端顶点的图信号（量测数据），求解图的结构问题。采用邻接矩阵 $\boldsymbol{A}$ 描述用户链路关系，即用户的上下游位置关系，将用户链路识别所需解决的一般性问题抽象如式(4-1)所示。

$$\begin{cases}\boldsymbol{A}=f(\boldsymbol{V},\boldsymbol{I})\\ \boldsymbol{A}=[a_{ij}]_{S\times S}\\ a_{ij}=\begin{cases}1, & \text{if 量测点 } i \text{ 和 } j \text{ 存在连接关系}\\ 0, & \text{if 量测点 } i \text{ 和 } j \text{ 不存在连接关系}\end{cases}\end{cases} \tag{4-1}$$

式中，a_{ij} 为量测点 i 和量测点 j 之间的连接关系，将低压母线电表和用户电表统称为量测点；S 为量测点总数目；$\boldsymbol{V}$、$\boldsymbol{I}$ 分别为量测点的电压、电流数据矩阵。

4.2 基于 GSP 的图结构优化识别模型

4.1 节将低压台区用户链路识别问题转换为分析图信号（电表的量测数据）所蕴含的图结构，在此基础上构建以能反映图结构的邻接矩阵 $\boldsymbol{A}$ 为变量的优化识别模型。本节综合利用图信号的平滑性规律、节点电流定律以及图结构的稀疏性构建图结构识别的优化模型。

4.2.1 图信号的平滑性

图 $\boldsymbol{G}$ 中的图信号具有平滑性，即相邻顶点的图信号数值趋近。无向图中通常利用拉普拉斯算子 $\boldsymbol{L}=\boldsymbol{D}-\boldsymbol{A}$，以最小化二次型 $\mathrm{tr}(\boldsymbol{X}^{\mathrm{T}}\boldsymbol{L}\boldsymbol{X})$ 确保图信号的平滑性[3]，如式(4-2)所示。其中，$\boldsymbol{D}$ 矩阵为图的度矩阵，矩阵中的元素反映各个顶点含有的边的数量。式(4-2)中顶点 i、j 的图信号越接近，差值越小，图信号越平滑。

$$\min\ \mathrm{tr}(\boldsymbol{X}^{\mathrm{T}}\boldsymbol{L}\boldsymbol{X})=\min\sum_{v_i}\sum_{v_j}\boldsymbol{X}_i(\boldsymbol{X}_i-\boldsymbol{X}_j)=\min\sum_{e_{ij}}(\boldsymbol{X}_i-\boldsymbol{X}_j)^2 \tag{4-2}$$

式中，$\boldsymbol{X}$ 为顶点的图信号矩阵；$\boldsymbol{L}$ 为拉普拉斯算子；v_i、v_j 分别表示顶点 i、j；$\boldsymbol{X}_i$、$\boldsymbol{X}_j$ 分别为顶点 i、j 的图信号；e_{ij} 表示顶点 i、j 之间的边。

低压台区中的电压数据的空间特性，即相邻节点间的电压曲线相似，符合图信号的平滑性。将低压三相母线和用户侧的电表统称为量测点，以 $\boldsymbol{X}_1=[x_{1,st}]_{S\times T}$ 表示低压台区的图信号之一，量测点的电压数据 $x_{1,st}$ 表示量测点 s 在 t 时刻的电压值。低压台区为有向图，邻接矩阵 $\boldsymbol{A}$ 及其对应的拉普拉斯算子 $\boldsymbol{L}$ 均不对称，式(4-2)不成立，需要重新构建能确保低压台区量测点电压图信号平滑性的数学模型。

由文献[4]可知，相邻节点间的电压越趋近，其电压曲线之间的相关性系数越高，因此可以通过最大化存在连接关系量测点之间的电压曲线相关性系数，来确保图结构中具备连接关系的量测点间的电压趋近，即低压台区中电压图信号的平滑性，推导如式(4-3)所示。

$$f_1:\ \max\ \mathrm{tr}(\boldsymbol{A}\boldsymbol{R})=\max\sum_{v_i}\sum_{v_j}a_{ij}r_{ij}=\max\sum_{e_{ij}}r_{ij} \tag{4-3}$$

式中，$\boldsymbol{A}=[a_{ij}]_{S\times S}$，为反映图中量测点连接关系的邻接矩阵；$a_{ij}\in\{0,1\}$，$S$ 为量测点总数目；$\boldsymbol{R}=[r_{ij}]_{S\times S}$，为量测点的电压曲线相关性系数矩阵。

4.2.2 节点电流定律

以 $\boldsymbol{X}_2=[x_{2,st}]_{S\times T}$ 表示低压台区的图信号之一，量测点的电流数据 $x_{2,st}$ 表示量测点 s 在 t 时刻的电流值。量测点总数 S 可以拆分为 $S_{\mathrm{P}}+S_{\mathrm{C}}$，$S_{\mathrm{P}}$ 为低压母线上的电表数目，相当于森林中的根节点；S_{C} 为用户侧电表数目，相当于森林中的茎叶节点。$\boldsymbol{X}_2$ 可拆分为$[\boldsymbol{X}_{2\mathrm{P}};\boldsymbol{X}_{2\mathrm{C}}]$，$\boldsymbol{X}_{2\mathrm{P}}$ 表示根节点的电流图信号，$\boldsymbol{X}_{2\mathrm{C}}$ 表示茎叶节点的电流图信号。

节点电流定律指出，电路中任一个节点上，在任一时刻流入节点的电流之和恒等于流出节点的电流之和[5]。理想情况下，任一时刻低压台区某相低压母线上的电流恒等于连接于该相所有用户的注入电流之和。以图论的视角来看，即任一时刻注入根节点的电流图信号恒等于与其连接的茎叶节点注入的电流图信号之和。

本节利用邻接矩阵的幂级数和来描述这一特性。文献[6]表明，一个有向图的连通关系的邻接矩阵为 $\boldsymbol{B}$，$\boldsymbol{B}$ 中的元素 b_{uv} 如果为 1，表示原图中顶点 u、v 之间存在一条长度为 1 条边的路径，那么 $\boldsymbol{B}^k$ 中的 b_{uv}^k 表示点 u、v 之间存在能通过 k 条边相连的路径数。

低压台区是一个包含 3 棵树的森林，树中任意两个顶点之间的路径只有一条，森林中任意两个顶点之间的路径不超过一条，因此森林的邻接矩阵幂级数 $\boldsymbol{A}^k$ 中的元素为 0 或 1。若 a_{ij}^k 为 1，表示量测点 i、j 之间存在一条能通过 k 条边相连的路径。一个存在 S 个量测点的低压台区，其中路径的边长数不超过 $S\text{-}S_{\mathrm{P}}$，即 S_{C}。令 $\boldsymbol{H}=\sum_{k=1}^{S_{\mathrm{C}}}\boldsymbol{A}^{k}$，$\boldsymbol{H}$ 中的第 i 行元素反映了量测点 i 和其他量测点之间是否存在连通路径，h_{ij} 为 1，表示量测点 i、j 之间存在一条连通路径。$\boldsymbol{A}$ 和 $\boldsymbol{H}$ 中前 S_{P} 行元素反映低压三相母线的量测点与其他量测点之间的连通路径情况。因此，通过观测 $\boldsymbol{H}$ 中前 S_{P} 行元素，能够得到低压台区中的相户关系。下面以一个简单的例子说明。

图 4-3 是一个包含 12 个量测点，有 3 棵树结构的 LVDN 森林图，根节点 1、2、3 分别代表低压 A、B、C 三相母线上的电表，其余顶点为用户侧的电表。

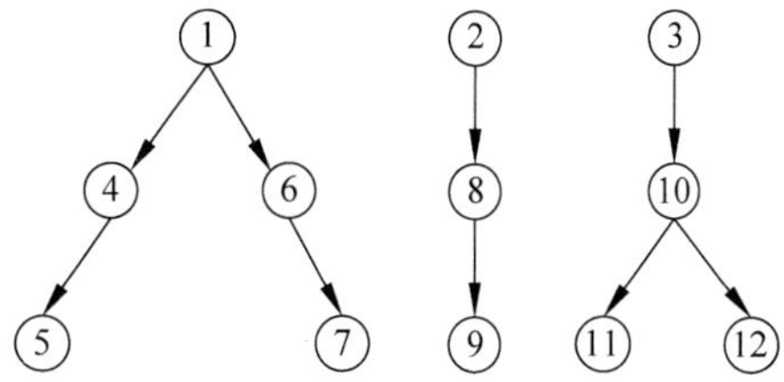

图 4-3　一个简单 LVDN 森林

其邻接矩阵 $\boldsymbol{A}$ 和 $\boldsymbol{H}$ 矩阵如下所示：

$$\boldsymbol{A}=\begin{array}{c}\\1\\2\\3\\4\\5\\6\\7\\8\\9\\10\\11\\12\end{array}\begin{array}{c}\begin{array}{cccccccccccc}1&2&3&4&5&6&7&8&9&10&11&12\end{array}\\\left[\begin{array}{cccccccccccc}0&0&0&1&0&1&0&0&0&0&0&0\\0&0&0&0&0&0&0&1&0&0&0&0\\0&0&0&0&0&0&0&0&0&1&0&0\\0&0&0&0&1&0&0&0&0&0&0&0\\0&0&0&0&0&0&0&0&0&0&0&0\\0&0&0&0&0&0&1&0&0&0&0&0\\0&0&0&0&0&0&0&0&0&0&0&0\\0&0&0&0&0&0&0&0&1&0&0&0\\0&0&0&0&0&0&0&0&0&0&0&0\\0&0&0&0&0&0&0&0&0&0&1&1\\0&0&0&0&0&0&0&0&0&0&0&0\\0&0&0&0&0&0&0&0&0&0&0&0\end{array}\right]\end{array}\tag{4-4}$$

$$\boldsymbol{H}=\begin{array}{c}\\1\\2\\3\\4\\5\\6\\7\\8\\9\\10\\11\\12\end{array}\begin{array}{c}\begin{array}{cccccccccccc}1&2&3&4&5&6&7&8&9&10&11&12\end{array}\\\left[\begin{array}{cccccccccccc}0&0&0&1&1&1&1&0&0&0&0&0\\0&0&0&0&0&0&0&1&1&0&0&0\\0&0&0&0&0&0&0&0&0&1&1&1\\0&0&0&0&1&0&0&0&0&0&0&0\\0&0&0&0&0&0&0&0&0&0&0&0\\0&0&0&0&0&0&1&0&0&0&0&0\\0&0&0&0&0&0&0&0&0&0&0&0\\0&0&0&0&0&0&0&0&1&0&0&0\\0&0&0&0&0&0&0&0&0&0&0&0\\0&0&0&0&0&0&0&0&0&0&1&1\\0&0&0&0&0&0&0&0&0&0&0&0\\0&0&0&0&0&0&0&0&0&0&0&0\end{array}\right]\end{array}\tag{4-5}$$

由式(4-4)和式(4-5)可知，邻接矩阵 $\boldsymbol{A}$ 反映相邻量测点之间的连接关系，$\boldsymbol{H}$ 反映各个节点与其茎叶节点之间的连接关系。$\boldsymbol{H}(1:S_P,:)$中包含了相户连接关系，令 $\boldsymbol{H}_P=\boldsymbol{H}(1:S_P,:)$。由 $\boldsymbol{H}$ 矩阵第一行元素可知，量测点 1(A 相低压母线电表)与量测点 4、5、6、7 存在连通路径，与图 4-3 中 A 相相户连接关系一致；由 $\boldsymbol{H}$ 矩阵第二行元素可知，量测点 2(B 相低压母线电表)与量测点 8、9 存在连通路径，与图 4-3 中 B 相相户连接关系一致；由 $\boldsymbol{H}$ 矩阵第三行元素可知，量测点 3(C 相低压母线电表)与量测点 10、11、12 存在连通路径，与图 4-3 中 C 相相户连接关系一致。

接着，利用 $\boldsymbol{H}$ 从图论视角描述节点电流定律：

$$X_{2P}=\boldsymbol{H}_P\boldsymbol{X}_2=\boldsymbol{C}_1\boldsymbol{H}\boldsymbol{X}_2 \tag{4-6}$$

式中，$\boldsymbol{C}_1$ 是一个 $S_P\times S$-维的矩阵，$\boldsymbol{C}_1=[\boldsymbol{E}_P;\ 0]$，$\boldsymbol{E}_P$ 为 $S_P\times S_P$-维的单位矩阵。

进一步，以最小化式(4-6)左右两端的差值 F 范数的二次方来确保求解得到的图结构连接关系能够使得电流图信号满足节点电流定律：

$$\begin{aligned}&f_2:\ \min\|\boldsymbol{X}_{2P}-\boldsymbol{C}_1\boldsymbol{H}\boldsymbol{X}_2\|_F^2\\&\text{s. t. } H-\sum_{k=1}^{S_C}\boldsymbol{A}^k=0\end{aligned} \tag{4-7}$$

4.2.3 图结构的稀疏性

低压台区对应的有向森林中，边的数目远小于量测点数目 S 的二次方，因此其邻接矩阵 $\boldsymbol{A}$ 是一个只有少数元素为 1 的稀疏矩阵。此外，如上所述，有向森林中任意两个顶点之间的路径不超过一条，因此量测点仅与其上游的量测点之一存在连接关系。为了满足这一特性并保证 $\boldsymbol{A}$ 的稀疏性，对 $\boldsymbol{A}$ 构建式(4-8)所示约束。

$$\begin{cases}\sum\limits_{i\in\boldsymbol{V},j=1}^{S}a_{ij}=1,\quad a_{ij}\in\{0,1\}\\ a_{ij}=0,\quad j\geqslant i\end{cases} \tag{4-8}$$

式中，a_{ij} 为邻接矩阵 $\boldsymbol{A}$ 的第 i 行第 j 列元素。

4.2.4 优化模型

图结构连接关系需要同时满足图信号的平滑性目标 f_1、节点电流定律目标 f_2 以及图结构的稀疏性约束，综合这三方面要求，构建以邻接矩阵 A 及其幂级数矩阵 H 为变量的图结构识别优化模型：

$$\begin{cases}\underset{\boldsymbol{A},\boldsymbol{H}}{\operatorname{argmin}}-\lambda_1\operatorname{tr}(\boldsymbol{AR})+\lambda_2\|\boldsymbol{X}_{2P}-\boldsymbol{C}_1\boldsymbol{H}\boldsymbol{X}_2\|_F^2\\ \text{s. t. }\boldsymbol{H}-\sum\limits_{k=1}^{S_C}\boldsymbol{A}^k=0\\ \sum\limits_{i\in\boldsymbol{V},j=1}^{S}a_{ij}=1,a_{ij}\in\{0,1\}\\ a_{ij}=0,j\geqslant i\end{cases} \tag{4-9}$$

式中，λ_1、λ_2 为图信号平滑性目标和节点电流定律目标的超参数。

优化模型的约束条件包含变量的幂级数之和，极大增加了优化模型的非线性，增加了模型求解的难度。下面利用 Neumann 级数定理对变量的幂级数之和进行简化。

Neumann 级数定理：$\boldsymbol{M}$ 为方阵，则 $\sum_{k=0}^{\infty}\boldsymbol{M}^k$ 为$\boldsymbol{M}$ 的 Neumann 级数。Neumann 级数收敛的充要条件是 $\boldsymbol{M}$ 为收敛矩阵，且在收敛时其和为$(\boldsymbol{I}-\boldsymbol{M})^{-1}$，其中 $\boldsymbol{I}$ 为与 $\boldsymbol{M}$ 同维度的单位矩阵。

低压台区对应的有向森林中，任意两个顶点之间的路径不超过一条，路径的边长数不超过 S_C。由此存在当 $k>S_C$ 时，$\boldsymbol{A}^k=0$，即 $\boldsymbol{A}$ 为收敛矩阵，同时它也是方阵，满足 Neumann 级数定理的条件，因此其 Neumann 级数收敛于$(\boldsymbol{I}-\boldsymbol{A})^{-1}$，得

$$\sum_{k=1}^{S_C}\boldsymbol{A}^k=\sum_{k=1}^{\infty}\boldsymbol{A}^k=\sum_{k=0}^{\infty}\boldsymbol{A}^k-\boldsymbol{A}^0=(\boldsymbol{I}-\boldsymbol{A})^{-1}-\boldsymbol{I} \tag{4-10}$$

式中，$\boldsymbol{I}$ 为与 $\boldsymbol{A}$ 同维度的单位矩阵。

将式(4-10)代入式(4-9)，并将 $\boldsymbol{A}$ 中元素的取值由 $a_{ij}\in\{0,1\}$ 松弛为 $a_{ij}\in[0,1]$，得到简化后的优化模型，即

$$\begin{cases}\underset{\boldsymbol{A},\boldsymbol{H}}{\operatorname{argmin}}-\lambda_1\operatorname{tr}(\boldsymbol{AR})+\lambda_2\|\boldsymbol{X}_{2\mathrm{P}}-\boldsymbol{C}_1\boldsymbol{HX}_2\|_{\mathrm{F}}^2\\ \text{s. t. }\boldsymbol{H}-[(\boldsymbol{I}-\boldsymbol{A})^{-1}-\boldsymbol{I}]=0\\ \sum_{i\in\boldsymbol{V},j=1}^{S}a_{ij}=1,a_{ij}\in[0,1]\\ a_{ij}=0,j\geqslant i\end{cases} \tag{4-11}$$

4.3 用户链路识别算法

式(4-11)所示的图结构识别模型，对邻接矩阵 $\boldsymbol{A}$ 的约束限定了用户与其前序用户形成链路，仅当用户数据以链路连接顺序构成数据输入矩阵时，计算得到的邻接矩阵才符合支路的用户链路连接关系。但在工程实际中，用户链路关系是待识别的未知量，因此输入 GSP 优化模型中的用户数据是无序的，邻接矩阵 $\boldsymbol{A}$ 无法反映支路的用户链路连接关系，但反映相户连接关系的 $\boldsymbol{H}$ 矩阵不受影响。换言之，在实际工程应用环境中，仅通过一次基于 GSP 的优化模型识别，难以获得准确的用户链路关系。为解决该问题，本节设计三个模块构建用户链路识别算法：模块一，基于 GSP 优化模型的相户识别；模块二，用户位置排序，GSP 优化模型初步识别用户链路关系；模块三，比较用户间相关性系数的欧氏距离，校正用户链路关系。识别算法流程如图 4-4 所示。

4.3.1 基于 GSP 优化模型的相户识别

在模块一，输入低压母线和用户的电压、电流数据，输出用户相户连接关系。

步骤(1-1)：基于三相低压母线和用户的电压、电流数据，构建电压、电流数据矩阵 $\boldsymbol{X}_1$、$\boldsymbol{X}_2$。

步骤(1-2)：利用电压矩阵 $\boldsymbol{X}_1$ 计算量测点间的电压曲线 Person 相关性系数，得到量测点相关性矩阵 $\boldsymbol{R}$。

步骤(1-3)：设定超参数 λ_1、λ_2，并输入 $\boldsymbol{X}_2$、$\boldsymbol{R}$，求解 4.2.4 节中的优化模型，得到蕴含用户相户连接关系的矩阵 $\boldsymbol{H}$，用集合 $\boldsymbol{S}_A$、$\boldsymbol{S}_B$、$\boldsymbol{S}_C$ 表示三相用户相户连接关系。

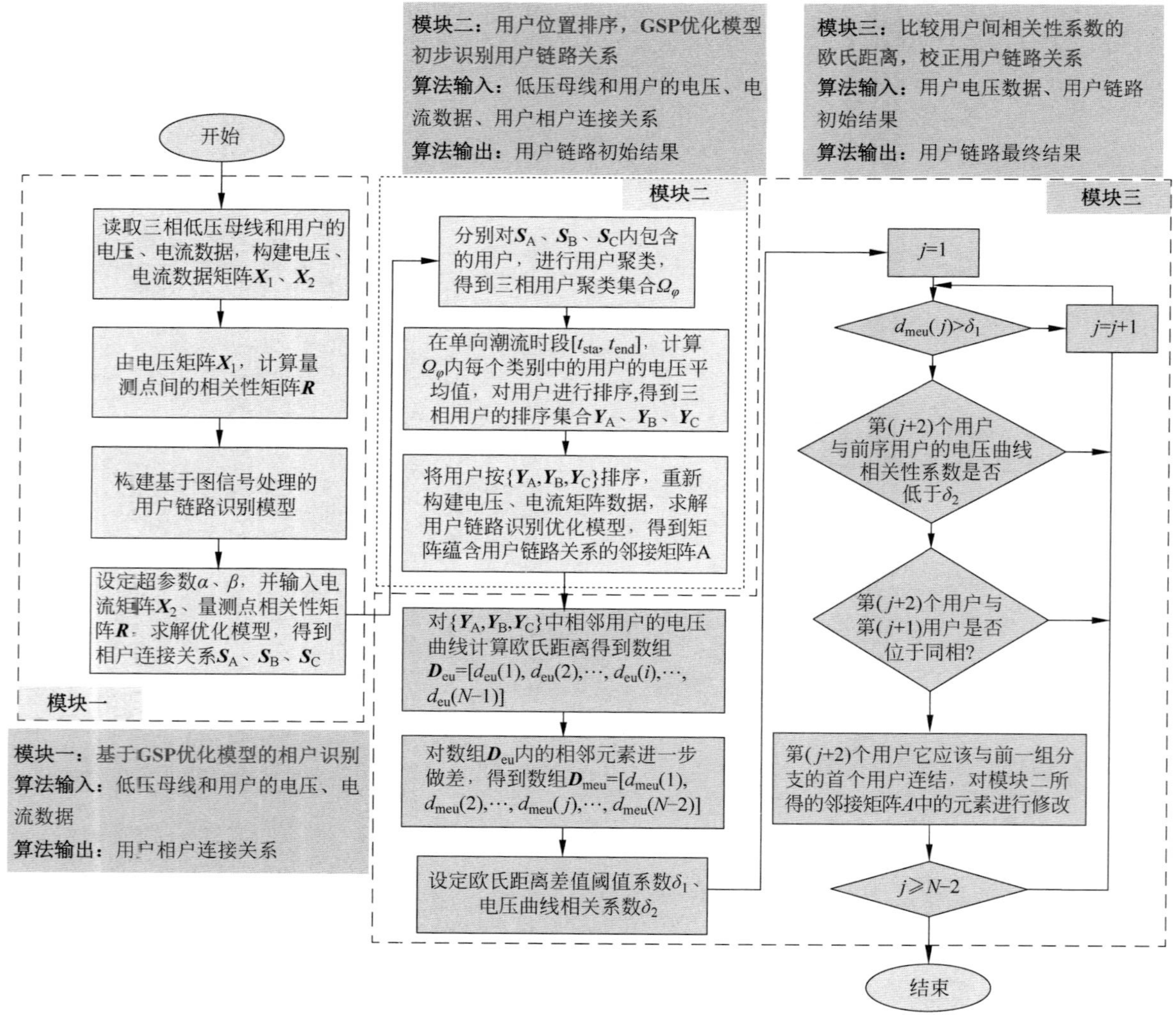

图 4-4　用户链路关系识别算法流程图

4.3.2 用户链路关系初步识别

在模块二，输入低压母线和用户的电压、电流数据和用户相户连接关系，输出用户链路初始结果。

步骤(2-1)：分别对 $\boldsymbol{S}_A$、$\boldsymbol{S}_B$、$\boldsymbol{S}_C$ 内包含的用户进行用户聚类，聚类原则为文献[5]所提方案，每个用户与 CCVP 值最大的用户关联成一类，进一步将包含相同用户的分类作并集处理，如将$\{u,v\}$和$\{u,w\}$合并成$\{u,v,w\}$。最终得到三相用户聚类集合 Ω_φ，$\varphi\in\{A,B,C\}$。

经步骤(2-1)用户聚类环节，Ω_φ 中的各个聚类所包含的用户即为 φ 相的各个链路包含的用户，例如$\{u,v,w\}$为一个类别，则 u、v、w 处于同一个链路中，但 u、v、w 先后位置关系还不明确。当低压台区中不存在反向潮流时，在同一时间断面下，节点电压数据的空间特性呈现沿线节点电压幅值逐渐递减的变化规律。因此，可以通过在单向潮流时段比较用户电压幅值大小对集合 Ω_φ 内的用户进行先后位置排序。

步骤(2-2)：用户的先后位置排序结果通过两次排序得到。首先，对 Ω_φ 各个类别中的用户进行排序，在单向潮流时段$[t_{sta},t_{end}]$，计算 Ω_φ 内每个类别中的用户的电压平均值，并根据电压平均值从高到低对用户进行排序；接着，对 Ω_φ 内的各个类别进行排序，取每个类别内的电压平均值 $V_{max\text{-}\varphi C}$ 为 φ 相第 C 个类别用户最大的电压平均值，按 $V_{max\text{-}\varphi C}$ 数值从高到低对各个类别进行排序；最终得到三相用户的排序集合 Y_A、Y_B、Y_C。

步骤(2-3)：将用户按$\{Y_A,Y_B,Y_C\}$排序，重新构建电压、电流矩阵数据，求解 4.2.4 节中的优化模型，得到蕴含用户链路关系的邻接矩阵 $\boldsymbol{A}$。

在链路识别结果中，随着用户负载的变化，本节求解得到的用户链路关系可能出现多种情况。以图 4-5 中的用户为例说明，图中用户 U1～U3 和用户 U4～U6 分别位于同相的两个二级分支线，经过步骤(2-1)和步骤(2-2)，输入优化模型中的数据顺序为{U1,U2,U3,U4,U5,U6}。当两条分支线距离较远，加上分支线上存在光伏并网时，不同分支线用户的负荷特性存在较大差异，他们之间的电压曲线差异性也较大，因此 U4 和 U1、U2、U3 的电压曲线相关性将较小。此时电压曲线相关性系数已不能反映用户间的链路关系。随着负荷特性的变化，经 4.3.1 节和 4.3.2 节步骤可能得到如图 4-6 所示的三种用户链路结果，图 4-6(a)为准确的用户链路关系。为明确同相不同分支线首个用户的用户链路连接关系，需要增加修正模块。

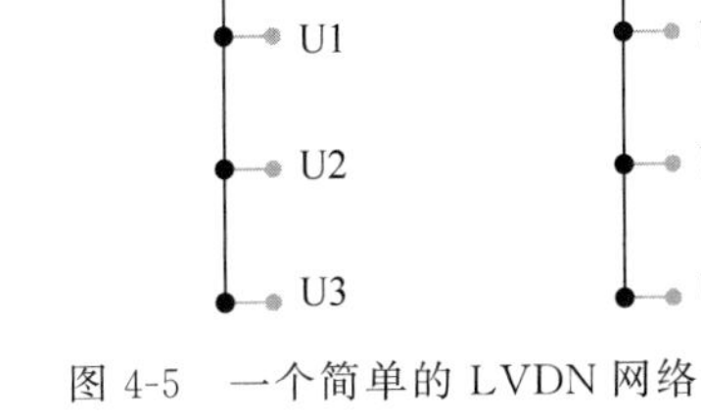

图 4-5　一个简单的 LVDN 网络

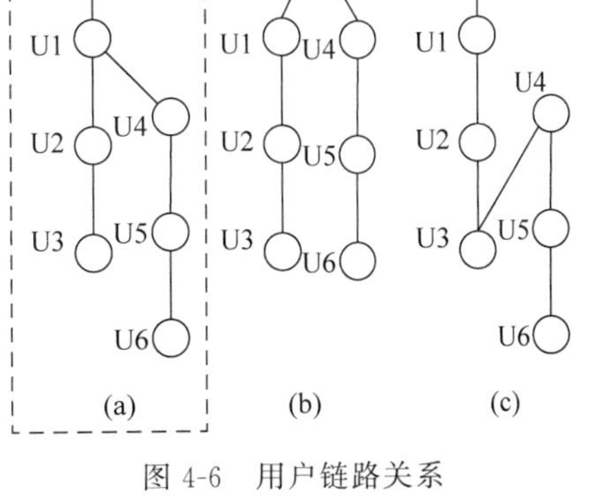

图 4-6　用户链路关系

4.3.3 用户链路关系修正

在模块三，输入用户电压数据、用户链路初始结果，输出用户链路最终结果。

步骤(3-1)：根据步骤(2-2)的用户排序$\{Y_A, Y_B, Y_C\}$，对相邻用户的电压曲线计算欧氏距离，得到数组$\boldsymbol{D}_{eu}=[d_{eu}(1), d_{eu}(2), \cdots, d_{eu}(i), \cdots, d_{eu}(N-1)]$，$d_{eu}(i)$表示第$i$个用户和第$i+1$个用户之间电压曲线的欧氏距离，$N$代表低压台区中的总用户数。

步骤(3-2)：对数组$\boldsymbol{D}_{eu}$内的相邻元素进一步做减法运算，如式(4-12)所示，得到数组$\boldsymbol{D}_{meu}=[d_{meu}(1), d_{meu}(2), \cdots, d_{meu}(j), \cdots, d_{meu}(N-2)]$，$d_{meu}(j)$表示第$j$个用户和第$j+1$个用户之间电压曲线的欧氏距离$d_{eu}(j)$与第$j+1$个用户和第$j+2$个用户之间电压曲线的欧氏距离$d_{eu}(j+1)$之差，即

$$d_{meu}(j)=d_{eu}(j+1)-d_{eu}(j), \quad j=3,4,\cdots,N-2 \tag{4-12}$$

步骤(3-3)：设定欧氏距离差值阈值系数δ_1、电压曲线相关性系数δ_2，对数组$\boldsymbol{D}_{meu}$中的每个元素做如下判断：

① $j=1$。

② $d_{meu}(j)$是否大于δ_1，若是，进行下一步；若否，转步骤⑤。

③ 第$(j+2)$个用户与前序用户的电压曲线相关性系数是否低于δ_2，若是，进行下一步；若否，转步骤⑤。

④ 第$(j+2)$个用户与第$(j+1)$用户是否位于同相，若是，该用户为一个新分支的首个用户，它应该与前一组分支的首个用户连接，对步骤(2-3)所得的邻接矩阵$\boldsymbol{A}$中的元素进行修改；若否，转步骤⑤。

⑤ j是否大于等于$N-2$，若是，流程结束；若否，$j=j+1$，返回步骤②。

4.4 算例验证

算例验证共包含4个部分：①算例参数描述；②方法识别过程，详细说明所提方法如何识别用户链路关系；③计算并分析所提方法在不同场景下的性能表现；④对比分析所提方法和现有方法在相户识别方面的表现。

4.4.1 算例参数描述

本节结合建模仿真和真实用户用电数据验证所提方法的有效性。具体来讲，在Matlab中搭建低压潮流计算模型，其中用户节点的功率数据源于广东某台区真实采集的用户用电数据，采样频率为15min/点。进一步，采用文献[7]中基于注入电流的牛顿拉夫逊法求解网络潮流，得到用户节点的电压、电流数据。所用LVDN拓扑结构在文献[8]的基础上进行了拓展，共包含15个单相用户，其中A相6户，B相4户，C相5户，如图4-7所示。LVDN主干线均采用BLV-150×4的架空导线，分支线采用BLV-50×2的架空导线，下户线采用BLV-16×2的架空导线。

在图4-7的基础上形成台区用户链路关系图，如图4-8所示。由图4-8可知，用户S1～S3处于同一二级分支线，用户S4～S7处于同一二级分支线，用户S8～S10处于同一二级分支线，用户S11～S12处于同一二级分支线，用户S13～S15处于同一二级分支线。所提模

型的目标是能够准确识别上述处于相同二级分支线的用户上下游链路关系。算法验证需要的数据包括：①各用户节点多个时刻的用户电压、电流数据；②配变终端多个时刻的三相低压母线的电压、电流数据。

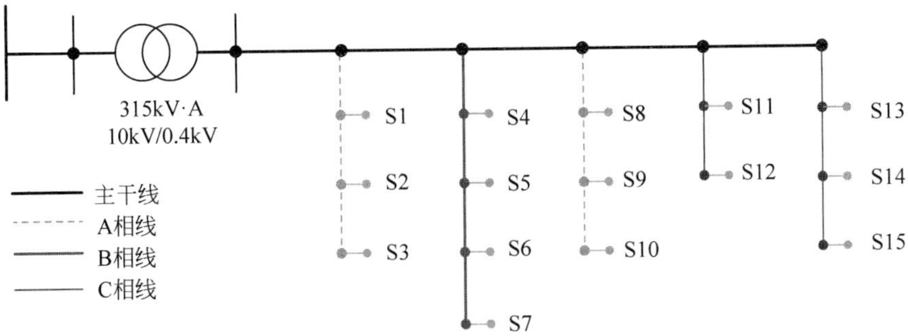

图 4-7 算例 LVDN 拓扑结构

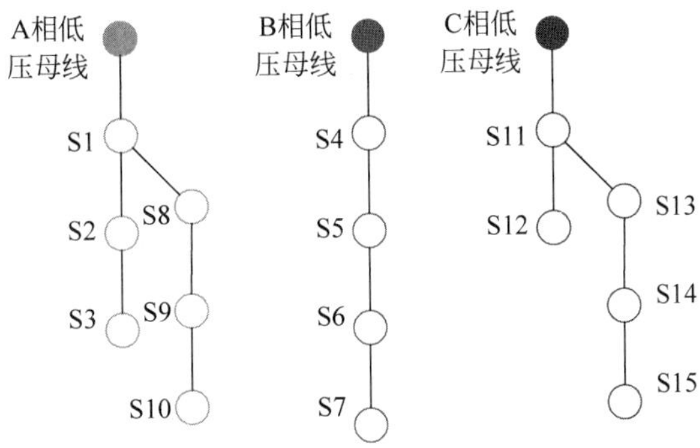

图 4-8 算例 LVDN 用户链路关系

当前，高渗透率光伏、风力发电并网均可能导致双向潮流，本节以分布式光伏并网为例验证算法对于双向潮流场景的适应性。定义光伏渗透率为 LVDN 接入的光伏总容量与台区配变容量比值的百分数，描述 LVDN 中的光伏接入情况。

定义邻接矩阵计算结果 $\boldsymbol{A}$ 与真实的链路关系矩阵 $\boldsymbol{A}_{\mathrm{L}}$ 元素吻合个数与量测点总数的百分比，来描述用户链路的识别准确率 $\mathrm{ACC_L}$；定义相户连接关系矩阵计算结果 $\boldsymbol{H}_{\mathrm{P}}$ 与真实相户连接关系矩阵 $\boldsymbol{A}_{\mathrm{P}}$ 元素吻合个数与用户总数的百分比，描述相户识别的准确率 $\mathrm{ACC_P}$。即

$$\mathrm{ACC_L}=\left[S-\left(\sum_{i=1}^{S}\sum_{j=1}^{S}\mid a_{ij}-a_{\mathrm{L}ij}\mid\right)\Big/2\right]\Big/S\times 100$$

$$\mathrm{ACC_P}=\left[S-\left(\sum_{i=1}^{S_{\mathrm{P}}}\sum_{j=1}^{S}\mid h_{\mathrm{P}ij}-a_{\mathrm{P}ij}\mid\right)\Big/2\right]\Big/S\times 100 \tag{4-13}$$

式中，a_{ij} 和 $a_{\mathrm{L}ij}$ 分别表示用户链路计算结果和准确链路关系中第 i 个量测点与第 j 个量测点的连接关系；$h_{\mathrm{P}ij}$ 和 $a_{\mathrm{P}ij}$ 分别表示相户连接计算结果和准确相户连接关系中第 i 相母线与第 j 个量测点的连接关系。

4.4.2 方法识别过程

在用户 S5、S9、S12 分别接入光伏容量为 30kV·A 的分布式光伏，此时台区光伏渗透

率约为 25.6%。通过仿真潮流计算得到用户和低压三相母线 96 个点的电压、电流数据。输入识别模型中的数据用户排序为{S1,S5,S2,S9,S3,S8,S13,S6,S10,S4,S7,S11,S12,S14,S15}。阈值 δ_1、δ_2 分别设定为 4 和 0.8。

根据 4.3.1 节,求解基于图论的用户链路识别优化模型,矩阵 ***H*** 中的前三行数据可反映用户的相户连接关系,基于矩阵 ***H*** 绘制热力图,如图 4-9 所示。

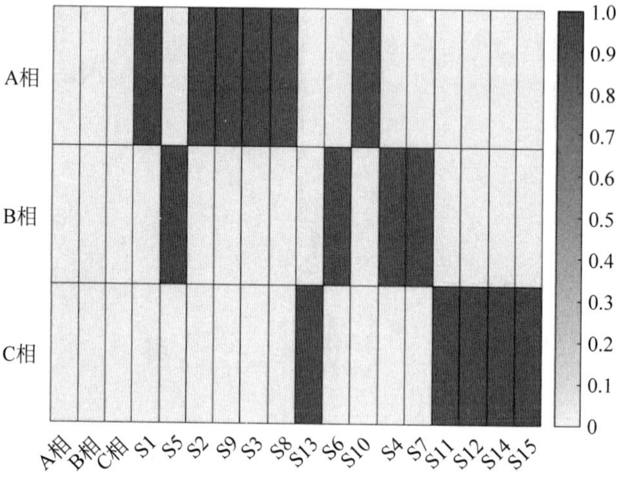

图 4-9　基于矩阵 ***H*** 的热力图

图 4-9 中各用户的相户关系明确,进一步对比图 4-9 结果和图 4-7 的拓扑结构关系,得出用户相户关系识别结果准确率为 100%,验证了基于图论的用户链路识别优化模型识别相户关系的有效性。

下一步,分别对三相用户进行 4.3.2 节中的分类和排序操作,结果如表 4-1 所示。

表 4-1　用户排序结果

A 相	B 相	C 相
{S1,S2,S3}	{S4,S5,S6,S7}	{S11,S12}
{S8,S9,S10}		{S14,S15,S16}

基于表 4-1 中的分类结果,将用户重新排序为{S1,S2,S3,S8,S9,S10,S4,S5,S6,S7,S11,S12,S13,S14,S15},输入基于 GSP 的图结构优化识别模型并求解。图论中的邻接矩阵 **A** 可反映节点间的连接关系,即本节中的用户链路连接关系,基于邻接矩阵 **A** 绘制热力图,得到用户链路初步关系,如图 4-10 所示。为直观表示用户的链路关系,将图 4-10 中的结果转换成图 4-11。

图 4-11 中,用户 S8 直接与 A 相低压母线连接,对比图 4-8 可知,用户 S8 的连接关系识别错误,用户 S8 应该与用户 S1 连接。由此可知,仅由 4.3.1 节、4.3.2 节无法准确识别用户的链路关系,需要添加修正环节。下一步,基于 4.3.3 节对识别结果进行修正,首先计算用户电压曲线相关性系数间的欧氏距离,结果如图 4-12 所示。

由图 4-12 可知,共有 4 次欧氏距离变化明显点 K1～K4,即用户 S3 和 S8、用户 S10 和 S4、用户 S7 和 S11、用户 S12 和 S13 之间存在明显的电压曲线差异。结合图 4-9 中的相户

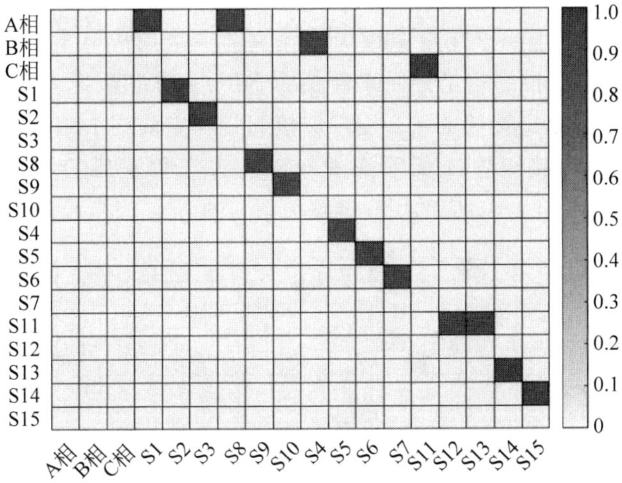

图 4-10　基于邻接矩阵 $\boldsymbol{A}$ 的热力图

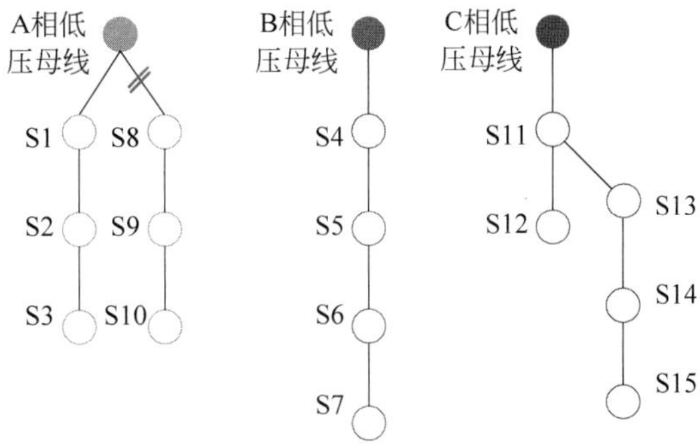

图 4-11　用户链路初步连接关系

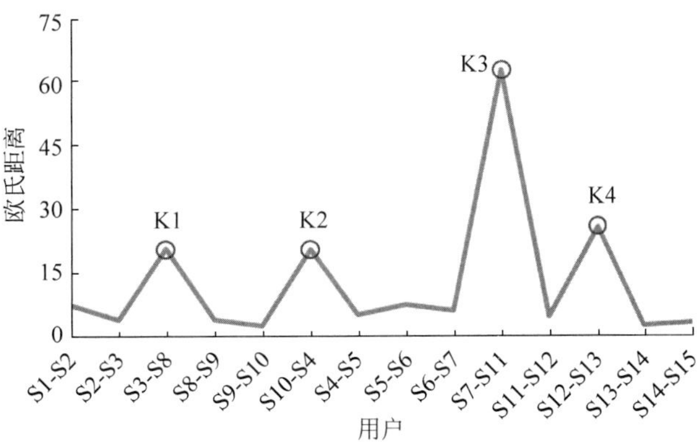

图 4-12　用户电压曲线相关性系数间的欧氏距离

识别结果，K2 和 K3 两点是不同相户用户之间的欧氏距离差，不属于需要修正的用户。K1 点中的用户 S3 和 S8 同属于 A 相，K4 点中的用户 S12 和 S13 同属于 C 相，用户电压曲线间相关性较大的欧氏距离意味着他们可能属于不同的支路。

下一步对用户 S8 和 S13 进行重点分析。用户 S8 和前面用户的电压相关性均小于阈值 0.8，因此用户 S8 连接的上一个用户应该为排在它前一个用户分类的首个用户 S1，先将邻接矩阵 **A** 中的用户 S8 所在的第 7 列元素置 0，再将用户 S1 所在第 4 行、用户 S8 所在第 7 列元素置 1。同理，用户 S13 连接的上一个用户应该为排在它前一个用户分类的首个用户 S11，与图 4-10 中结果一致，邻接矩阵 **A** 无须修正。最终，基于修正后的邻接矩阵 **A** 的热力图如图 4-13 所示。此时，与图 4-13 对应的用户链路关系与图 4-8 一致，验证了所提方法的有效性。

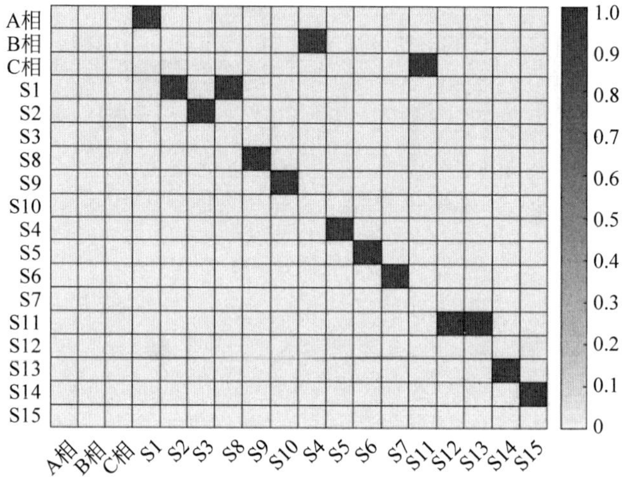

图 4-13　最终的用户链路关系

最后，通过不断增加电压、电流数据的时刻数（数据的时序尺度），计算用户链路的识别准确率，研究 ACC_L 随时间的收敛情况，结果如图 4-14 所示。由图 4-14 可知，在时刻数不够多（小于 35）时，用户链路识别结果 ACC_L 为 0；当时刻数大于 35 且小于 90 时，ACC_L 在 100 附近波动；当时刻数高于 90 以后，ACC_L 收敛至 100。

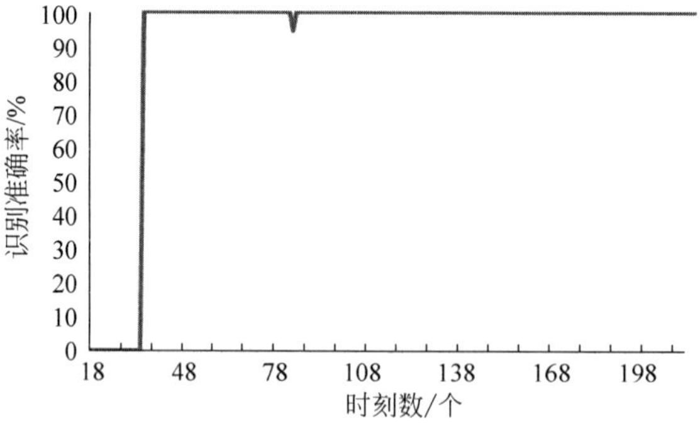

图 4-14　ACC_L 的收敛曲线

4.4.3　算法性能分析

本节主要分析算法在不同光伏渗透率和数据误差场景下的性能表现。

1. 低压台区光伏渗透率的影响

光伏并网存在三种情形：①仅单个用户接入光伏；②同相多个用户接入光伏；③不同

相多个用户接入光伏。本节分别针对这三种光伏并网场景研究光伏渗透率对所提方法的识别性能影响。

针对第1种光伏并网场景，固定时间长度为1d，96个数据时刻数，数据计量误差率为0。台区中仅有一个用户接入光伏发电，不断增加光伏渗透率，在一组光伏渗透率下，多次随机选择接入光伏的用户，并对识别结果求平均值，作为该光伏渗透率下的用户链路识别准确率，结果如图4-15(a)所示。针对第2种和第3种光伏并网场景，固定时间长度为1d，96个数据时刻数，数据计量误差率为0。台区中3个用户接入光伏发电，不断增加光伏渗透率，在一组光伏渗透率下，分别在A相单相、B相单相、C相单相以及三相多次随机选择三个用户，并对识别结果求平均值，作为该光伏渗透率下的用户链路识别准确率，结果如图4-15(b)所示。

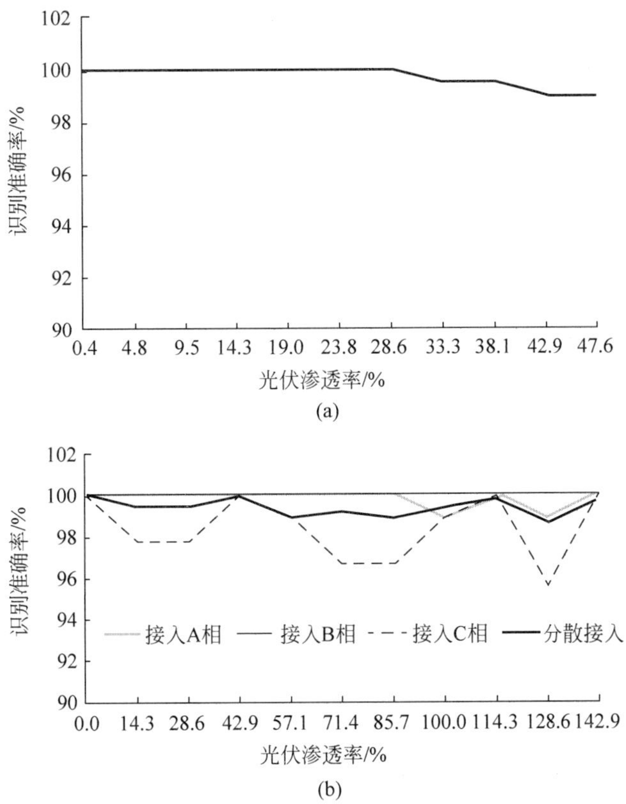

图4-15　光伏接入对用户链路识别性能影响

(a) 单点接入光伏；(b) 多点接入3个光伏

由图4-15(a)可知，单点接入光伏对用户链路识别影响较小，随着光伏渗透率的增加，算法的识别准确率略微下降，但均保持在98.8%以上。由图4-15(b)可知，多点接入光伏，算法的识别准确率在96.7%以上，多点接入光伏对算法的性能影响略大于单点接入光伏。B相多点接入光伏，对算法识别效果无影响，各光伏渗透率下的识别准确率均为100%。C相多点接入光伏，随着光伏渗透率的增加，算法识别效果呈现较大的波动，识别准确率最低约96.7%。A相和多相分散接入多点光伏，算法识别效果波动性较小，识别准确率处于B、C相单独接入多点光伏之间。

2. 数据误差的影响

低压台区用电数据误差主要来源于两部分：电表计量误差以及随着时间推移不同电表计量数据的同步性下降带来的误差。算法需要的输入数据包括用户和台区配变低压三相低压母线的电压、电流数据。本节分别在电压、电流数据上施加均值为 0、标准差 σ 不断增加的正态分布误差，模拟电表的计量误差和计量不同步误差场景，计算、分析数据计量误差率 η 不断增加对算法性能表现的影响，其中 $\eta=3\sigma$。

固定台区光伏渗透率约为 25.6%，光伏接入点为用户 S5、S9、S12，共 96 个数据时刻数，共设置 3 种数据误差情形。

数据误差情形 1：电流数据无误差，逐渐在电压数据上增加数据计量误差率 η，构建多组数据误差率场景。

数据误差场景 2：电压数据无误差，逐渐在电流数据上增加数据计量误差率 η，构建多组数据误差率场景。

数据误差场景 3：电压、电流数据均存在误差，逐渐在电压、电流数据上增加数据计量误差率 η，构建多组数据误差率场景。

在每个数据误差场景下，通过多次识别，对结果求取平均值，作为该数据误差场景下的识别准确率，识别结果如图 4-16 所示。由图 4-16 可知，电流数据误差对识别结果的影响微乎其微，多种数据误差场景下，算法的识别准确率均约为 100%。电压数据误差对识别结果的影响较大，随着电压数据误差率的增加，算法的识别准确率逐渐下降，在电压数据计量误差大于 1.20%时，算法识别准确率低于 80%。为分析电压数据误差具体影响算法识别的哪个环节，对比存在电压误差情形下不同数据误差率下的相户关系识别结果、用户链路初步识别结果和用户链路最终识别结果，如图 4-17 所示。

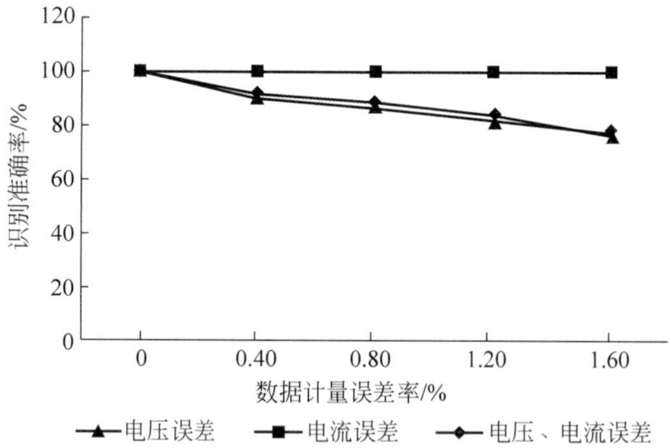

图 4-16 不同数据计量误差下用户链路识别准确率

由图 4-17 可知，各种数据计量误差率下，相户关系识别准确率均为 100%，电压数据误差对所提方法的相户关系识别环节没有影响。用户链路初步识别结果随着电压数据误差率的增加而减小。4.3.3 节的修正环节在数据误差率 η 为 0.40%时，提升了用户链路最终识别结果的准确率，其余场景对识别准确率无作用。因此，电压数据误差主要影响的是 4.3.2 节的用户链路初步识别环节，这是由于所构建的基于图论的识别模型以最大化相邻用户间的电压曲线相关性值为优化目标，电压数据误差的加入影响了相邻用户的电压曲线相关性，从而导致识别效果下降。

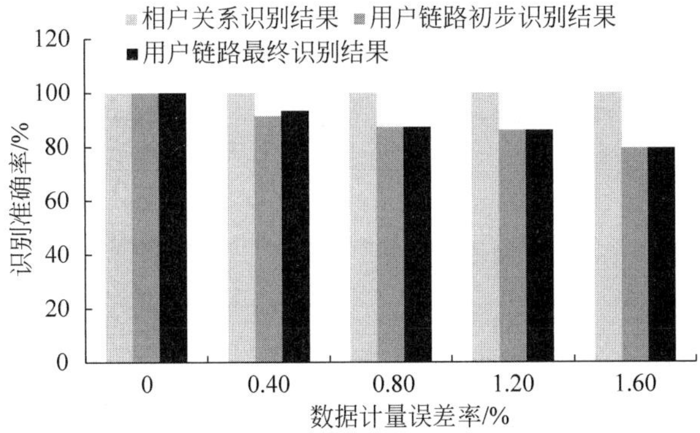

图 4-17　电压数据误差下所提算法各阶段识别准确率

4.4.4　与现有方法的对比分析

现有关低压台区拓扑识别的研究主要集中于变户关系识别、相户关系识别、线户关系识别，鲜少涉及用户链路识别研究，因此无法直接比较所提方法与已有方法在用户链路关系识别方面的效果。所提基于图论的用户链路识别方法中包含相户关系识别环节，因此本节对比所提方法和已有方法在相户关系识别方面的表现。本节设置了以下对比方法：

方法 1：基于基尔霍夫电流定律的混合整数二次规划模型[9]，仅利用了电流数据，用 M1 表示。

方法 2：考虑数据不完整性的多维校正相户识别模型[10]，仅利用了电压数据，用 M2 表示。

方法 3：基于电表与配变三相母线电压曲线相关性的方法[11]，仅利用了电压数据，用 M3 表示。

方法 4：基于电压分类和电流二次规划的方法[4]，混合使用电压、电流数据，用 M4 表示。

方法 5：本节所提基于图论的相户关系识别方法，用 M5 表示。

固定数据时刻数 96 个点，电压、电流数据计量误差率为 0，多次随机选取 3 个用户接入光伏，不断增加用户接入光伏的容量，比较分析五种方法在不同低压台区光伏渗透率下的识别结果，如图 4-18 所示。

由图 4-18 可知，在数据计量误差率为 0 的场景下，当光伏渗透率在 57.1%以内时，五种方法的相户关系识别准确率不受光伏并网容量增加的影响，均为 100%。当光伏渗透率高于 57.1%时，M2、M3 这两种利用用户间的电压曲线相关性和用户与低压母线间的电压曲线相关性的纯电压法，识别准确率随着光伏渗透率的增加出现明显下降的情况。光伏并网以后用户电压数据时序性发生变化，导致用户间的电压曲线相关特性发生变化，但节点电流定律始终成立。M1、M4、M5 三种方法由于包含了基于节点电流定律的电流优化模型，避免了光伏并网带来的影响。

进一步仿真分析五种方法对数据计量误差的鲁棒性。M1、M4、M5 三种方法使用了电流数据，因此电流数据计量误差影响分析在这三种方法中展开。具体来讲，固定时刻数 96 个数据计量点，在电流数据上施加均值为 0、标准差 σ 不断增加的正态分布误差，其中 $\eta=$

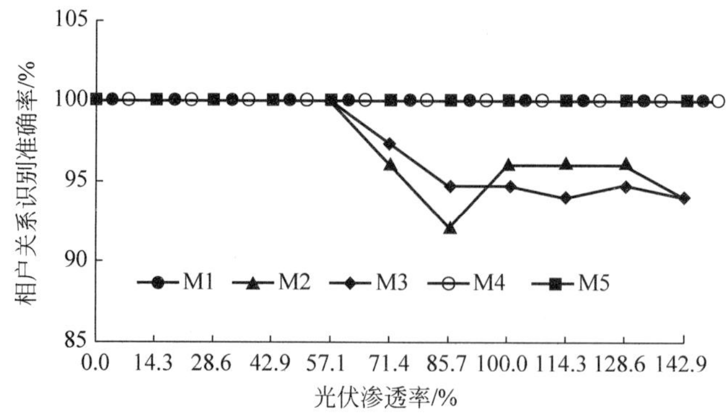

图 4-18　数据计量误差率为 0 时不同光伏渗透率下 5 种方法的识别效果

3σ，在每个数据计量误差率场景下，三种方法多次识别，对结果求取均值，作为该 η 下的识别准确率，识别结果如图 4-19(a)所示。M2、M3、M4、M5 四种方案使用了电压数据，因此电压数据计量误差影响分析在这 4 种方法中展开。具体来讲，固定时刻数 96 个数据计量点，在电压数据上施加均值为 0、标准差 σ 不断增加的正态分布误差，其中 $\eta=3\sigma$，在每个数据计量误差场景下，四种方法多次识别，对结果求取均值，作为该 η 下的识别准确率，识别结果如图 4-19(b)所示。

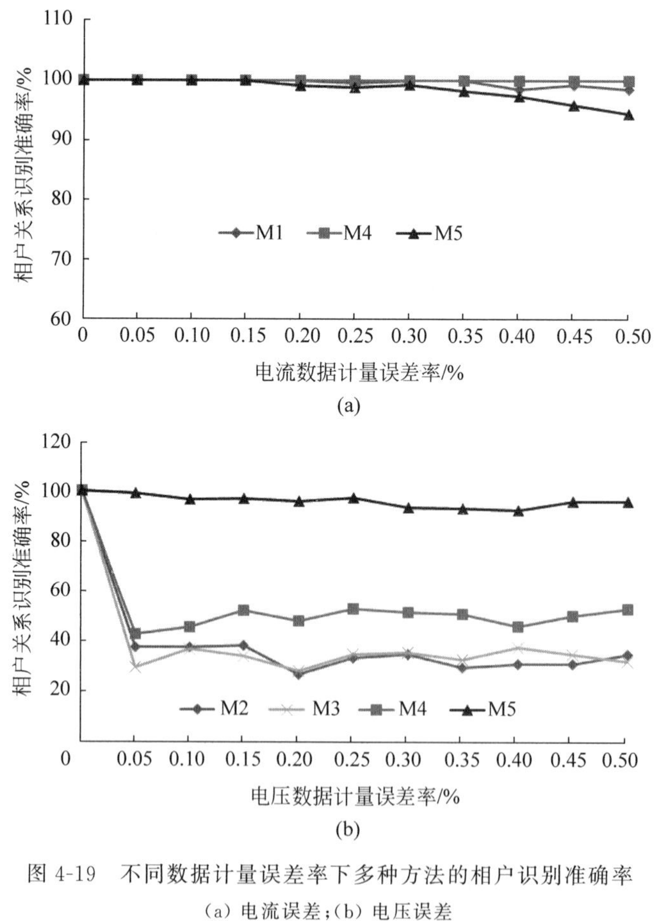

图 4-19　不同数据计量误差率下多种方法的相户识别准确率

(a) 电流误差；(b) 电压误差

由图 4-19(a)可知，电流数据计量误差对 M1、M4、M5 三种方法的识别效果影响较小，三种方法的识别准确率在 94%以上。当电流数据计量误差率大于 0.3%时，M5 的相户关系识别准确率随着电流数据计量误差率的增加略微下降。由图 4-19(b)可知，M2、M3、M4 三种方法受电压数据计量误差影响显著，在存在电压数据计量误差的场景下，三种方法的识别准确率均低于 50%，其中 M4 中包含基于节点电流定律的优化模型，所以其识别表现优于 M2、M3。M5 受电压数据计量误差的影响较小，相户关系识别准确率均在 95%以上。综合来看，M5 即所提方法在相户关系识别方面对电流、电压数据计量误差的鲁棒性更强，M5 还能进一步识别各相户用户的链路关系，表明了所提识别算法的优越性。

4.5　本章小结

为了适应新能源并网的影响，并细化低压拓扑辨识的颗粒度，本文提出了基于图信号处理的用户链路识别方法。算例仿真评估了所提方法的性能，并将其与其他方法进行了比较，结论如下：

(1) 所提方法可有效识别用户链路关系，所构建的矩阵 $\boldsymbol{H}$ 的前三行元素可反映相户关系，邻接矩阵 $\mathbf{A}$ 蕴含了用户链路关系。

(2) 所提方法受新能源并网的影响较小，各种光伏并网场景下的识别准确率在 96.7%以上，其中对单点光伏接入相比多点接入光伏的适应性更好。

(3) 用户链路关系识别准确率主要受电压数据计量误差的影响，受电流数据计量误差的影响很小，电压数据计量误差影响相邻用户的电压曲线相关性，导致识别效果下降。

(4) 所提方法在相户关系识别方面，相比文献[10]和文献[11]所用的纯电压法，受光伏并网影响较小，对电流数据计量误差的鲁棒性略差于文献[4]和文献[9]中的方法，对电压数据计量误差的鲁棒性强于文献[4]、文献[10]和文献[11]中的方法。

所提算法对量测数据的准确率要求较高，在工程实际中受通信质量、电表自身时间误差等的影响，电表的计量误差不可避免地长期存在，因此，在后续的工作中将研究对算法的进一步改进方案，提升算法对量测数据误差的鲁棒性。

4.6　参考文献

[1] 颜雪. 基于图信号处理的语音增强技术研究[D]. 南京：南京邮电大学，2021.

[2] ORTEGA A，FROSSARD P，KOVACEVIC J，et al. Graph signal processing：overview，challenges，and applications[J]. Proceedings of the IEEE，2018，106(5)：808-828.

[3] 彭显刚，郑凯，林哲昊，等. 基于谱图理论的居民用户非侵入式负荷分解[J]. 电网技术，2018，42(8)：2674-2680.

[4] 唐捷，蔡永智，周来，等. 基于数据驱动的低压配电网线户关系识别方法[J]. 电力系统自动化，2020，44(11)：127-137.

[5] ZHOU L，ZHANG Y，LIU S，et al. Consumer phase identification in low-voltage distribution network considering vacant users[J]. International Journal of Electrical Power & Energy Systems，2020(121)：106079.

[6] MARCUS M，NEWMAN M. The sum of the elements of the powers of a matrix[J]. Pacific Journal of

Mathematics,1962,12(2):627-635.

[7] PENIDO D R R,ARAUJO L R D,CARNEIRO S,et al. Three-phase power flow based on four-conductor current injection method for unbalanced distribution networks[J]. IEEE Transactions on Power Systems,2008,23(2):494-503.

[8] 刘苏,黄纯,李克明,等. 基于自适应分段云模型的单相用户相别辨识方法[J]. 电力系统自动化,2022,46(3):42-49.

[9] ARYA V,SEETHARAM D,KALYANARAMAN S,et al. Phase identification in smart grids[C]//2011 IEEE International Conference on Smart Grid Communications,2011:25-30.

[10] ZHOU L,LI Q,ZHANG Y,et al. Consumer phase identification under incomplete data condition with dimensional calibration[J],International Journal of Electrical Power & Energy Systems,2021,129(1):106851.

[11] SHORT A T. Advanced metering for phase identification,transformer identification and secondary modeling[J]. IEEE Transactions on Smart Grid,2013,4(2):651-658.

第5章

考虑数据不完整性的相户识别多维校正

由于数据分析法具备改造量小、投入产出比大等优点，已成为解决低压配电网用户相户识别的重要技术方向。第2～4章介绍了基于电压和电流时序数据分析的LVDN拓扑识别方法。然而，受限于通信质量、人为错误以及窃电等原因，电网公司收集到的用户用电数据不完整，不能反映低压配电网真实用电情况。数据不完整将影响已有基于功率或电流数据的相户识别(consumer phase identification，CPI)方法的识别性能。基于此，本章聚焦考虑数据不完整性的LVDN相户识别方法研究，基于LVDN中节点电压特性，提出多维校正理论，以应对数据不完整问题。

首先，推导了LVDN中用户间的多维关联特性，包括用户之间的相关特性以及用户与配电变压器低压母线之间的相关特性，为后续研究提供理论基础。然后，针对不同数据完整率，综合多种CPI理论，构建了面向数据不完整的CPI模型，该模型对数据不完整率变化具有较好的鲁棒性。在该模型中，基于用户间的关联特性提出了用户聚类方法，以期缩减后续识别过程中的变量数目；结合位置指标和用户间的关联特性，刻画了多维校正理论，以校正远离低压母线用户的相户连接关系。接着，在广东省某实际LVDN中验证了所提方法的有效性，并与已有的方法进行了比较分析，探讨了阈值系数对识别准确率的影响。最后，展示了该方法在广东省试点LVDN中的实际应用效果。算例表明，在用户用电数据不完整的情况下，本章方法相比已有基于功率守恒、节点电流定律、用户负荷曲线相似性分析、电表与配变三相母线电压曲线相关性的方法，可以达到更高的CPI识别准确率。

5.1 数据不确定性问题描述

5.1.1 LVDN中数据不确定性问题描述

图5-1给出了一个简单的LVDN示意图，用户侧的智能电表采集用户的用电功率、电压、电流、功率因数等数据，位于低压变压器侧的配变终端计量配变低压侧三相母线的有功功率、无功功率、电流、功率因数等数据，位于低压变压器侧的集中器与记录在该低压变压器的用户电表通信以收集电表采集的信息。

由能量守恒定律可知，任一时刻，配变终端计量的某相母线的功率值恒等于连接于该相所有用户的功率之和加上线路损耗。然而在实际工程中，集中器收集到的用户用电数据不完整。数据不完整包括三种情况：①电表在集中器的台账信息里，但电表和集中器之间存在通信问题，电表用电信息未能被集中器收取上来；②电表未登记在 LVDN 的台账信息里，集中器不能收集电表信息，这是由于人为施工误差等原因，集中器中的变户关系列表没能完全覆盖所有与该变压器连接的电表导致的，如图 5-1 中的表 M14；③台区中存在用户搭线窃取电量，如图 5-1 中的椭圆部分所示。这三种数据不完整情况导致台区集中器采集到的用户数据并不是该台区完整的用电数据，配变低压侧三相母线上的有功电流、有功功率与采集到的连接在该相的电表的有功电流、有功功率存在较大差距。由于数据不完整在实际 LVDN 中具有普遍性，因此，开展计及数据不完整性的 LVDN 相户识别方法研究具有重要意义。

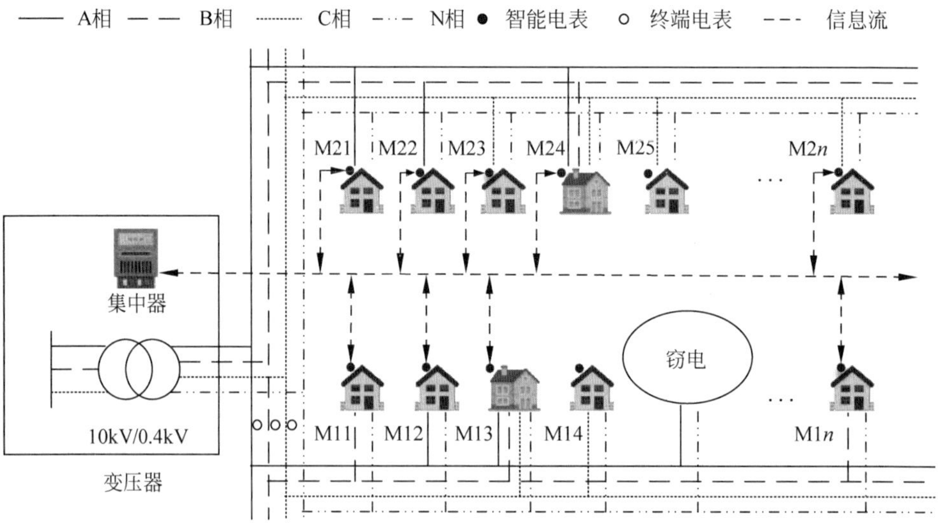

图 5-1 一个简单的 LVDN 示意图

5.1.2 混合整数规划模型不可行论证

基于能量守恒或基尔霍夫电流定律的混合整数规划方法的模型如式(5-1)所示。由能量守恒定律可知，任一时刻，经一相母线传输的功率值恒等于连接于该相所有用户的功率之和加上线路损耗。基尔霍夫电流定律表明，任一时刻，输入一相母线的电流值恒等于流入连接于该相所有用户的电流之和。

$$\begin{cases}\min f=\sum_{t=1}^{T}\sum_{\varphi\in L}\left(\kappa_{\varphi}^{t}-\sum_{g=1}^{E}x_{g,\varphi}\kappa_{g}^{t}\right)^{2}\\ \text{s.t.}\ \sum_{\varphi\in L}x_{g,\varphi}=1,\quad \forall g=1,2,\cdots,E,x_{g,\varphi}\in\{0,1\}\end{cases}\tag{5-1}$$

式中，κ_{φ}^{t} 为 t 时刻注入 φ 相母线的总功率或总电流；$x_{g,\varphi}$ 为 0-1 变量，反映用户 g 和相户 φ 之间的连接关系，若用户 g 连接在 φ 相，则 $x_{g,\varphi}=1$，否则 $x_{g,\varphi}=0$；κ_{g}^{t} 为 t 时刻用户 g 的电流值或功率值；T 为计量周期内的总时段数。

如果低压母线和用户之间的功率或电流差值不随着计量周期的增加而增加，式(5-1)中的混合整数规划的解将随着计量周期的增大而逐渐趋于真实的相户连接关系[1]。但如果低压母线和用户之间的功率或电流差值较大，上述混合整数规划可能产生目标函数值低于真实用户相户连接关系的最优解。LVDN 用户用电数据不完整，会导致低压母线和用户之间的功率或电流之间存在较大的差异。此时，由式(5-1)得到的解与真实的相户连接关系不符，且数据越不完整，其相户识别结果和真实的相户连接关系差别越大。因此，已有基于混合整数规划的 CPI 方法不适用于数据不完整场景。

下面以图 5-2 中的 9 用户 LVDN 网络为例作简要分析。在本案例中，集中器收集到了除 U2 和 U3 以外的 7 个用户的用电数据。根据基尔霍夫电流定律，在不考虑电表数据计量误差的前提下，t 时刻三相母线的注入电流为

$$\begin{cases}\kappa_A^t = \kappa_{U1}^t + \kappa_{U2}^t + \kappa_{U3}^t \\ \kappa_B^t = \kappa_{U4}^t + \kappa_{U5}^t + \kappa_{U6}^t \\ \kappa_C^t = \kappa_{U7}^t + \kappa_{U8}^t + \kappa_{U9}^t\end{cases} \tag{5-2}$$

式中，κ_A^t、κ_B^t 和 κ_C^t 分别表示 t 时刻 A、B、C 三相低压母线的注入电流；κ_{U1}^t、κ_{U2}^t、κ_{U3}^t、κ_{U4}^t、κ_{U5}^t、κ_{U6}^t、κ_{U7}^t、κ_{U8}^t 和 κ_{U9}^t 分别表示 t 时刻流入 9 个用户的电流。

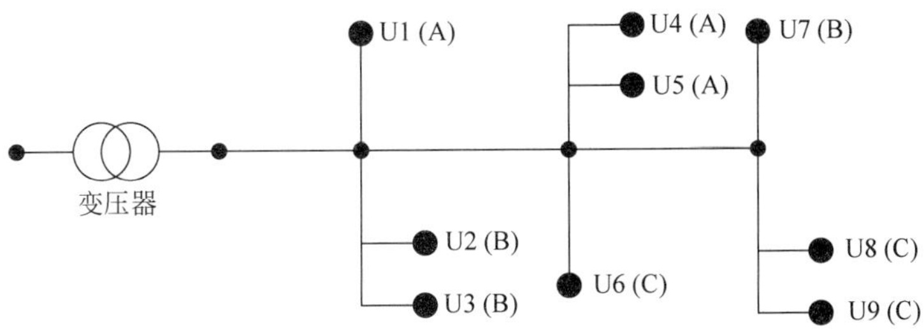

图 5-2 9 用户网络

接下来，比较表 5-1 中不同相户连接关系对应式(5-1)中的目标值。将式(5-2)中的 κ_φ^t 和表 5-1 中的相户连接关系代入式(5-1)中的目标函数中，可得

$$\begin{cases}f_1 = \sum_{t=1}^{T} (\kappa_{U2}^t + \kappa_{U3}^t)^2 \\ f_2 = \sum_{t=1}^{T} [(\kappa_{U2}^t + \kappa_{U3}^t - \kappa_{U5}^t)^2 + (\kappa_{U5}^t)^2]\end{cases} \tag{5-3}$$

式中，f_1 和 f_2 分别为真实结果和假设结果对应的目标值。

表 5-1 9 用户 LVDN 网络的相户连接关系

	A 相	B 相	C 相
真实结果	U1	U4,U5,U6	U7,U8,U9
假设结果	U1,U5	U4,U6	U7,U8,U9

对于大于 0 的两个数值，它们的和的二次方要大于它们的二次方和。假设用户 U5 的用电功率小于用户 U2 和 U3 的用电功率之和。此时，式(5-3)中 $f_2 < f_1$，即存在错误的相户连接关系(U5)的假设结果的目标值小于真实结果的目标值。这意味着，当集中器收集的数据不完整时，求解式(5-1)得到的相户连接关系不能反映真实的相户连接关系。数据不完

整性显著影响混合整数规划方法的识别准确率。因此，混合整数规划的方法不适用于存在数据不完整的场景。

5.2 基于时序曲线相关性的多维校正模型刻画

第 2 章基于电压降落公式分析了 LVDN 中负荷节点的时间、空间特性，第 3 章总结了用户间的 2 条关联特性。本节将在此基础上进一步总结用户与配变低压侧母线电压之间的关联特性，并细化用户间的关联特性。最后，综合用户与配变低压侧母线电压之间的关联特性和用户间的关联特性，刻画多维校正模型。

5.2.1 用户与低压母线关联特性推导

为了便于阅读，本节再次给出低压线路任一节点在相邻时刻的电压变化量表达式，如下所示：

$$\Delta U_u^t = U_u^{t+1} - U_u^t = U_0^{t+1} - U_0^t - \sum_{i=1}^{u} \frac{R_i P_{\mathrm{L}i}^{t+1} + X_i Q_{\mathrm{L}i}^{t+1}}{U_{i-1}^{t+1}} + \sum_{i=1}^{u} \frac{R_i P_{\mathrm{L}i}^{t} + X_i Q_{\mathrm{L}i}^{t}}{U_{i-1}^{t}}, \quad u = 1,2,\cdots,n \tag{5-4}$$

式中，ΔU_u^t 为节点 u 第 t 时刻至第$(t+1)$时刻的电压变化量；U_u^t 和 U_u^{t+1} 分别为 t 时刻和 $t+1$ 时刻节点 u 的电压；U_0^{t+1} 和 U_0^t 分别为 t 时刻和 $t+1$ 时刻点配变低压侧母线电压；R_i、X_i 分别为第 i 段线路的电阻、电抗；$P_{\mathrm{L}i}^t$、$Q_{\mathrm{L}i}^t$ 分别为 t 时刻第 i 段线路的首端传输有功功率、无功功率；n 为 LVDN 中的节点总数。

由式(5-4)可知，任一节点电压在相邻时刻的变化特性取决于其所在相线的首端电压变化幅度、其距离首端的各段线路长度以及线路总体负荷时间变化特性。下面以一个简单的例子来分析节点距离首端线路长度和线路总负载变化对 ΔU_u^t 的影响。假设 $U_0^t = 223\mathrm{V}$，$U_0^{t+1} = 220\mathrm{V}$，则 $\Delta U_0^t = -3\mathrm{V}$。线路阻抗取 0.21＋j0.23Ω/km，负荷的功率因数取 0.95。表 5-2 给出了不同线路长度和线路传输功率下的 ΔU_u^t。

表 5-2 不同线路长度和线路传输功率下的 ΔU_u^t V

线路长度/km	线路传输功率/kW			
	20	40	60	80
0.001	−3.000	−3.000	−3.000	−3.000
0.005	−3.000	−3.000	−3.000	3.001
0.010	−3.000	−3.001	−3.001	−3.001
0.050	−3.001	−3.003	−3.004	−3.005
0.100	−3.003	−3.005	−3.008	−3.011
0.500	−3.014	−3.027	−3.040	−3.053
1.000	−3.028	−3.054	−3.080	−3.106

由表 5-2 可知，随着节点距离首端线路长度的增加、线路传输功率的增长，ΔU_u^t 会增大。当节点距离首端线路长度较短(0.001～0.100km)时，线路传输功率变化对 ΔU_u^t 的影响不大。特别地，当节点距离首端线路长度小于 0.050km 时，ΔU_0^t 和 ΔU_u^t 的差值很小，有

$\Delta U_u^t \approx \Delta U_0^t$。对于靠近低压母线的节点，其到低压母线的线路距离较短，进而这些节点与低压母线之间的每条线的距离也很短。因此，这些节点和低压母线之间的每条线路的电阻(R_i)和电抗(X_i)都很小。于是，对于低压母线附近的节点，可以假设：

$$-\sum_{i=1}^{u}\frac{R_i P_{\mathrm{L}i}^{t+1}+X_i Q_{\mathrm{L}i}^{t+1}}{U_{i-1}^{t+1}}+\sum_{i=1}^{u}\frac{R_i P_{\mathrm{L}i}^{t}+X_i Q_{\mathrm{L}i}^{t}}{U_{i-1}^{t}}\approx 0 \tag{5-5}$$

将式(5-5)代入式(5-4)，可得 $\Delta U_u^t \approx \Delta U_0^t$。考虑到配变低压侧三相母线存在一定的三相电压不平衡，即三相低压母线的电压时序曲线存在差异，因此靠近首端的用户与同相低压母线的电压时序曲线相似性最高(图 5-1 中 M11、M12 和 M14 分别与配变低压侧 A、B、C 相母线电压的相关性最高)。但对于远离首端、位于线路末端的节点，受线路整体负荷特性和线路长度的影响，ΔU_u^t 可能与 ΔU_0^t 有较大的区别。此时，远离首端、位于线路末端的节点和低压母线的电压时序曲线相似性较低。

与第 2、3 章一样，引入电压曲线相关性系数(CCVP)描述电压曲线间的相似性。电压曲线相似度越高，CCVP 值越大。靠近配变的用户，其电压曲线与所连接的低压母线相似度最高。因此，他们与同相低压母线之间的 CCVP 值在三相低压母线中最大。而对于远离配变的用户，由于其与低压母线的电压曲线相似性低，无法确定哪相低压母线与其 CCVP 值最大。换而言之，与其 CCVP 值最大的低压母线的相位可能与他们相同也可能不相同，要视具体情况而定。基于以上分析，用户与配变低压母线的相关特性总结如下：

特性 1：靠近配变首端的用户，其与同相低压母线之间的 CCVP 值在三相低压母线中最大。

特性 2：远离配变首端的用户，与其 CCVP 值最大的低压母线的相位可能与用户的实际相位不同。

5.2.2 用户间的关联特性推导

第 3 章指出，位于同相且电气距离近的用户之间的 CCVP 值大于他们和不同相用户间的 CCVP 值。本节将比较同相但电气距离远的用户之间的 CCVP 值和他们与不同相用户间的 CCVP 值大小关系。

ΔU_u^t 可以描述为下式：

$$\Delta U_u^t=\Delta U_v^t-\sum_{i=v+1}^{u}\frac{R_i\sum_{j=i}^{n}P_{\mathrm{L}j}^{t+1}+X_i\sum_{j=i}^{n}Q_{\mathrm{L}j}^{t+1}}{U_{i-1}^{t+1}}+\sum_{i=v+1}^{u}\frac{R_i\sum_{j=i}^{n}P_{\mathrm{L}j}^{t}+X_i\sum_{j=i}^{n}Q_{\mathrm{L}j}^{t}}{U_{i-1}^{t}} \tag{5-6}$$

式中，节点 v 为节点 u 的上游节点，U_v^t 和 ΔU_v^t 分别为节点 v 在 t 时刻的电压值和节点 v 在 t 时刻相邻时段的电压变化量。

由式(5-6)可知，ΔU_u^t 变化特性取决于该出线上游节点的电压变化幅度、该节点距离上游节点的每段线路长度以及线路整体负荷时间变化特性。当两个节点间的电气距离较长时，受线路整体负荷特性和线路长度的影响，两个节点间的电压时间变化特性可能存在较大的差别。第 3 章指出，当 LVDN 中三相电压不平衡度较小时，靠近配变首端与相同出线末端的电表电压时序曲线相似性低于该电表与不同相线靠近首端的电表之间的电压时序曲线相似性(图 5-1 中，M11 与 M12 的电压时序曲线相似性高于 M11 与 M1n 的电压时序曲线相似性)。

结合上述分析和第3章中的结论，总结用户间的关联特性如下：

特性3：位于同相且电气距离近的用户之间的CCVP值大于他们和不同相用户间的CCVP值。

特性4：靠近配变首端的用户与异相靠近首端的用户间的CCVP值可能大于他们和同相末端电表间的CCVP值。

5.2.3 应用于相户识别的多维校正模型描述

负荷数据和电流数据取决于用户的用电行为模型，同相用户之间的负荷数据和电流数据没有相似性。而由于潮流约束，用户的电压数据之间存在关联特性。这些特性可以应用于CPI中，应对采用负荷数据、电流数据方法在不完整数据下的缺陷。已有的基于电压曲线相关性的方法[2]，仅考虑了用户和低压配变母线间的相关性，这会导致远离配变用户相序的错误识别。为了解决这一问题，本章在CPI中基于用户间的电压关联特性，构建多维校正模型。

由5.2.1和5.2.2节给出的4个关联特性可知，用户的关联特性与其所在的位置具有很大的相关性，位于不同位置的用户间可能存在矛盾的关联特性。因此，单独使用用户间的关联特性或用户与配变母线间的关联特性，很难达到相户关系100%的识别准确率。

基于此，本节提出多维校正模型，结合用户的位置信息和上述推导的多维关联特性对相户识别结果进行多个角度的校核。多维校正模型结构如图5-3所示。

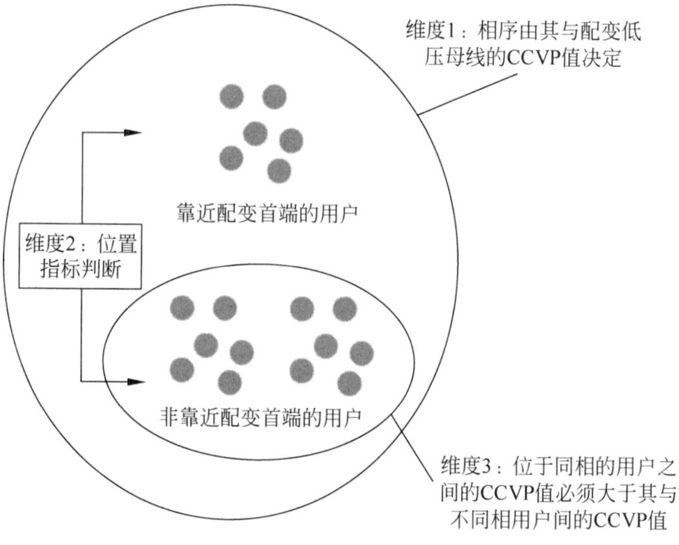

图5-3 多维校正模型结构

多维校正模型中包括三个维度：①取用户与三相低压母线的最大CCVP值对应的母线相户作为用户的初步相户结果；②通过位置指标判断，将用户分为靠近配变首端的用户和非靠近配变首端的用户；③对于非靠近配变首端的用户，他们和同相用户之间的CCVP值必须大于其与不同相用户间的CCVP值。

用户的电压幅值越大，越靠近配变首端。因此，位置指标ζ根据用户的电压幅值来确定，具体如下：

步骤(1-1)：计算计量周期内用户的电压平均值 U_{ave}^{u}，即

$$U_{\mathrm{ave}}^{u}=\left(\sum_{t=1}^{T}U_{u}^{t}\right)\Big/T \tag{5-7}$$

步骤(1-2)：将用户按电压平均值由大到小排序，这个排序结果即为用户到配变的距离由近到远的排序结果。

步骤(1-3)：令 $\zeta=[\tau*M]$，其中 τ 为阈值系数，$\tau\in[0,0.5]$，M 为 LVDN 中待识别的用户数目。τ 的值与 LVDN 中的三相电压不平衡度和缺表率有关，基于大量的仿真计算，表 5-3 给出了 τ 选值方案。

表 5-3　τ 在不同 ϑ 和 Λ 下的选值方案

ϑ	Λ			
	0～0.25%	0.25%～0.5%	0.5%～0.75%	>0.75%
0～10%	[0,0.5]	[0,0.5]	[0,0.5]	[0,0.5]
10%～30%	[0.25,0.5]	[0.1,0.5]	[0,0.5]	[0,0.5]
30%～50%	[0.2,0.45]	[0.25,0.5]	[0.25,0.5]	[0,0.5]

表 5-3 中，ϑ 定义为 LVDN 中未计量的用户数和总用户数的比值，即缺表率，用来反映电表数据的不完整度，即

$$\vartheta=\frac{N_{\mathrm{U}}}{N_{\mathrm{T}}}\times 100\% \tag{5-8}$$

式中，N_{U} 为 LVDN 中未计量用户数目；N_{T} 为 LVDN 中总用户数。

Λ 定义为计量周期内三相电压不平衡度的平均值，用来反映 LVDN 中三相不平衡水平，即

$$\Lambda=\left[\sum_{t=1}^{T}\frac{U_{\mathrm{D}}^{\max}(t)-U_{\mathrm{D}}^{\min}(t)}{U_{\mathrm{D}}^{\max}(t)}\times 100\%\right]\Big/T \tag{5-9}$$

式中，$U_{\mathrm{D}}^{\max}(t)$ 和 $\mathrm{U}_{\mathrm{D}}^{\min}(t)$ 分别为 t 时刻低压母线电压的最大值和最小值。

5.3　基于多维校正的相户识别改进方法

5.3.1　基于多维校正的相户识别改进方法概述

本章所提基于多维校正的 CPI 方法计算流程如图 5-4 所示。图 5-4 中的 Θ_1 和 Θ_2 为 ϑ 的两个阈值系数，在实际应用中根据工程经验给出。所提方法利用了用户之间的电压相关性以及低压母线与用户之间的电压相关性。然而，只有当数据库中具有一定数量用户时，用户之间的电压相关分析才能有效改善相位识别的准确率。因此，根据缺表率 ϑ 不同数值，所提方法设计了不同的 CPI 方案，以期提升识别方法对数据不完整率变化的鲁棒性。此外，在该模型中，基于用户间的关联特性提出了用户聚类方法，以期缩减后续识别过程中的变量数目，同时可将空房用户与用电用户相关联。在该模型中，用户和低压母线之间的关联特性用于用户相户初步识别，而用户间的关联特性和位置指标用于对初始识别结果进行校正。

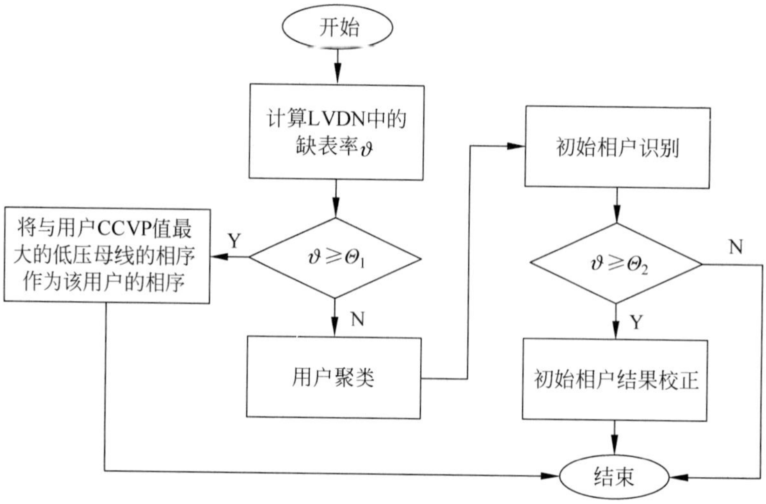

图 5-4 所提 CPI 方法的流程图

5.3.2 基于用户相关性的用户聚类模型

用户聚类的目标是将同相且近电气距离的用户聚成一类，以减少后续识别过程中的变量，并将空房用户和用电用户相关联。5.2 节指出，用户间的电气距离越近，他们越大概率连接在同一相线。特性 3 表明，用户间的 CCVP 值越大，他们之间的电气距离越近。因此，为了实现上述聚类目标，本节基于层次聚类法，提出一种以用户间的 CCVP 值作为用户间的聚类距离判据的改进聚类方法，将用户与和他 CCVP 值最大的用户聚成一个类别，具体步骤如下：

步骤(2-1)：分别从用户的智能电表和 LVDN 的集中器中读取用户和低压母线的电压时序数据。

步骤(2-2)：基于用户的电压时序曲线，计算用户间的 CCVP 值，即

$$r_{uv}=r_{vu}=\frac{\sum_{t=1}^{T}U_v^tU_u^t-\frac{1}{T}\left(\sum_{t=1}^{T}U_u^t\sum_{t=1}^{T}U_v^t\right)}{\sqrt{\left[\left(\sum_{t=1}^{T}U_v^t\right)^2-\frac{1}{T}\left(\sum_{t=1}^{T}U_v^t\right)^2\right]\left[\left(\sum_{t=1}^{T}U_u^t\right)^2-\frac{1}{T}\left(\sum_{t=1}^{T}U_u^t\right)^2\right]}} \tag{5-10}$$

式中，r_{uv} 代表用户 u 与用户 v 电压时序的相关系数；U_u^t、U_v^t 分别为用户 u、v 在时刻 t 的电压值，$t=1,2,\cdots,T$。

步骤(2-3)：将每个用户与除自身外 CCVP 最大的用户配对，共得到 M 个双表聚类类别。

步骤(2-4)：将包含相同用户的分类做并集处理，例如将$\{u,v\}$和$\{u,w\}$合并成$\{u,v,w\}$，最终得到聚类集合 Ω_C，用户聚类结束。

值得注意的是，当 LVDN 中计量的用户较少，且他们分布较为分散时，所提聚类方法难以保证同一个聚类内的用户的相户相同。通过大量的仿真计算，当 LVDN 中的缺表率大于 90%时，所提聚类方法的性能将变差。因此，为了得到较高的识别准确率，图 5-4 中的 Θ_1 设定为 90%，所提聚类方法仅在缺表率低于 90%时执行。

5.3.3　基于用户和低压母线相关性的相户初始识别模型

本节基于5.2.1节中的特性1，构建相户初始识别模型。特性1指出，靠近配变首端的用户，其与同相低压母线之间的CCVP值在三相低压母线中最大。此外，用户的电压值越大，他越靠近配变首端。据此，初始用户相户关系识别的原则设定为：以每个分类中最靠近配变低压侧首端的用户与配变低压侧三相母线的电压时序曲线相关性数值最大的母线相序作为每个类别的相序，流程如图5-5所示。

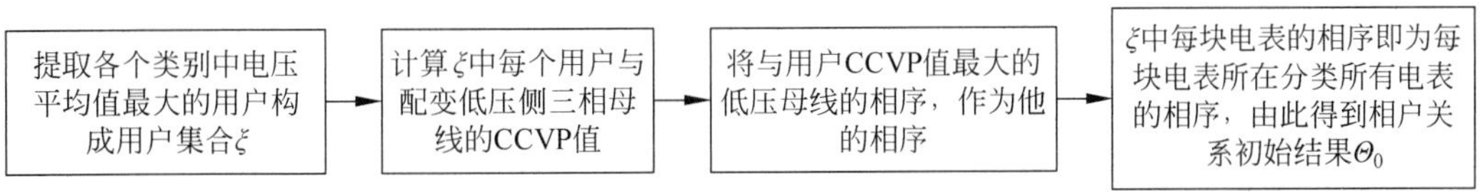

图5-5　相户初始识别模型流程图

步骤(3-1)：根据式(5-7)，对所有用户电压曲线求平均值，提取各个分类中平均值最大的用户构成用户集合 ξ。此时 ξ 中的元素为每个分类中最靠近首端的用户，具体为

$$\xi=\{\underset{g\in\Omega_{\mathrm{C}}(h)}{\arg\max}(U_{\mathrm{ave}}^{g})\},\quad h=1,2,\cdots,N \tag{5-11}$$

式中，g 为用户编号，h 为类别编号，N 为集合 Ω_{C} 中的类别数。

步骤(3-2)：基于式(5-10)计算 ξ 中每个用户与配变低压侧三相母线的CCVP，得到矩阵 $\boldsymbol{R}_2$：

$$\boldsymbol{R}_2=\begin{bmatrix} r_{\mathrm{A},\xi(1)} & \cdots & r_{\mathrm{A},\xi(h)} & \cdots & r_{\mathrm{A},\xi(N)} \\ r_{\mathrm{B},\xi(1)} & \cdots & r_{\mathrm{B},\xi(h)} & \cdots & r_{\mathrm{B},\xi(N)} \\ r_{\mathrm{C},\xi(1)} & \cdots & r_{\mathrm{C},\xi(h)} & \cdots & r_{\mathrm{C},\xi(N)} \end{bmatrix} \tag{5-12}$$

式中，$r_{\varphi,\xi(h)}$ 为集合 ξ 中用户 h 和 φ 相低压母线的CCVP值，$\varphi=\mathrm{A,B,C}$。

步骤(3-3)：对于 ξ 中用户 h，以 $r_{\varphi,\xi(h)}$ 最大值对应的低压母线相户作为他的相户，如下式所示：

$$P_{\xi(h)}=\arg\max\{r_{\varphi,\xi(h)}\},\quad \varphi=\mathrm{A,B,C},\quad h=1,2,\cdots,N \tag{5-13}$$

式中，$P_{\xi(h)}$ 为 ξ 中用户 h 的相户连接关系。

步骤(3-4)：5.3.1节中指出位于同一类别的用户的相户相同，因此所有用户的相户可由 ξ 中用户的相户关系确定。

5.3.4　基于用户相关性的识别结果校正模型

5.2.1节中的特性2指出，靠近线路末端的电表与配变低压侧三相母线相关性结果可能会与实际相户连接关系不符。因此，Θ_0 中的结果可能存在错误结果。本节联合用户间的相关性和位置指标校正初始相户识别结果中的错误。由5.2.2节中的特性3和特性4可知，对于非靠近配变首端的用户，与其CCVP值较大的用户应该与其在相同相户。因此，在 Θ_0 中，如果与某用户CCVP值较大的用户与其不在同相，这个用户的初始相户识别结果是错误的，需要修正。位置指标用来区分靠近配变首端的用户和非靠近配变首端的用户。图5-6给出了所提识别结果校正模型的流程，具体步骤如下：

步骤(4-1)：对用户类别集合 Ω_{C}，提取每个类别中电压平均值最小的用户，形成用户集

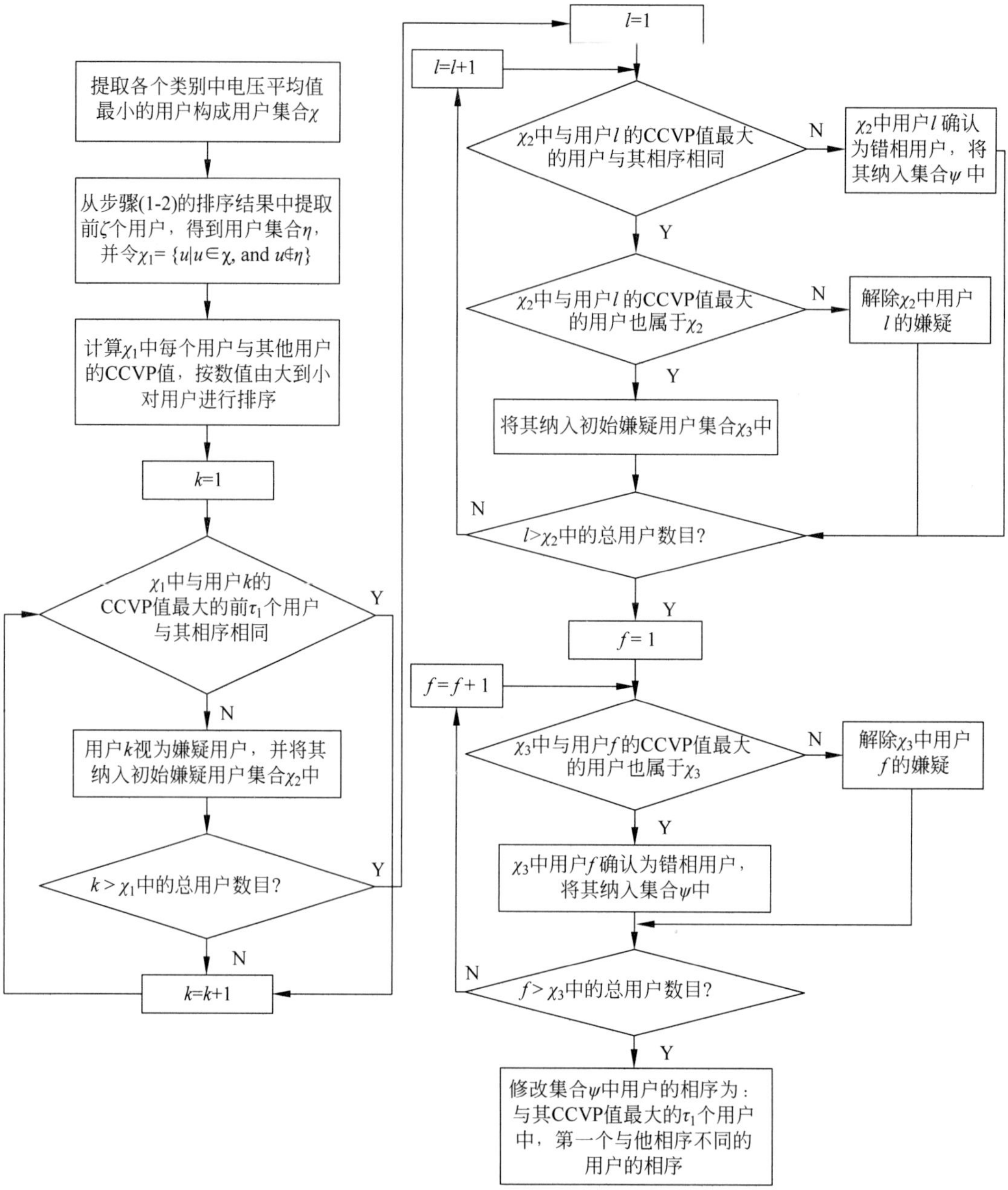

图 5-6　识别结果校正模型流程

合 χ，如式(5-14)所示。此时，集合 χ 中的元素为每个分类中最远离首端的用户。

$$\chi=\{\underset{g\in\Omega_{C}(h)}{\operatorname{argmin}}\{U_{\text{ave}}^{g}\}\},\quad h=1,2,\cdots,N \tag{5-14}$$

步骤(4-2)：从步骤(1-2)的排序结果中提取前 ζ 个用户，得到用户集合 η，即靠近配电首端的用户集合。

步骤(4-3)：令集合 $\chi_1=\{u\mid u\in\chi,\text{and } u\notin\eta\}$，集合 χ_1 为非靠近配变首端用户集合，计算 χ_1 中每个用户与其他用户的 CCVP 值，得到 $O=|\chi_1|$ 个向量，$S_1^{\mathrm{s}},S_2^{\mathrm{s}},\cdots,S_k^{\mathrm{s}},\cdots,S_O^{\mathrm{s}}$，

$k \in \{1,2,\cdots,O\}$，进一步对每个向量中的元素按数值由大到小对用户进行排序。

步骤(4-4)：设定阈值系数 τ_1，若在初始相户关系结果中，χ_1 中与某个用户 CCVP 值最大的前 τ_1 个用户与其不在同一相，则将该用户列为初始嫌疑用户，并纳入初始嫌疑用户集合 χ_2 中。

步骤(4-5)：在初始嫌疑用户集合 χ_2 中，若与用户 l 的 CCVP 值最大的用户的相户和他不一致，则确认用户 l 为错相用户，将其纳入集合 Ψ 中；若与用户 l 的 CCVP 值最大的用户也属于集 χ_2，则该用户列入初始嫌疑用户集合 χ_3 中，否则解除用户 l 的嫌疑。

步骤(4-6)：在初始嫌疑用户集合 χ_3 中，若与用户 f 的 CCVP 值最大的用户也属于 χ_3，则确认该用户为错相用户，将其纳入集合 Ψ 中，否则解除该用户的嫌疑。

步骤(4-7)：错相用户集合 Ψ 中用户的相户修改为：其与其他用户 CCVP 值排序前 τ_1 个用户中，第一个与他相户不同的用户的相户。

值得注意的是，所提识别结果校正模型依托用户间的 CCVP 值比较。当 LVDN 中缺失数据的用户较多时，可比较的用户数目下降，这会导致相户关系被校正错误的用户数量增加，进而降低识别准确率。因此，为了确保较高的相户识别准确率，图 5-4 中的 Θ_2 设定为 50%，所提结果校正过程仅在缺表率低于 50%时执行。

当存在分布式电源如屋顶光伏从用户侧并网时，分布式电源就地分担用户的负荷，用户消耗由电网供给的电能减少。此时，用户消耗电网的电能可能大于 0、接近 0 或为负值，这取决于分布式电源的发电容量。当用户需要电网供应的电能为负值时，LVDN 中出现反向潮流，这将改变 5.2 节推导的用户电压特性。考虑到所提 CPI 方法是基于 5.2 节中的用户电压特性，所以它仅适用于用户的分布式电源没有功率倒送的场景。

5.4　算例分析

算例分析共包含五个部分：①描述识别过程，详细说明所提方法如何识别相户关系；②计算并分析所提方法在不同场景下的性能表现；③对比分析所提方法和现有方法；④研究分析阈值系数 τ 和 τ_1 对识别准确率的影响；⑤展示所提方法在试点台区中的应用效果。

5.4.1　算例参数描述

以广东省某地区包含 120 个用户的 LVDN 作为研究对象，其中单相用户 110 户，三相用户 10 户，该 LVDN 共有 9 条 1 级分支线。三相用户配备的是三相电表，可以分别记录三相的功率、电压和电流数据，1 个三相用户可以视为 3 个独立的单相用户。因此，待识别 LVDN 可认为共包含 140 个用户。

算法验证需要的数据包括：①智能电表以 15min/点采集的用户电压数据；②配变终端以 15min/点采集的三相低压母线的电压数据。用户电压数据和三相低压母线的电压数据计量时刻相同，即数据是同步的。实际上，电表根据它的内部时钟记录读数，这个时钟可能同标准时钟存在偏差，电表间难以实现精准的同步。在部分地区，智能电表会定期与集中器校准时间，保证了智能电表之间的计量同步性不会偏离太多，从而实际 LVDN 中采集的数据基本能满足所提方法的要求。为了评价所提相户识别算法的准确性，还需要准确的 LVDN 拓扑，这由人工现场勘查获得，如图 5-7 所示。

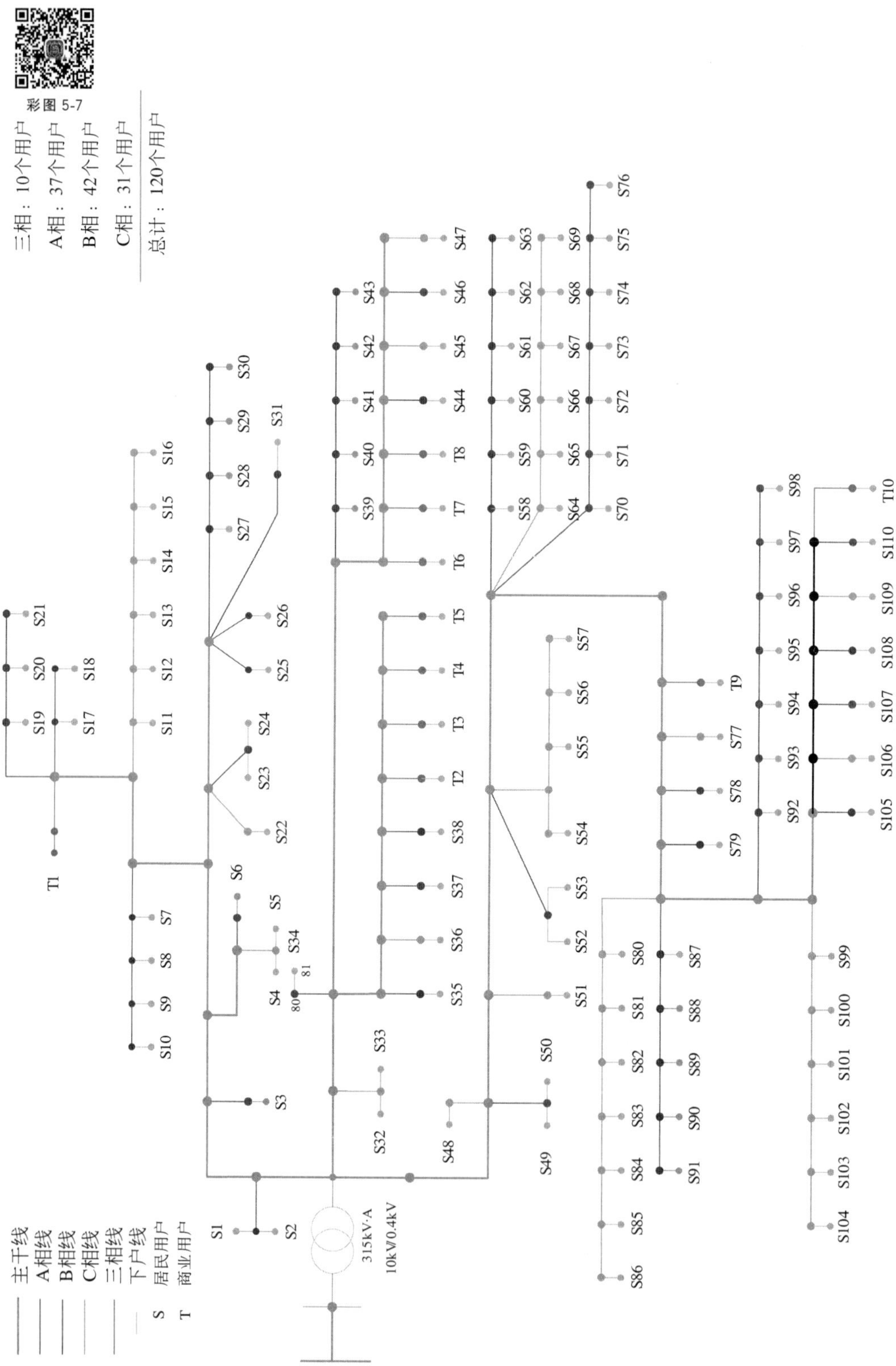

图 5-7 广东省某地区 LVDN 拓扑结构

5.4.2　方法识别过程

首先，从数据库中提取 6d 共 576 个量测点的电表和配变低压侧三相母线的电压时序数据。在 6d 中，受通信影响，共有 7 户电表未能收集到信息，这 7 户电表分别是 S21、S47、S91、S92、S104、S109 以及三相表 T9 的 C 相数据。此外，三相电压不平衡度 Λ 为 0.44%。

由 5.3.2 节所提聚类方法得到用户聚类结果如表 5-4 所示。结合图 5-7 可知，表 5-4 中每个类别里的电表均属于相同相线，验证了所提聚类方法的有效性。进一步执行 5.3.3 节中的初始相户识别，表 5-4 中用粗体标记的用户为根据 5.3.3 节步骤(3-1)筛选出来的每个分类中最靠近首端的用户，初始相户关系识别结果 Θ_0 如表 5-5 所示。

表 5-4　用户聚类结果

类　别	类　别	类　别
{**S1**,S2}	{T12,**S11**,S12}	{S3,**S19**,S20}
{S7,**S8**,S9,S10}	{**S13**,S14,S15,S16}	{**S6**,T13,S23,S24}
{T11,**S17**,S18}	{**S32**,S33,T62,T72,T82,S45}	{**S34**,T33,T43,T53}
{**S25**,S26,S27,S31}	{**S36**,T22,T32,T42,T52}	{**S37**,T23}
{**S28**,S29,S30}	{**S51**,S54,S55,S56,S57}	{**T63**,T73,T83,S46}
{**S35**,S39,S40,S41,S42,S43}	{**S64**,S65,T92,S77}	{**S49**,S50}
{**S38**,T21,T31,T41,T51}	{**S66**,S67,S68,S69}	{S52,**S53**,S70,S71,S78}
{T61,T71,**T81**,S44}	{**S80**,S106,T102}	{**S72**,S73,S74,S75,S76}
{**S58**,S59,S60,S61}	{**S81**,S82,S83,S84,S85,S86}	{**S93**,S94,S95,S96}
{**S62**,S63}	{**S99**,S100,S101}	{**S97**,S98}
{**T91**,S79,S87,S88,S89,S90,S105,S108,T101}	{**S102**,S103}	{**S107**,S110,T103}
{**S4**,S5,S22,S48}		

表 5-5　初始相户识别结果

相户	用 户 编 号
A 相	S1,S2,S7,S8,S9,S10,T11,S17,S18,S25,S26,S27,S31,S28,S29,S30,S35,S39,S40,S41,S42,S43,S38,T21,T31,T41,T51,T61,T71,T81,S44,S58,S59,S60,S61,S62,S63,T91,S79,S87,S88,S89,S90,S105,S108,T101,**S80**,**S106**,**T102**,**S81**,**S82**,**S83**,**S84**,**S85**,**S86**
B 相	S4,S5,S22,S48,T12,S11,S12,S13,S14,S15,S16,S32,S33,T62,T72,T82,S45,S36,T22,T32,T42,T52,S51,S54,S55,S56,S57,S64,S65,T92,S77,S66,S67,S68,S69,S99,S100,S101,S102,S103
C 相	S3,S19,S20,S6,T13,S23,S24,S34,T33,T43,T53,S37,T23,T63,T73,T83,S46,S49,S50,S52,S53,S70,S71,S78,S72,S73,S74,S75,S76,S93,S94,S95,S96,S97,S98,S107,S110,T103

接着，设定阈值系数 $\tau=0.15$，$\tau_1=3$，根据 5.3 节的内容修正初始相户识别结果。表 5-4 中用下划线标记的用户为根据 5.3.4 节步骤(4-1)筛选出来的每个分类中最靠近末端的用户。由 5.3.4 节中的步骤(4-3)～步骤(4-6)筛选出错相用户为 S86 和 S106。与这两个用户的 CCVP 值排序前三的用户分别为{S101,S106,S103}和{S101,S103,S86}。表 5-5 中，S86 和 S106 归属于 A 相，而与其相关性最大的前三户电表中 S103 用户属于 B 相，因此 S86 和

S106 的真实相户应为 B 相，且 S86 和 S106 所在类别的所有电表均为错相用户，即 S80、S106、T102，S81、S82、S83、S84、S85 和 S86 均需从 A 相改为 B 相。结合图 5-7 中的 LVDN 拓扑结构可知，S80、S106、T102、S81、S82、S83、S84、S85 和 S86 的确均属于 B 相，修改后的相户识别结果准确率为 100%。

5.4.3 不同场景下的方法性能分析

本节主要研究所提方法在不同的数据长度、智能电表不完整度（即缺表率）和三相电压不平衡度下的性能表现。

首先，逐渐增加数据长度和智能电表的不完整度水平，构建多组数据场景，测算所提方法的性能。在每个数据场景下，通过多次相户识别，对结果求取均值，作为该数据场景下的相户识别准确率，结果如图 5-8 所示。

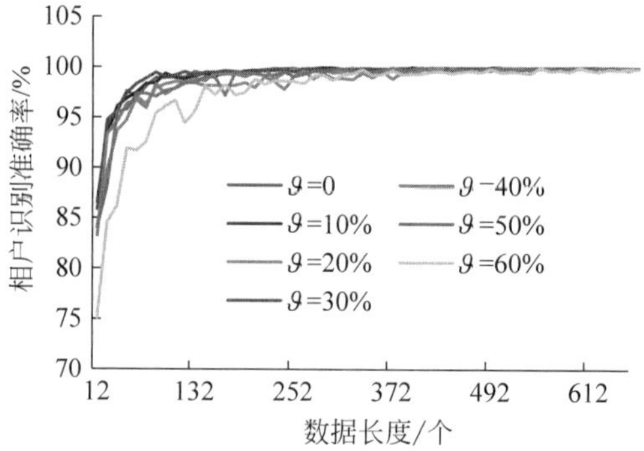

图 5-8 不同数据长度和缺表率下的 CPI 准确率

由图 5-8 可知，在缺表率 ϑ 固定的情况下，随着数据长度的增加，识别准确率波动性增加并最终收敛到 100%。这是因为用户间的 CCVP 值差异随着数据长度的增加而增加，进而提升了识别准确率。固定数据长度在 300 个数据时刻以下时，识别准确率随着缺表率的增加而逐渐下降。这是因为初始相户结果修正是通过将用户与其他用户的 CCVP 值进行比较实现的。当缺表数目增加时，可比较 CCVP 值的用户减少，导致修正过程出错率增加，识别准确率下降。

接着，固定数据长度为 1d(96 个数据时刻)，不断增加三相电压不平衡度 Λ 和缺表率 ϑ，测算所提方法的性能。在每个数据场景下，通过多次相户识别，对结果求取均值，作为该数据场景下的相户识别准确率，识别结果如表 5-6 所示。

表 5-6 不同 Λ 和 ϑ 下的 CPI 准确率

Λ	缺表率 ϑ					
	0%	10%	20%	30%	40%	50%
0.13%	100.00%	98.15%	98.02%	96.29%	95.69%	94.61%
0.25%	100.00%	99.47%	98.78%	98.19%	97.47%	96.09%
0.49%	100.00%	99.94%	99.72%	99.09%	98.86%	97.36%
0.70%	100.00%	100.00%	100.00%	100.00%	99.92%	98.80%

由表 5-6 可知，在三相电压不平衡度 Λ 固定的情况下，相户关系识别准确率随着缺表率的增加而递减，原因同上文分析。在缺表率固定的情况下，相户关系识别准确率随着三相电压不平衡度的增加而递增。这是因为本章所提方法依赖于电表间以及电表与配变低压侧首端母线间电压时序曲线相关性。而三相电压不平衡度增加，加大了同相电表与异相电表间的电压时序曲线区分度，从而提升了本章方法的相户关系识别准确率。特别的是，当三相电压不平衡度 Λ 为 0.70%，缺表率 ϑ 在 40%以内时，相户关系识别准确率均接近 100%，即便缺表率增加至 50%，相户关系识别准确率也达到 98.8%。

进一步，设定 LVDN 中仅有 10%、20%和 50%的用户有智能电表，并不断增加这三种场景中的用户数据不完整度，测算所提方法的性能表现。算例中，数据计量时刻数为 96，三相电压不平衡度为 0.70%。在每个数据场景下，通过多次相户识别，对结果求取均值，作为该数据场景下的相户识别准确率，识别结果如表 5-7 所示。

表 5-7　LVDN 仅有部分用户配置智能电表场景下的 CPI 准确率

LVDN 中的电表渗透率	缺表率					
	0	10%	20%	30%	40%	50%
10%	97.8%	97.4%	96.7%	97.2%	97.2%	97.7%
20%	98.5%	98.7%	98.5%	98.8%	98.7%	98.4%
50%	98.8%	97.8%	97.6%	97.8%	98.0%	98.4%

由表 5-7 可知，所提方法在仅有部分用户配置智能电表且存在数据不完整的场景中表现优异，各种数据场景下的识别准确率在 96.7%以上。这个结果验证了所提方法对数据不完整性的强大鲁棒性。因此，所提 CPI 方法可以较好地适用于大部分用户没有配备智能电表的区域。

5.4.4　本章所提方法与现有方法的对比分析

本节将本章方法分别与文献[1]和文献[3-5]中的方法进行比较。文献[1]中基于功率守恒的 MIQP 方法定义为 M1。这种方法适用于缺乏分支线和用户连接关系的场景，被广泛用来进行对比分析。文献[3]中基于用户负荷曲线相似性分析的方法定义为 M2。第 3 章给出的方法，即文献[4]中的方法定义为 M3。文献[5]中基于电表与配变三相母线电压曲线相关性的方法定义为 M4。本章所提方法定义为 M5。固定数据长度为 1d，不断增加三相电压不平衡度和缺表率，构建 12 个场景进行比较，结果如图 5-9 至图 5-11 所示。

图 5-9 和图 5-10 展示了 M5 和 M1、M3、M4 四种方法的结果对比。由这两图可知：

（1）三相电压不平衡度越高，4 种方法的识别准确率均越高。特别是当三相电压不平衡度为 0.70%，缺表率在 40%以内时，M5 的识别结果都能达到 100%。

（2）M5 在每个场景下的识别准确率均高于其他方法，这表明了 M5 即所提方法的优越性。随着缺表率的增加，M5 与 M1 和 M3 的识别准确率差值呈现不断增大的趋势，与 M4 的识别准确率差值呈现不断下降的趋势。

（3）M5 中的相户结果校正环节可以有效校正 M4 中的误识别用户，并且三相电压不平衡度越高，修正环节的效果越好。例如，当三相电压不平衡度为 0.70%，缺表率在 40%以内时，M5 的识别结果都能达到 100%，而 M4 只能达到 98.6%。

(4) M1 和 M3 的识别准确率受缺表率影响较大,随着缺表率的增加,识别准确率显著下降。而 M4 的识别准确率比较稳定,受缺表率的影响较小。M5 的识别准确率随缺表率的增加略有下降,变化幅度较小。这是因为 M5 中的初始相户结果修正是通过将用户与其他用户的 CCVP 值进行比较实现的。当缺表数目增加时,可比较 CCVP 值的用户数减少,导致修正过程出错率增加,识别准确率下降。

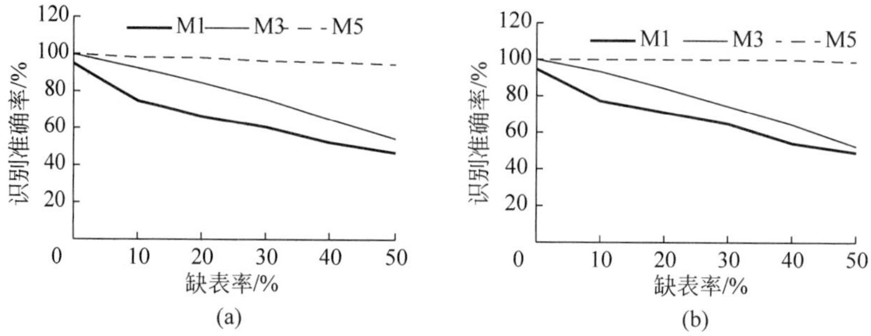

图 5-9　多个场景下 M1、M3 和 M5 的识别准确率对比

(a) $\Lambda=0.13\%$;(b) $\Lambda=0.7\%$

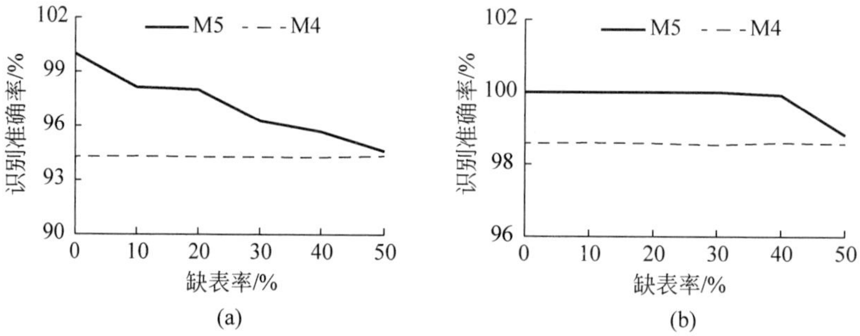

图 5-10　多个场景下 M4 和 M5 的识别准确率对比

(a) $\Lambda=0.13\%$;(b) $\Lambda=0.7\%$

图 5-11 展示了 M5 和 M2 两种方法的结果对比。一方面,受限于数据权限问题,用于验证 M2 的数据无法获取;另一方面,受限于智能电表计量精度(15min/点),本章所用用户负荷数据的高频变化特性不明显,M2 在这个数据库上的应用效果较差。因此,在不同的数据集上比较 M5 和 M2。具体来讲,是在不同的缺表率下,比较 M5 在多个数据长度下的识别结果与 M2 在文献[3]给出的数据长度为 1 个月场景下的识别结果。

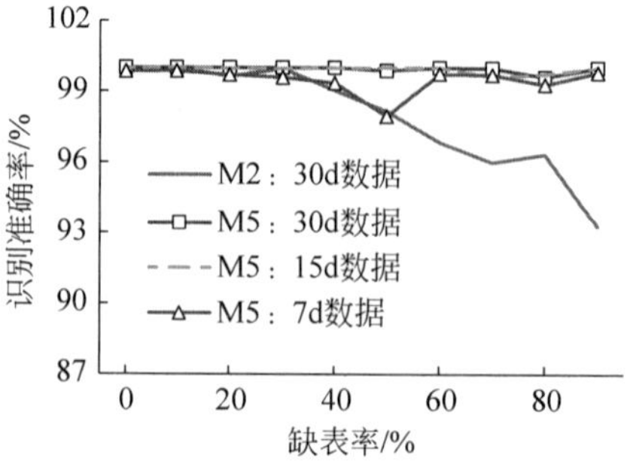

图 5-11　不同数据长度下 M2 和 M5 的 CPI 准确率对比

由图 5-11 可知，在相同数据长度下，M5 的识别准确率高于 M2，且当缺表率小于 50% 时，M5 在更短的数据长度下的识别准确率亦高于 M2。因此，相比 M2，M5 的识别准确率更高，需要的数据长度更短，且对用户负荷数据高频变化特性的要求很低。

进一步研究当缺表率增加时，什么类型的用户在 M5 中难以识别。首先，对 A 相的用户，根据电压平均值从大到小排序，随机选取位于排序结果中首端、中端和末端的用户，用来表示靠近配变首端、中端和末端的用户，分别用 L1、L2 和 L3 表示。然后，在三相电压不平衡度为 0.13%，缺表率为 50% 的场景下，不断增加 A 相用户缺表率，计算 L1、L2 和 L3 的相户识别错误率。在每个数据场景下，通过多次相户识别，对结果求取均值，作为该数据场景下的相户识别错误率，识别结果如表 5-8 所示。

表 5-8　A 相不同缺表率下三个用户的相户识别错误率

用户	A 相缺表率						
	0	15%	30%	45%	60%	75%	90%
L1	0.0%	0.0%	0.0%	0.4%	11.9%	66.9%	100.0%
L2	0.0%	0.0%	0.0%	0.0%	6.4%	65.3%	100.0%
L3	0.0%	0.0%	0.0%	0.6%	13.0%	69.4%	100.0%

由表 5-8 可知，用户的识别错误率受同相用户数目影响。较高的同相智能电表缺表率加大了用户的识别错误率。其中，当 A 相的智能电表缺表率大于 75% 时，三个用户的相户识别错误率均在 65.3% 以上。此外，随着同相智能电表缺表率的增加，靠近低压母线首端的用户(L1)和远离低压母线首端的用户(L3)的识别难度增大，识别错误率增加。这是因为，当某相有大量用户缺失时，在该相靠近低压母线、远离低压母线的用户容易与不同相位的用户聚成一类，导致对这些用户的识别准确率降低。

5.4.5　阈值系数灵敏性分析

本章所提方法需要设定两个阈值系数 τ 和 τ_1，本节选取 3 个三相电压不平衡度场景，不断增加两个阈值系数，研究这两个阈值系数取值对算法识别准确率的影响。3 个数据场景分别定义为 C1、C2 和 C3。这 3 个场景的数据长度均为 6d，三相电压不平衡度分别为 0.15%、0.43% 和 0.73%，缺表率为 5.8%。研究阈值系数 τ_1 的影响时，τ 设定为 0.15，计算结果如图 5-12 所示。

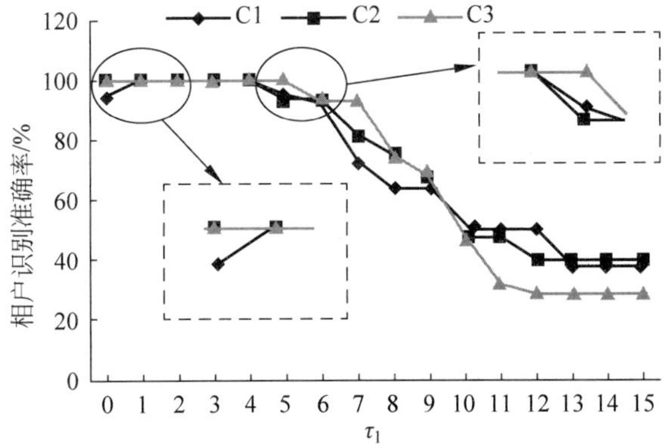

图 5-12　3 种场景、不同 τ_1 值下所提方法的相户识别准确率

若 $\tau_1=0$，则没有对初始相户识别结果进行校正。由图 5-12 中的左边椭圆圈住的部分可知，当三相电压不平衡度较低时(C1)，初始相户识别结果存在错误识别情况，而通过 5.3.4 节的修正过程，可纠正这部分识别错误。当 $\tau_1>5$ 时，所提方法的识别准确率随着 τ_1 的增加而下降。在修正过程，将初始相户关系正确的表修正为错误相户定义为修正过度。这是因为，τ_1 值决定了 5.3 节中的嫌疑电表数目。当 τ_1 超过某临界值时，嫌疑电表数随着 τ_1 的增大而增多。在嫌疑电表数不断增加的过程中，被过度修正的电表也越来越多，从而导致算法的识别准确率逐渐下降。而由图 5-12 中的右边椭圆圈住的部分可知，较大的三相电压不平衡度(C3)有利于提升出现修正过度的 τ_1 临界值。C1、C2 的临界值为 4，而 C3 的临界值为 5。

阈值系数 τ 决定了以初始结果为准确结果的电表数，通过设定合理的 τ 值可改善由于 τ_1 过大导致的过度修正问题。图 5-12 表明，当 $\tau_1>5$ 时，3 种场景下均会出现电表修正过度的情况。因此设定 $\tau_1=7$，不断增加 τ，研究其对识别准确率的影响，结果如图 5-13 所示。

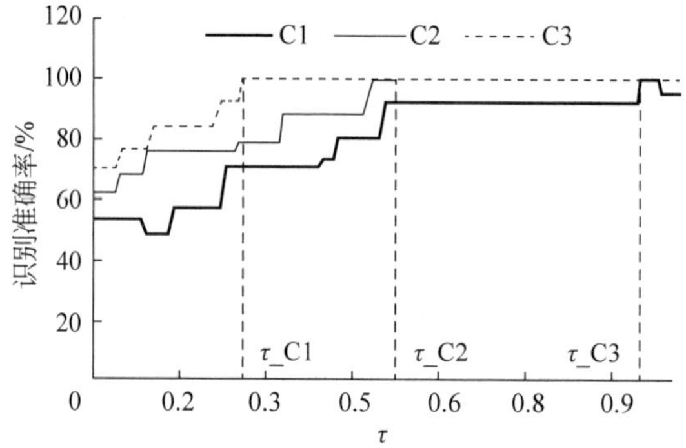

图 5-13　3 种场景不同 τ 值下所提方法识别准确率

图 5-13 中，τ_C1、τ_C2 和 τ_C3 分别对应 3 种场景下识别准确率达到 100%需要的 τ 值。由图 5-13 可知，当 τ 值大于某一个临界值时，τ 的增加可提升算法的识别准确率。通过加大 τ 值，最终可使识别准确率提升至 100%。τ_C1<τ_C2<τ_C3，说明三相电压不平衡度越高，使识别准确率达到 100%所需设定的 τ 值越低。至于 C1 中 τ 增加至 0.97 以上，识别准确率从 100%开始下跌，这是因为 τ 过大，导致修正过程无法筛选出初始分类中错相的电表，从而使得识别准确率低于 100%。

5.4.6 试点应用

所提方法已研制成集中器中的一个软件模块，并在广东省某地区的 4 个 LVDN 中进行试点验证。图 5-14 给出了这 4 个 LVDN 的地理位置信息和拓扑结构，试点应用结果如表 5-9 所示。

表 5-9　所提方法在 4 个试点 LVDN 的应用效果

试点 LVDN	用户数目	识别准确率/%
LVDN1	107	97.20
LVDN2	89	100.00
LVDN3	168	98.80
LVDN4	361	96.95

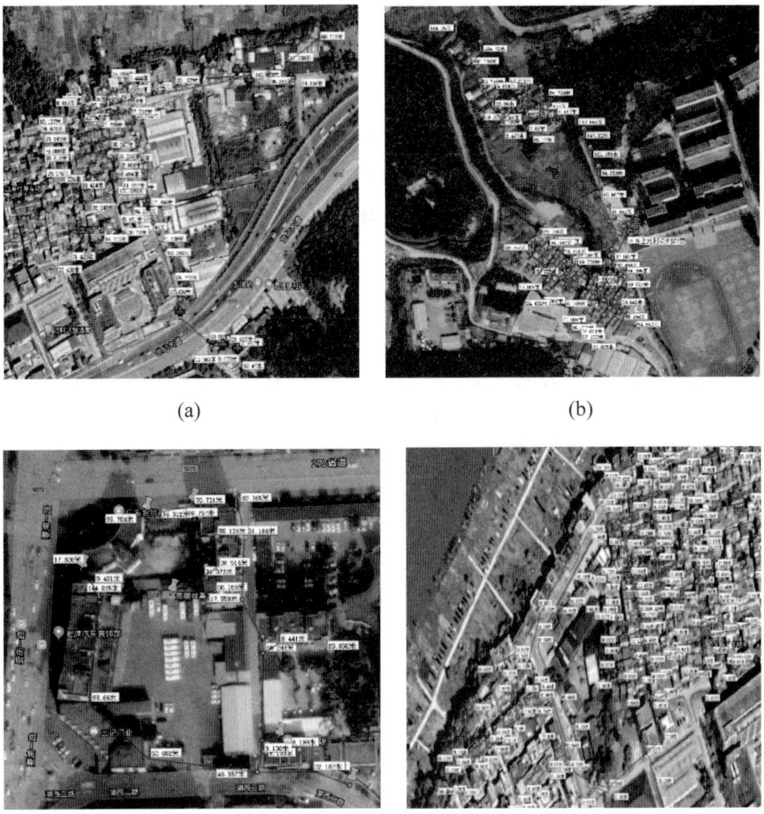

(a)　(b)　(c)　(d)

图 5-14　4 个试点 LVDN 的地理位置信息和拓扑结构

(a) LVDN1;(b) LVDN2;(c) LVDN3;(d) LVDN4

由表 5-9 可知，所提方法在试点 LVDN 中的识别准确率大于 96%，说明了其在工程中的实用性好。表 5-9 中，LVDN1、LVDN3 和 LVDN4 的识别准确率没有达到 100%的原因是：数据驱动的识别方法依赖于数据质量，例如数据的同步性、数据误差和数据长度，而 LVDN1、LVDN3 和 LVDN4 采集的数据质量不足以达到 100%的识别准确率。

5.5　本章小结

为了提升用电数据不完整场景下的低压配电网相户关系识别准确率，本章基于用户间和用户与配变三相母线的关联特性提出了一种包含多维校正的相户关系识别改进方法。其中用户与配变三相母线的关联特性用于用户相户初步识别，而用户间的关联特性用于用户分类和相户结果校正。一系列算例仿真评估了所提方法的性能，并将其与其他方法进行了比较，进一步研究了所提方法中两个阈值系数 τ 和 τ_1 取值对识别准确率的影响。结论如下：

(1) 所提方法能有效缓解用电数据不完整对识别准确率的影响，并且对数据不完整度有较强的鲁棒性。

（2）所提方法的识别准确率随着缺表率的增加而轻微下降，随着三相电压不平衡度的增加而增加。

（3）所提方法在所有场景下均优于文献[1]、文献[4]和文献[5]中的方法，且相比文献[3]中的方法，所提方法需要的数据长度更短，对用户负荷数据高频变化特性的要求很低。

（4）τ_1 设置过大，会出现修正过度的情况，降低相户关系识别准确率；而 τ 值大于某一个临界值时，τ 值增加可提升方法的相户关系识别准确率。

5.6 参考文献

[1] ARYA V, SEETHARAM D, KALYANARAMAN S, et al. Phase identification in smart grids[C]//2011 IEEE International Conference on Smart Grid Communications, Oct, 2011.

[2] PEZESHKI H, WOLFS P J. Consumer phase identification in a three phase unbalanced LV distribution network[C]//IEEE Pes International Conference & Exhibition on Innovative Smart Grid Technologies. IEEE, 2012: 1-7.

[3] XU M, LI R, LI F. Phase identification with incomplete data[J]. IEEE Transactions on Smart Grid, 2018, 9(4): 2777-2785.

[4] ZHOU L, ZHANG Y, LIU S, et al. Consumer phase identification in low-voltage distribution network considering vacant users[J]. International Journal of Electrical Power & Energy Systems, 2020, 121: 106079.

[5] SHORT, TOM A. Advanced metering for phase identification, transformer identification, and secondary modeling[J]. IEEE Transactions on Smart Grid, 2013, 4(2): 651-658.

第6章

基于量测数据质量的拓扑识别结果准确率评估

第 2～5 章介绍的低压拓扑识别方法,需要将识别结果与人工实地勘测的拓扑连接关系对比,才能确定识别结果的准确率。但在工程实际中,LVDN 拓扑关系是待算法识别的结果,不存在先验拓扑连接关系,此时拓扑识别结果准确率无法量化评估,直接影响配电网的运维工作的可靠性,进而影响用户用电体验。本章探寻数据质量与拓扑关系识别结果之间的联系,介绍一种基于量测数据质量的拓扑识别结果准确率评估方法。

首先,基于数据分析法的原理,构建了一个与识别准确率关联的数据质量评价模型,以量化数据质量,其中运用熵权法-层次分析法结合的方法确定指标权重分布。然后,通过样本训练,拟合数据质量评分和识别准确率的对应关系,搭建了可由 AMI 数据质量评价出二次规划法识别准确率范围的可信度模型。最后,以 3 个典型低压台区的数据构建测试集并开展了算例验证。

6.1 量测数据质量对拓扑识别准确率的影响机理分析

基于二次规划的数据分析法是列举方程寻优的方法,其准确率直接受数据质量的影响。综合来看,二次规划法主要受电流数据的影响。对于拓扑识别环节,主要受电表量测数据是否完整、是否明显,量测时长,电压时序的相似性与相异性的影响。

结合文献[1]所述的低压台区拓扑关系和最优化计算知识,先对式(4-26)进行化简,忽略量测有功电流误差量,低压相-线-户拓扑识别可抽象成如下矩阵形式,即

$$\boldsymbol{I}_{\mathrm{A}}=\boldsymbol{I}_{\mathrm{U}}\boldsymbol{X} \tag{6-1}$$

式中,$\boldsymbol{I}_{\mathrm{A}}$ 为台区配变低压侧出线母线的有功电流值矩阵,其维度为$[3LT\times1]$;$\boldsymbol{I}_{\mathrm{U}}$ 为各个电表的有功电流值矩阵,其维度为$[3LT\times3LM]$;L 表示台区配变的一级分支线数,T 表示电流时序数据的时刻数,即数据长度;$\boldsymbol{X}$ 为用户线户关系的变量矩阵,其维度为$[3LM\times1]$。

进而从数据完整性、数据差异性和数据时间尺度三个方面进行数据影响机理的定性分析。为方便分析,先假定 $3LT=3LM$,由配电网络性质可知,$\boldsymbol{I}_{\mathrm{U}}$ 为一个非奇异方阵,因此 $\boldsymbol{X}$ 有唯一解:

$$\boldsymbol{X}=\boldsymbol{I}_{\mathrm{U}}^{-1}\boldsymbol{I}_{\mathrm{A}} \tag{6-2}$$

从数据完整性角度看，数据存在全时段缺失或部分时段缺失时，会对方程求解环节产生影响。具体来讲，当数据发生全时段缺失时，式(6-1)中 $\boldsymbol{I}_{\mathrm{U}}$ 的某一列置为 0，导致行列式为零，方程将会出现无穷多个解，虽然会有约束条件约束，但直接影响规划模型求解，降低了拓扑识别算法的准确率。当数据发生部分时段缺失时，$\boldsymbol{I}_{\mathrm{U}}$ 的某一列部分元素为 0，一是导致矩阵奇异，二是改变了 $\boldsymbol{I}_{\mathrm{U}}$，均会直接影响规划模型求解。

从数据差异性角度看，当存在空房的情况时，空房用户电表记录的有功电流为一个微小值，即 $\boldsymbol{I}_{\mathrm{U}}$ 的某一列为一个微小值。当空房率大时，$\boldsymbol{I}_{\mathrm{U}}$ 中置为微小值的列数变多，导致矩阵奇异，规划求解时出现误解，影响准确性。另外，相线上任一节点电压时序变化主要受该相线的母线电压和综合负荷特性影响。当配变三相母线电压不平衡度高时，不同相线的用户电压时序曲线差异较大，这有利于归类，从而提高规划模型求解的准确性。

从数据时间长度角度看，当出线数固定时，量测数据的时间长度 T 会改变 $\boldsymbol{I}_{\mathrm{U}}$ 的维度，即[$3LT\times 3LM$]。当 $3LT>3LM$ 时，即 $T>M$，方程数大于未知量数，方程有唯一解；当 $3LT<3LM$ 时，即 $T<M$，方程数小于未知量数，有无数解，即影响了规划模型求解的效果。

6.2 量测数据质量评价指标体系

参考文献[2]和文献[3]中的评价指标建立，根据前述数据质量影响机理，构建一个 AMI 量测数据质量评价模型，由 5 个评价指标组成，用以定量地评价 AMI 量测数据质量[4-5]。随后，通过归一化处理，将指标的特性放大，能够更灵敏地表征数据质量。最后，搭建一个可根据量测数据质量评价数据分析法识别准确率范围的可信度模型。

6.2.1 量测数据质量评价指标

考虑 6.1 节所述的 AMI 量测数据质量影响的机理，并参考文献[4]考虑的多种因素，本节进一步提出量测数据时序完整度、有效电表数目完整度、三相电压不平衡度、用户用电比和时表比 5 个定量指标以将 AMI 量测数据质量量化。其与 6.1 节的定性分析对应关系如图 6-1 所示。

1. 量测数据时序完整度

受通信等因素影响，电表数据量测结果存在数据缺失的情况。设立量测数据时序完整度指标，表征 LVDN 内所有电表在采集时间段里量测有功电流数据的完整性：

$$\lambda_1^i=\left(1-\frac{n_1^i}{T}\right) \tag{6-3}$$

$$\lambda_1=\frac{1}{M_{\mathrm{real}}}\sum_{i=1}^{M}\lambda_1^i\times 100\% \tag{6-4}$$

式中，n_1^i 表示第 i 个电表在时间长度 T 中有电流数据缺失的时刻个数；λ_1^i 表示第 i 个电表在时间长度 T 中电流数据的完整性，当第 i 个电表的电流数据都缺失时，$\lambda_1^i=0$；M_{real} 表示有效电表的个数，即采集到非零值的电表个数。

2. 有效电表数目完整度

受通信和电表质量等因素影响，部分电表存在全时段数据缺失情况，称为无效电表。设

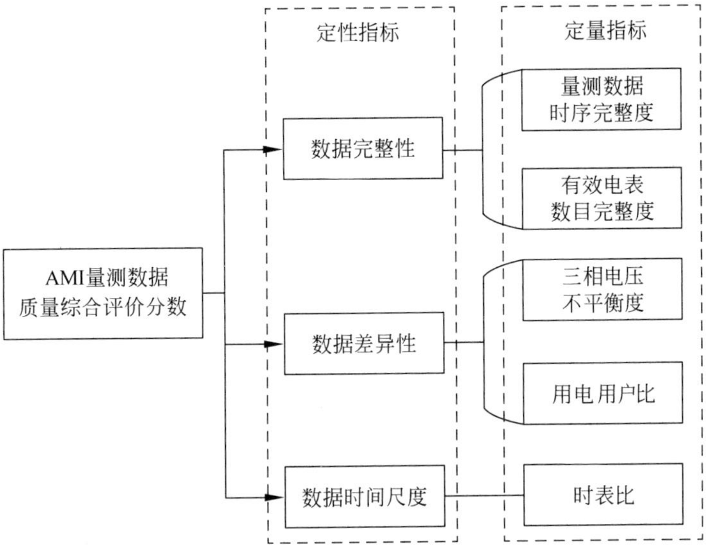

图 6-1　AMI 量测数据质量评价模型

立有效电表数目完整度指标，表征有效电表数目的完整性，为

$$\lambda_2 = \left(1 - \frac{n_2}{M}\right) \times 100\% \tag{6-5}$$

式中，n_2 表示无效电表的个数。

3. 三相电压不平衡度

设立三相电压不平衡度指标，表征在时间长度 T 内出线首端三相电压不平衡度的平均值。为确保三相电压差异度对识别准确率影响规律的普适性，本章引入基准电压 U_B 进行指标定义，为

$$\lambda_3 = \frac{1}{T}\sum_{t=1}^{T} \frac{U_{0,\max}^t - U_{0,\min}^t}{U_B} \times 100\% \tag{6-6}$$

式中，$U_{0,\max}^t$ 和 $U_{0,\min}^t$ 分别为 t 时刻出线首端的三相电压中幅值最大和最小的相电压。

4. 用电用户比

针对用户不用电的空房情况，设立用电用户比指标，表征采集时间段里用电特征明显的用户数量情况：

$$\begin{cases} n_4^t = \underset{i=1,2,\cdots,M_{\text{real}}}{\text{num}} (P_i^t < \varepsilon) \\ \lambda_4^t = \left(1 - \dfrac{n_4^t}{M_{\text{real}}}\right) \end{cases} \tag{6-7}$$

$$\lambda_4 = \frac{1}{T}\sum_{t=1}^{T} \lambda_4^t \times 100\% \tag{6-8}$$

式中，ε 为判定用户用电特征是否明显的阈值系数；n_4^t 为 t 时刻 M_{real} 个用户电表中空房用户的个数；λ_4^t 表示 t 时刻用电特征明显的用户数所占比例。

5. 时表比

由式(6-1)可知，当 T 越大时，方程解的个数减少，意味着识别结果越准确。因此，设定时表比指标，表征除去无效电表后，剩余电表的量测数据都不缺失的时刻数（下称完整数据时刻数）和有效电表个数的比值：

$$\lambda_5=\frac{T_{\text{real}}}{M_{\text{real}}}\times 100\% \tag{6-9}$$

式中，T_{real} 表示完整数据时刻数。

另外设立识别结果准确率指标，表征算法识别结果的准确效果，其计算公式如下：

$$\delta=\frac{M_{\text{r}}}{M}\times 100\% \tag{6-10}$$

式中，M_{r} 为算法识别结果中正确的电表数量。

大量仿真实验后，发现在各个指标分数都相同的情况下，会出现不同的准确率。经过实际情况分析，其主要原因是缺表的位置和空房的位置存在多种情况，换言之，式(6-1)中 $\boldsymbol{I}_{\text{M}}$ 元素出现多种情况，导致优化求解出现不同解，进而出现不同的准确率。因此，在评价指标分数都相同的情况下设立最高准确率指标 $\delta_{\max}$ 和最低准确率指标 $\delta_{\min}$，其计算公式如下：

$$\delta_{\max}=\frac{M_{\text{r},\max}}{M}\times 100\% \tag{6-11}$$

$$\delta_{\min}=\frac{M_{\text{r},\min}}{M}\times 100\% \tag{6-12}$$

式中，$M_{\text{r},\max}$ 和 $M_{\text{r},\min}$ 分别为指标分数相同时识别结果中正确电表数的最大值和最小值。

6.2.2 指标归一化

根据上一节的公式可知，量测数据时序完整度、有效电表数目完整度和用电用户比三项指标的取值在 0～100%。由于时表比会存在大于 1 的情况，且由式(6-1)、式(6-2)和式(6-9)可知，当时表比大于 1 时，其对识别准确率的影响已经微乎其微，因此需要对其进行归一化处理；对于三相电压不平衡度而言，在电网常规运行下，其实际值不允许超过 2%。为了放大指标和识别准确率之间的相关性，忽略影响微小的部分，将三相电压不平衡度和时表比两项指标进行归一化处理，转换至 0～100%。设定三相电压不平衡度的基准值为 $\lambda_{3,\text{base}}$，时表比的阈值为 $\lambda_{5,\text{base}}$，将两者的实际值进行归一化处理，公式为

$$\lambda_3^*=\begin{cases}\dfrac{\lambda_3}{\lambda_{3,\text{base}}}, & \dfrac{\lambda_3}{\lambda_{3,\text{base}}}\leqslant 1\\ 1, & \dfrac{\lambda_3}{\lambda_{3,\text{base}}}>1\end{cases} \tag{6-13}$$

$$\lambda_5^*=\begin{cases}\dfrac{\lambda_5}{\lambda_{5,\text{base}}}, & \dfrac{\lambda_5}{\lambda_{5,\text{base}}}\leqslant 1\\ 1, & \dfrac{\lambda_5}{\lambda_{5,\text{base}}}>1\end{cases} \tag{6-14}$$

式中，λ_3^* 和 λ_5^* 分别表示归一化后的三相电压不平衡度和时表比。前者的基准值 $\lambda_{3,\text{base}}$ 依据我国目前执行的《电能质量三相电压不平衡》(GB/T 15543—2008)规定，在 1%～2%取值；而后者的基准值 $\lambda_{5,\text{base}}$ 根据 6.1 节中式(6-1)和式(6-2)以及数据时间长度分析部分，取值为 100%。

6.2.3　指标灵敏性分析

本节基于广东省某个真实低压台区网架数据，搭建三相四线低压配电网模型，经过多次计算潮流，得到电表数据，用以对6.2.1节所提的指标进行灵敏性分析，其拓扑结构和线路数据参数如图6-2所示，另接入光伏DG的容量如表6-1所示，功率因数设定为0.95。

表6-1　120用户的含源低压配电网中单相光伏DG接入情况

单相光伏DG	相　户	接入功率值
DG1	B	6kW
DG2	C	10kW
DG3	A	8kW

该台区有3条出线，即$L=3$，共包含254个节点，110个单相负荷，其中A相负荷37个，B相负荷42个，C相负荷31个，三相负荷10个，共计120个负荷。主干线采用BLV-150×4架空导线，单相分支线采用BLV-50×2架空导线，三相分支线采用BLV-50×4架空导线，下户线采用BLV-16×2架空导线。所需负荷数据为稳态仿真数据，以1点/15min，每天采集96个数据计量点，一共3d。并设定各个指标的标准值：$\lambda_1=100\%$；$\lambda_2=100\%$；$\lambda_3=1\%$；$\lambda_4=100\%$；$\lambda_5=100\%$。

先在负荷样本库中抽取一定规模的负荷曲线序列；然后采用控制变量法，筛选出70%～100%梯度为5%的数据样本，筛选流程图如图6-3所示；随后进行多次拓扑识别计算，形成仿真样本。在识别计算中，对缺表位置、缺时刻位置和空房位置进行随机分布，生成相应的样本。最后，在其他指标不变的情况下，以研究的指标为变量，以该方法识别准确率为因变量作图并分析，如图6-4所示。

合理性分析如下：

(1) 由图6-4(a)可知，当量测数据时序完整度越高，识别准确率越大，且在量测数据时序完整度在85%以后，识别准确率维持在较高水平，只有微小的上升。这是因为虽然有个别数据缺失，但是方程存在约束，方程仍可以正确求解，故对识别准确率的影响较小。

(2) 由图6-4(b)可知，随着有效电表数目完整度的逐渐增大，识别准确率呈现逐渐升高的规律。这是因为随着电表缺失数量的增多，台区首末端电流偏差逐渐增大，导致识别算法中的电流规划求解准确率下降。

(3) 图6-4(c)中只有一条曲线，是因为其他指标均控制在标准值，即不存在缺表、缺数据和空表的情况，由这三种因素位置不同而导致多个准确率的现象也就不会出现。由图6-4(c)可知，随着三相电压不平衡度逐渐增大，识别准确率一直保持在一个高水平的状态。这是因为三相电压不平衡度反映了负荷的差异性，只有当负荷差异性很低的时候，才会出现误识别情况。

(4) 由图6-4(d)可知，随着用电用户比的增大，识别准确率缓慢升高并一直处于一个高水平的状态。这是因为空房数量超过一定量时，电表归类可能出现个别归类错误，而导致电流规划出现误解，识别准确率会下降少许。

(5) 由图6-4(e)可知，随着时表比逐渐增大，拓扑识别准确率逐渐升高，当其接近100%时，趋于稳定。因为当$T=M$时，方程数等于未知量数，方程有唯一解，识别准确率稳定。

彩图 6-2

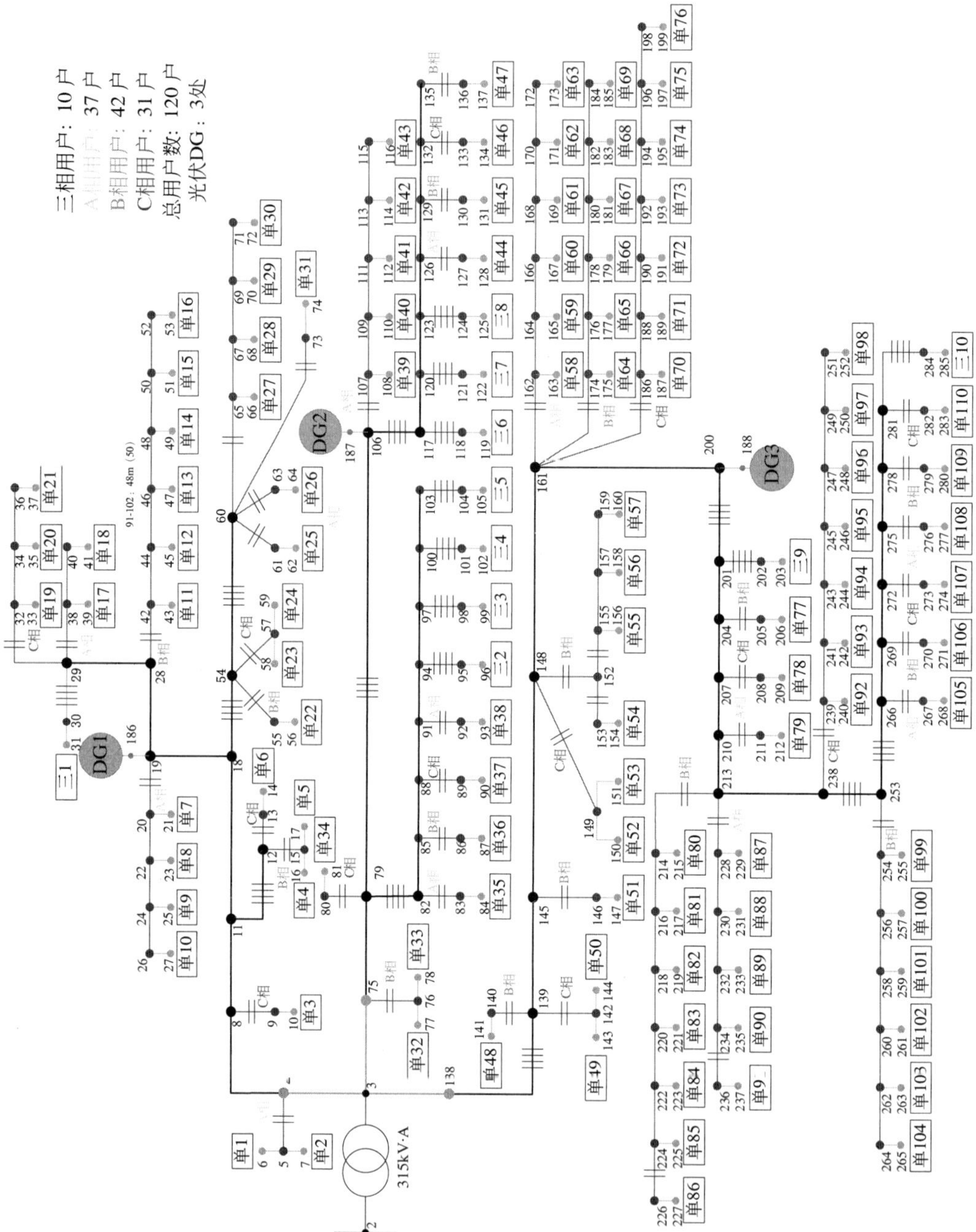

图 6-2 120 用户的含源低压配电网线路

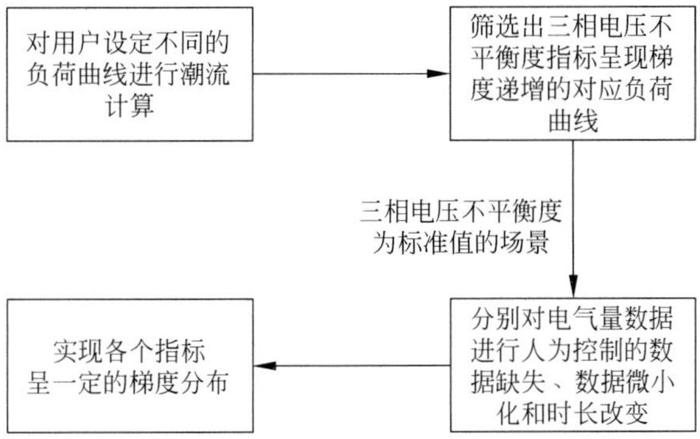

图 6-3　数据筛选流程图

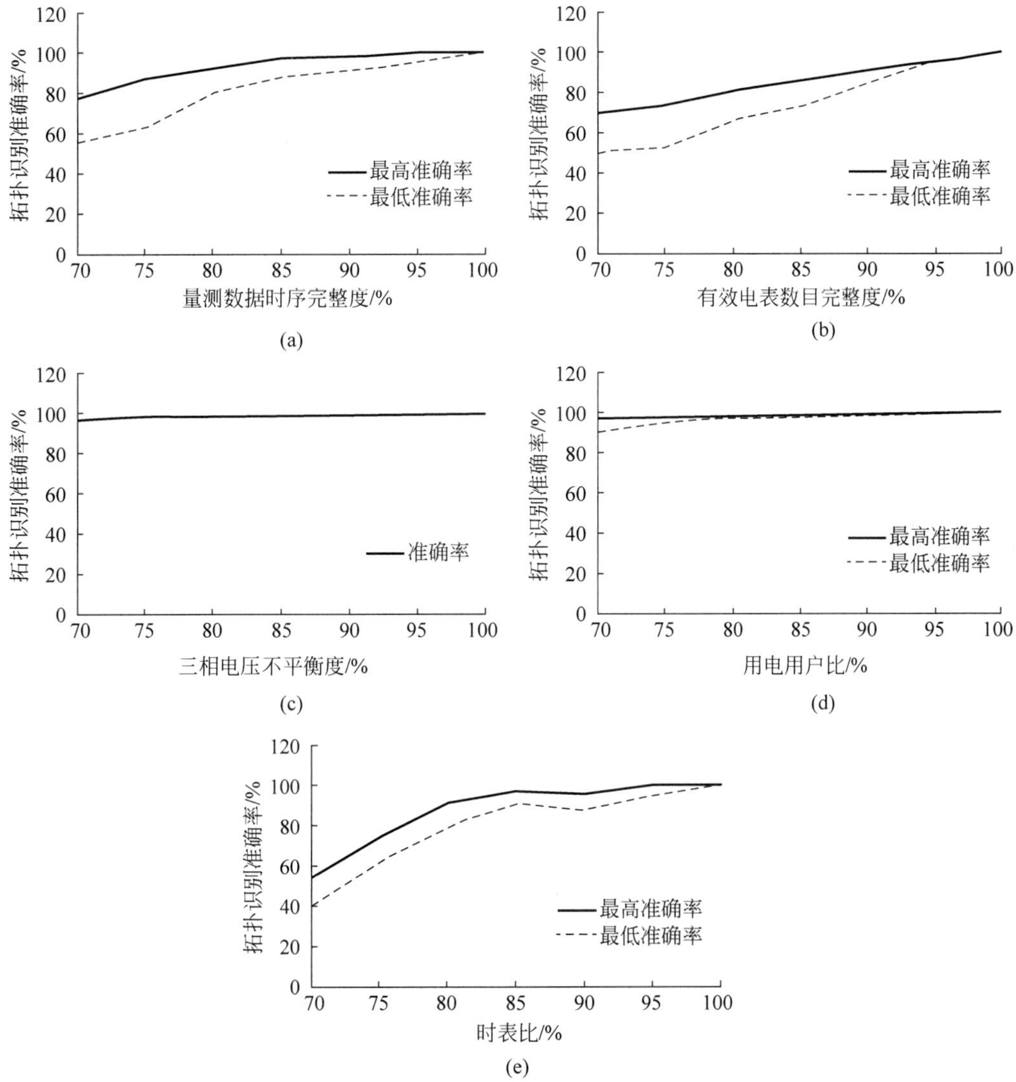

图 6-4　各个指标的灵敏性曲线

(a) 量测数据时序完整度的影响曲线；(b) 有效电表数目完整度的影响曲线；(c) 三相电压不平衡度的影响曲线；(d) 用电用户比的影响曲线；(e) 时表比的影响曲线

综上所述，本章讨论的识别方法的识别准确率与所提 5 项数据质量评价指标具有较强的相关性。

6.2.4 AMI 数据质量综合评分模型

搭建一个三层级的数据质量评价模型，设立 AMI 量测数据质量综合评价分数，以加权和的方式，综合 5 个评价指标以量化数据质量，具体如下：

$$K=\omega_1\lambda_1+\omega_2\lambda_2+\omega_3\lambda_3^*+\omega_4\lambda_4+\omega_5\lambda_5^* \tag{6-15}$$

式中，$\omega_i(i=1,2,3,4,5)$为各项指标的权重值，由客观的熵权法和主观的层次分析法分别计算后相加再取一半计算得到。熵权法是根据式(6-16)计算每个指标的信息熵 E_i，再依据式(6-17)计算每个指标的权重 W_i；而层次分析法则是对三层级指标打分，构建专家评分矩阵，再计算权重。

$$\begin{cases}E_i=-\dfrac{1}{\ln n}\sum\limits_{j=1}^{n}p_{i,j}\ln p_{i,j}\\ p_{i,j}=\lambda_{i,j}\Big/\sum\limits_{j=1}^{n}\lambda_{i,j}\end{cases} \tag{6-16}$$

$$W_i=\frac{1-E_i}{5-\sum E_i}\quad(i=1,2,\cdots,k) \tag{6-17}$$

由于每个场景存在着一个影响因素多种分布导致准确率不同的情况，所以先对算例的每种场景进行多次识别计算，保留相同 AMI 量测数据质量综合评价分数下的识别结果准确率上下限值；再基于数值分析中的方程组知识对数据质量和识别准确率进行统计分析归纳，采用基于最小二乘法的多项式拟合法，搭建一个识别结果可信度评价模型，即式(6-18)。该模型是一个对应关系模型，能根据当次数据质量分数评价出当次拓扑识别计算结果的可信度是多少，即准确率范围。

$$\begin{cases}\delta_{\max}=f(K)\\ \delta_{\min}=g(K)\end{cases} \tag{6-18}$$

式中，$\delta_{\max}$ 和 $\delta_{\min}$ 分别为低压台区拓扑识别准确率的上、下限，函数 $f(K)$和 $g(K)$分别是识别结果准确率上限和下限的多项式函数。

6.2.5 拓扑识别结果准确率评估模型

由于非线性关系的函数可以用泰勒展开式展开成多项式的形式，每个数据质量指标的多项式通过加权法相加后所得的数据质量综合得分与数据法拓扑识别的准确率也存在着多项式的关系，因此采用基于最小二乘法的多项式拟合法。此外，对于网架相似、负荷类似且出线同样的台区，其求解方程必然类似，数据的影响程度会一致，所以方法具有普适性。为确保模型的准确性，拟合曲线的次数越高越好。由于五次多项式的拟合效果已经满足要求，所以采用五次函数拟合。因为整体求解的准确率还是会处于上下限附近，所以考虑多项式拟合法存在散点性的同时，为满足模型普适性，设定一个裕度值 ρ 以涵盖场景内的所有准确率，即

$$\begin{cases}\delta'_{\max}=(1+\rho)f(K)\\ \delta'_{\min}=(1-\rho)g(K)\end{cases} \tag{6-19}$$

式中，$\delta'_{\max}$和$\delta'_{\min}$分别为增加裕度值后的准确率上、下限。综合多次仿真结果，ρ的范围为3%～5%。此模型的作用为：依据AMI量测数据质量综合评价分数评价出当次识别的准确率。

6.3 算例仿真分析

6.3.1 网架模型与基础数据

本节构建3个用户数量、分布均不同的网架模型：模型一和模型二为仿真网架模型，模型三是在真实低压台区网架结构上添加了分布式光伏并网，具体如下。

模型一：采用6.2.3节中的模型。

模型二：台区配变容量是315kV·A，用户规模是73户（其中68户为单相表，5户为三相表）。台区供电半径为400m。主干线采用BLV-150×4架空导线，单相分支线采用BLV-50×2架空导线，三相分支线采用BLV-50×4架空导线，下户线采用BLV-16×2的架空导线，具体拓扑结构如图6-5所示。

在节点7、13和71接入单相光伏DG，其接入容量如表6-2所示，功率因数设定为0.95，并对用户40和用户50进行空房模拟，将其功率设定为恒定的0.1kW。

表6-2　模型二中单相光伏DG接入情况

单相光伏DG	相　序	接入功率值/kW
DG1	A	5
DG2	C	8
DG3	B	10

模型三：该台区为一个真实台区，在此基础上添加2个单相光伏，采用的也是真实数据。有2条出线，即$L=2$，包含165个单相负荷，其中A相负荷52个，B相负荷51个，C相负荷62个，还有3个三相负荷，共计168个负荷。主干线采用BLV-150×4架空导线，单相分支线采用BLV-50×2架空导线，三相分支线采用BLV-50×4架空导线，下户线采用BLV-16×2架空导线。其拓扑结构如图6-6所示。另接入光伏DG的容量如表6-3所示，功率因数设定为0.95。

表6-3　168用户的低压配电网中单相光伏DG接入情况

单相光伏DG	相　序	接入功率值/kW
DG1	A	15
DG2	C	10

彩图 6-5

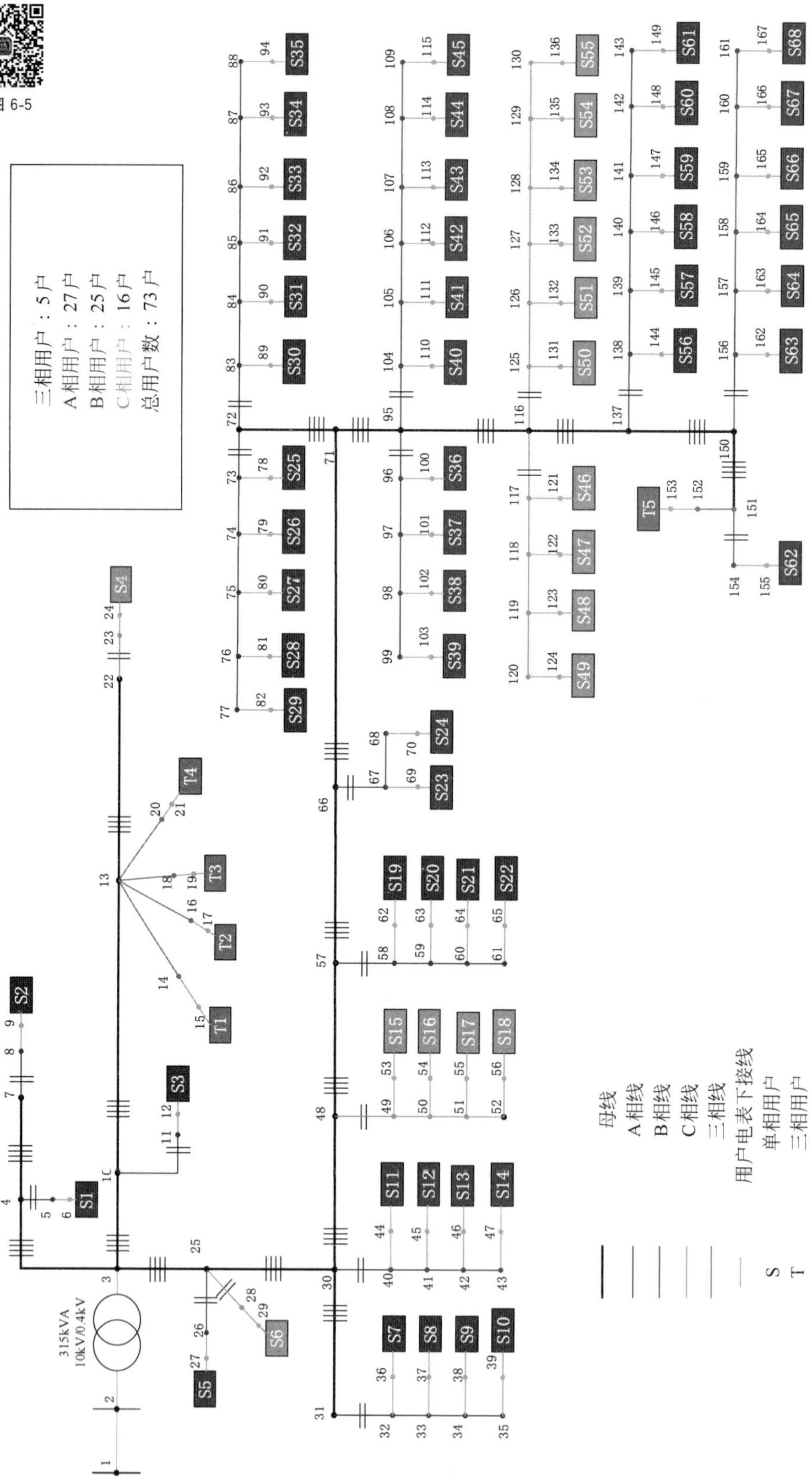

图 6-5 73 用户的低压配电网线路

彩图 6-6

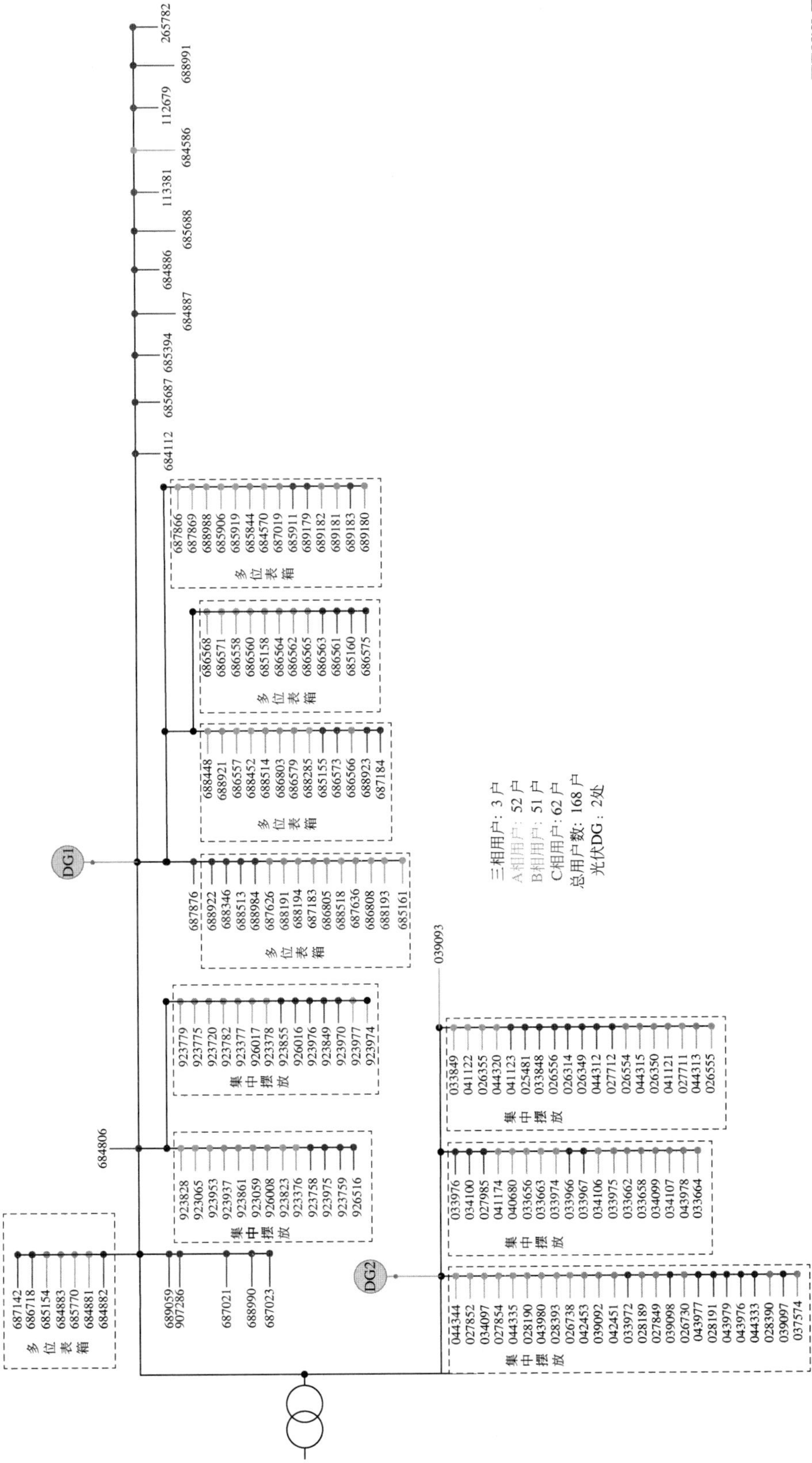

图 6-6　168 用户的低压配电网线路

6.3.2 拓扑识别结果准确率评估模型

以模型一作为研究对象，用于构建低压台区拓扑识别结果准确率区间评价模型。

(1) 先获取样本数据，通过对不同负载率的电表缺失数、数据时间点缺失数、空房率和时间长度进行 75%～100%的随机取值，进而获取 120 个场景并计算每个场景的指标分数。然后对每个场景的缺失电表位置、缺失数据时刻和空房位置进行 25 次随机定位，并进行拓扑识别准确率的计算。随后取出每个场景中的最高和最低准确率，共 240 个数据。

(2) 采用熵权法-层次分析法相结合的方法计算各个指标的权重。先对所获数据采用熵权法计算各个指标的权重。对于有上下限的指标，准确率取均值。再根据式(6-16)计算各指标的信息熵，分别为：0.9808，0.9780，0.9995，0.9997，0.9883。然后采用式(6-17)计算出各指标的权重，分别为：0.3578，0.4085，0.0097，0.0060，0.2180。

随后采用层次分析法计算各指标的权重。根据 6.2.3 小节的灵敏性分析，综合各指标的影响程度和专家分析打分，可以得到各层级的专家评分矩阵，为

$$\boldsymbol{A}_1=\begin{bmatrix}1&7&4\\1/7&1&1/3\\1/4&3&1\end{bmatrix},\quad \boldsymbol{A}_2=\begin{bmatrix}1&1/2\\2&1\end{bmatrix},\quad \boldsymbol{A}_3=\begin{bmatrix}1&3\\1/3&1\end{bmatrix},\quad \boldsymbol{A}_4=[1] \tag{6-20}$$

式中，$\boldsymbol{A}_1$ 为第二层级的专家评分矩阵，$\boldsymbol{A}_2$～$\boldsymbol{A}_4$ 分别为第三层级的专家评分矩阵。求取各矩阵最大特征向量，进行标准化，得到每个层级下的指标权重，如表 6-4 所示。

表 6-4 各个层级下的指标权重

一级指标	一级指标权重	二级指标	二级指标权重
数据完整性	0.7049	λ_1	0.3333
		λ_2	0.6667
数据差异性	0.0841	λ_3	0.75
		λ_4	0.25
数据时间长度	0.2109	λ_5	1

由表 6-4 可知，采用层次分析法计算的第三层指标权重为：0.2349，0.4700，0.0631，0.0210，0.2109。

将熵权法和层次分析法的权重相加并取平均，可得到最终权重为：0.2964，0.4393，0.0364，0.0135，0.2145。则 AMI 量测数据质量综合评价分数计算公式如下：

$$K=0.2964\lambda_1+0.4393\lambda_2+0.0364\lambda_3^*+0.0135\lambda_4+0.2145\lambda_5^* \tag{6-21}$$

(3) 分别作出与 AMI 量测数据质量综合评价分数对应的最低准确率和最高准确率的图像，再运用最小二乘法拟合最低准确率和最高准确率的五次函数曲线，作为识别结果可信度评价模型，如图 6-7 所示。

图 6-7 中，实线拟合的公式如下：

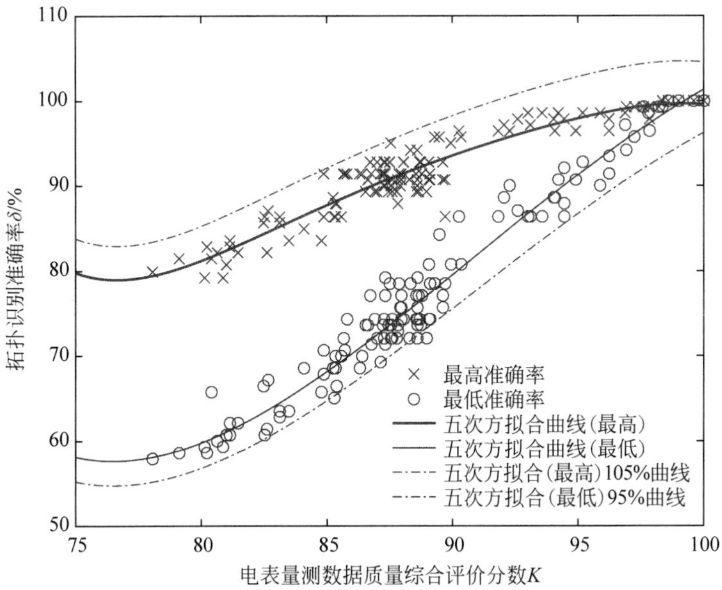

图 6-7　识别结果准确率区间评价模型

$$\delta_{\max} = -0.041743z^5 + 0.039515z^4 + 0.040532z^3 - 0.7511z^2 + 5.3993z + 92.215 \tag{6-22}$$

$$\delta_{\min} = -0.0036815z^5 + 0.026874z^4 - 0.38303z^3 + 0.44901z^2 + 11.505z + 76.448 \tag{6-23}$$

$$z = (K - 88.581)/4.9126 \tag{6-24}$$

式中，为了达到更好的拟合效果，对公式的自变量进行转化，z 为中间变量。

图 6-7 中，实线为拟合的曲线，虚线则是取裕度 $\rho=5\%$ 的曲线。可以看到，虚线涵盖了该台区极限的情况。因此，该模型能够有效合理地依据数据质量反映识别结果的准确率可信范围。

6.3.3　有效性和实用性检验

为检验该模型的有效性，现对 5 项指标在 75%～100%随机取值，获取 250 个随机场景。再针对每个指标取值场景，随机选择 3 种缺失电表位置、缺失数据时刻和空房位置分布，共计得到 750 个场景情况。然后进行拓扑识别的计算和相应的拓扑识别准确率计算。结果中准确率的分布如图 6-8 所示。

由图 6-8 可知，在原台区的随机场景中，与 AMI 量测数据质量综合评价分数对应的各组识别结果准确率均处于所构建识别结果可信度评估模型的合理范围内，说明该模型对原台区是有效的。

为检验该模型的通用性，采用模型二作为检验对象，进行多次计算潮流，得到电表数据，模型二与模型一的结构相似且出线一样。所需负荷数据采集情况与之前一样。同理，获取 250 个随机场景，均对 5 项指标进行计算并算出 AMI 量测数据质量综合评价分数，并针对每一种场景随机选择 3 种缺失电表位置、缺失数据时刻和空房位置分布，共计得到 750 个情

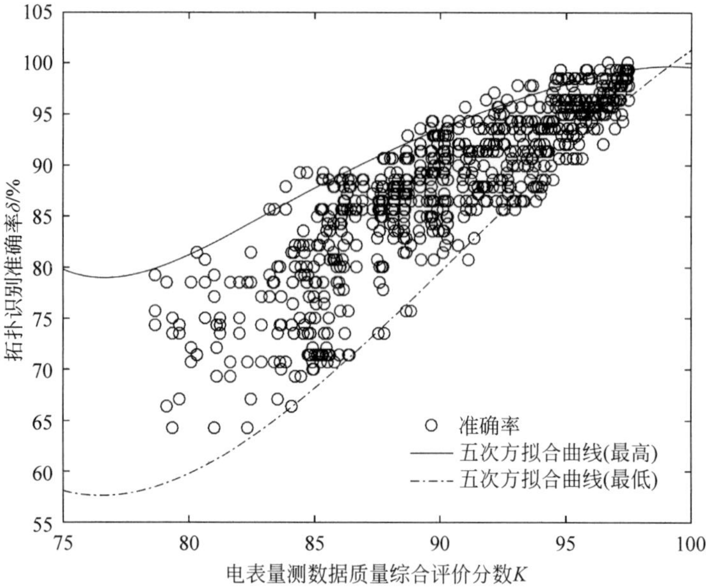

图 6-8 识别结果准确率分布

况，然后对这 750 个情况进行拓扑识别的计算和相应的拓扑识别准确率计算。加入评估区间模型后，结果如图 6-9 所示。

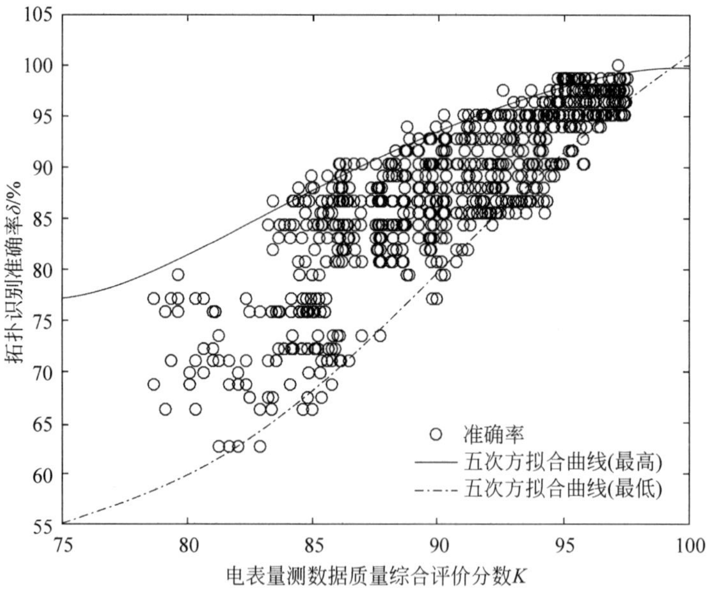

图 6-9 模型二识别结果准确率分布

由图 6-9 可知，与数据质量综合评价分数对应的识别结果准确率均处于构建的识别准确率可信区间内，证明此识别结果可信度评价模型对结构相似且出线一样的低压台区具有一般通用性。

为进一步检验评价模型的实用性，采用模型三进行算例验证，其拓扑结构如图 6-5 所示。所用负荷数据为真实量测数据，采样频率为 15min/点，每天采集 96 个数据计量点，一共 60 天。随后，以 2d 作为一次检验场景进行计算，一共 30 个检验场景。模型三识别结果准确率分布如图 6-10 所示。

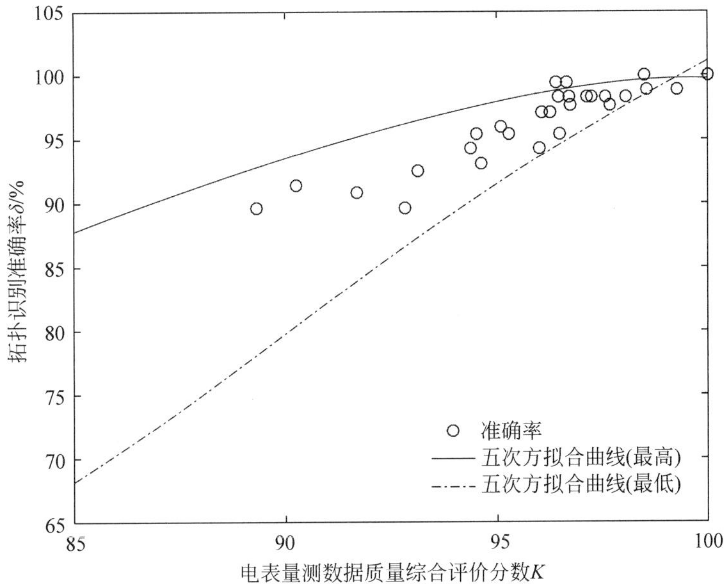

图 6-10 模型三识别结果准确率分布

在此验证计算中，真实数据的质量综合评分普遍较高，因此对应的准确率可信区间也较高，并大于 95%。由图 6-10 可知，所搭建的识别结果可信度评价模型也能满足网架相似、出线不一样的场景，证明此识别结果可信度评价模型具有一定的实用性。

6.4 本章小结

本章开展了基于量测数据质量的拓扑识别结果准确率评估方法研究。

先是分析了第 3 章所提的基于二次规划的数据分析法，然后从数据完整性、数据差异性和数据时间长度三个方面进行数据影响机理的定性分析。

接着针对量测数据质量的影响，提出了量测数据时序完整度、有效电表数目完整度、三相电压不平衡度、用电用户比和时表比 5 个定量指标以将 AMI 量测数据质量量化，并搭建一个三层级的数据质量评价模型，以加权和的方式设立 AMI 量测数据质量综合评价分数。其中，应用主客观混合权重计算方法确定各指标的权重分布。

然后采用多项式拟合法将数据质量综合分数和识别准确率的正相关关系表现出来，并提出了一个以区间形式表现的拓扑识别结果准确率模型。该模型能根据计算所得的数据质量分数评估出当次数据分析法拓扑识别结果的准确率范围。

最后进行算例仿真分析，验证了所提出的识别结果准确率评估方法对含源低压配电网存在普适性及有效性。

6.5 参考文献

[1] LUAN W, PENG J, MARAS M, et al. Smart meter data analytics for distribution network connectivity verification[J]. IEEE Transactions on Smart Grid,2015,6(4):1964-1971.

[2] 董福贵,张也,尚美美. 分布式能源系统多指标综合评价研究[J]. 中国电机工程学报,2016,36(12):3214-3223.

[3] 吴鸣,赵婷婷,赵凤展,等. 微电网运行效果评价指标体系及评价方法[J]. 电网技术,2018,42(3):690-697.

[4] 潘旭. 智能配电网多维数据质量评价方法[D]. 北京:中国电力科学研究院,2019.

[5] 周成,贺仁睦. 应用界标分界法的电力系统动态仿真准确度评估[J]. 中国电机工程学报,2010,30(7):42-47.

第7章

含源LVDN建模与分析

由第 2～6 章的研究成果可得到 LVDN 的变-相-线-户物理拓扑结构关系。LVDN 中的潮流情况可由网架参数和物理拓扑结构关系计算得到，进一步根据潮流信息优化提升包括电压幅值、三相不平衡(three-phase umbalance，TPU)度和供电可靠性在内的 LVDN 的供电电能水平。其中，LVDN 的数学模型是其进行协调控制优化的基础，所以明确 LVDN 的结构，对其中的元件进行数学建模至关重要。另外，随着分布式电源(distributed generation，DG)、储能、电动汽车在 LVDN 的广泛接入，电网协调控制优化需要考虑上述因素给电网带来的影响。

因此，本章考虑 DG 接入等因素，首先提出含 DG/储能/柔性负荷的 LVDN 基本结构，对"源-储-荷"的特性进行分析；然后，结合系统元件特性建立其三相四线模型，引入以注入电流为修正量的牛顿-拉夫逊三相四线潮流模型；最后，基于所建立的 LVDN 数学模型以及三相四线潮流算法，对含分布式光伏的场景进行仿真计算，分析分布式光伏接入对 LVDN 的影响，为后续含源 LVDN 电压优化管理研究提供依据。

7.1 含源 LVDN"源-储-荷"建模

7.1.1 典型低压配电网结构

380V/220V LVDN 处于电力系统末端，用户通过其取得电能，因此 LVDN 是影响用户用电体验的重要环节[1]。LVDN 网络结构一般为辐射状网络，目前配电自动化系统主要实现对 LVDN 故障后的处理，在正常运行中基本不进行主动控制。但随着 LVDN 的发展变化，主动配电网与主动配电系统相继提出，主动配电网通过网络拓扑的控制来实现最优潮流，在此基础上，主动配电系统强调应用信息化技术，对"源-储-荷"进行主动控制，进而实现优化运行，而不再将 LVDN 视为被动网络[2]。未来配电网将大量接入 DG、储能、柔性负荷，低压侧负荷和电源结构将发生深刻变化，因此，随着 LVDN 精细化管理要求的提出，有必要对 380V/220V LVDN 及用电负荷进行精准建模并进行协调优化控制。基于此，本章的研究对象为 380V/220V 电压等级的电力网架以及接入“源-储-荷”的集合，其典型结构如图 7-1 所示。

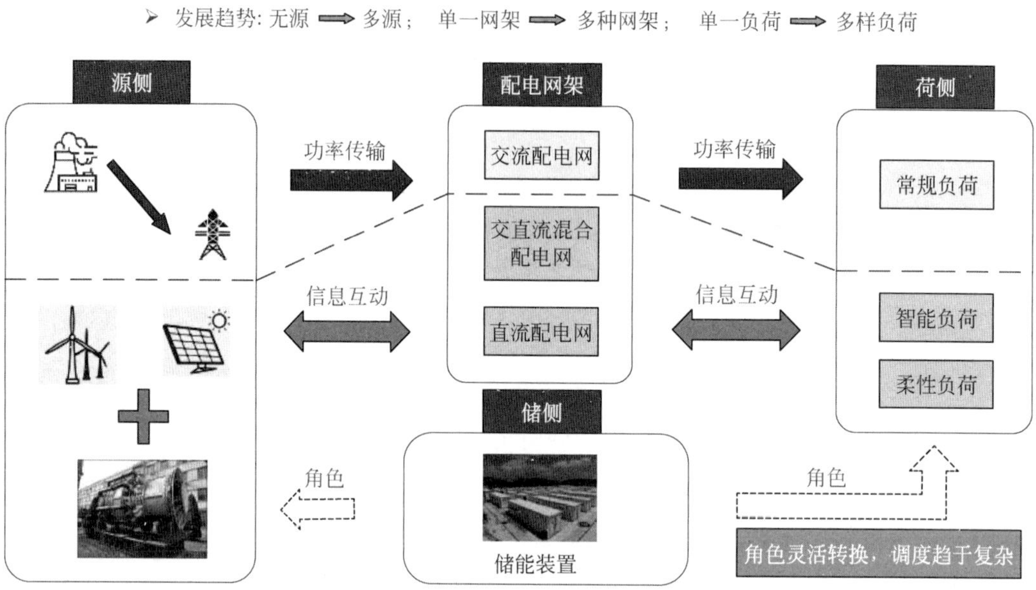

图 7-1 LVDN 典型结构示意图

LVDN 的主要构成部分如下：

(1)“源”侧资源：“源”定义为提供电力的设备，包含上级配电网、分布式光伏、风力发电、微型燃气轮机等供能单元。本章主要考虑较为常见的分布式光伏。配电管理系统根据分布式光伏预测出力信息进行统一调度管理。

(2)“荷”侧资源：负荷侧主要包括传统常规负荷、智能负荷、柔性负荷。柔性负荷主要有以电动汽车为代表的可平移负荷、以合约制工业负荷为代表的可中断负荷、以商业和居民用户为代表的可削减负荷三类。各个负荷单元将计划时段自身的负荷需求与可调度需求上传至配电管理系统进行统一调度管理。

(3)“储”侧资源：“储”一般指在电网运行过程中具备转移负荷能力的设备，一般包含各类储能电池等。

(4) 配电网架：当前的配电网架以交流为主，但是随着柔性互联电力电子装备的发展与应用，配电网架逐渐出现交直流混合以及直流形式，而结构形态也朝着多端互联型发展。

在以上 LVDN 架构中，本章考虑的 DG 为产权归属供电部门的全部设备以及产权属于用户而委托供电部门管理的设备。典型配电网架构的搭建决定了本章通过配电管理系统进行控制决策，配电管理系统通过获取“源”侧预测出力、“储”侧可利用容量、“荷”侧功率预测，考虑“源-储-荷”各方资源自身限制以及配电网拓扑约束，以全局最优为目标建立优化模型，优化后下发 DG 的出力计划，对储能的充放电功率进行控制，同时调节柔性负荷需求量及响应时间以适应系统调度[3]。

7.1.2 “源-储-荷”特性建模

1. 光伏

由于光伏具有绿色可持续、不受地域限制等方面的优点，其在各类 DG 中脱颖而出，在我国得到广泛应用。光伏发电基于光生伏特效应将太阳能转化成电能，通过并网逆变器并网。其中的小容量分布式光伏由于其安装的便捷性等优势成为提升绿色可再生能源消纳的重要途径之一，但由于其接入的是 LVDN，加之光伏出力受气候条件的影响较大，存在较大的随机波动性，因此大规模并网将可能破坏配电网的安全可靠供电。

光伏出力主要受光照强度和温度影响，其出力模型为

$$P_{\mathrm{PV}}(t)=P_{\mathrm{SET}}\frac{S(t)}{S_{\mathrm{SET}}}\{1+k_T[T(t)-T_{\mathrm{SET}}]\} \tag{7-1}$$

式中，S、T 分别表示光照强度、环境温度；P_{SET}、S_{SET}、T_{SET} 分别表示光伏额定输出功率、标准光照强度、标准环境温度；k_T 为温度系数。

2. 储能

储能可以控制电能的存储与释放，在电网中得到广泛应用，其应用场景如图 7-2 所示。以分布式光伏为例，由于分布式光伏出力受气候的影响较大，存在较大的随机波动性，而储能系统在供电、储能以及快速调节功率方面具备较大优势，因此可用于平滑光伏出力以及提升光伏出力的消纳，储能的应用推动了分布式光伏的发展。

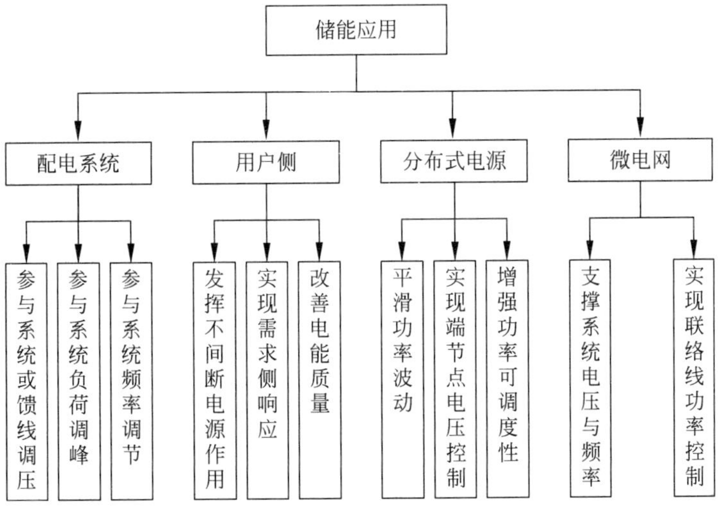

图 7-2 储能在电网中的应用场景

在电网中，目前实际应用的储能主要有储能电池、飞轮、压缩空气等。由于储能电池控制优化技术的逐渐完善，其在电网中的应用广泛。本章在 LVDN 协调优化的研究中主要针对蓄电池此类储能系统，其数学模型主要有线性模型、戴维南模型、PNGV 模型[4]。本章中更为关注其对外的功率传输特性，其特性由相应的参数描述：储能的荷电状态(state of charge，SOC)以及充放电功率。SOC 为储能剩余容量与额定容量的比值，得到蓄电池的荷电状态是对其实现协调控制的前提。

充电时的 SOC 为

$$\mathrm{SOC}_t = \mathrm{SOC}_{t-1} + \frac{\eta_{c,t} P_{c,t}}{E_s} \Delta t \tag{7-2}$$

式中，E_s 为储能的额定容量；$\eta_{c,t}$ 为 t 时刻的充电效率；$P_{c,t}$ 为 t 时刻的充电功率。

放电时的 SOC 为

$$\mathrm{SOC}_t = \mathrm{SOC}_{t-1} - \frac{P_{d,t}}{\eta_{d,t} E_s} \Delta t \tag{7-3}$$

式中，$\eta_{d,t}$ 为 t 时刻的放电效率；$P_{d,t}$ 为 t 时刻的放电功率。

由于储能自身的参数限制，其运行过程中 SOC 以及充放电功率还受到诸多约束，其约束为

$$\begin{cases} \mathrm{SOC}_{\mathrm{down}} \leqslant \mathrm{SOC}_t \leqslant \mathrm{SOC}_{\mathrm{up}} \\ 0 \leqslant P_{c,t} \leqslant P_{c,\mathrm{up}} \\ 0 \leqslant P_{d,t} \leqslant P_{d,\mathrm{up}} \end{cases} \tag{7-4}$$

式中，$\mathrm{SOC}_{\mathrm{up}}$、$\mathrm{SOC}_{\mathrm{down}}$ 分别为储能运行时 SOC 的最大值、最小值；$P_{c,\mathrm{up}}$、$P_{d,\mathrm{up}}$ 分别为充、放电功率最大值。

3. 柔性负荷

电力系统中的负荷根据其受调控的程度可以分为柔性负荷和刚性负荷。刚性负荷是不可调控的负荷，主要为生产及生活中的必需负荷，表现出不可中断性。本章研究涉及的柔性负荷是指在配电网的调度范围中并且可以实时响应的负荷，包括可中断负荷、可削减负荷、可平移负荷。

1）可中断负荷

可中断负荷主要为工业负荷中对电能质量要求不高、重要性较低的负荷。电网与工业用户签订用电合约，在电网负荷高峰或者电网发生故障的时段，工业用户根据合约，在维持基本用电的原则下，响应电网协调控制需求，中断可中断的负荷。与此同时，工业用户依照合约获得相应的经济补偿。可中断负荷的出力特性表示如下：

$$P_{\mathrm{offmin}}(t) \leqslant P_{\mathrm{off}}(t) \leqslant P_{\mathrm{offmax}}(t) \tag{7-5}$$

式中，$P_{\mathrm{offmin}}(t)$、$P_{\mathrm{offmax}}(t)$分别为合约中可中断负荷 t 时刻的上、下限值。

2）可削减负荷

可削减负荷可根据电网实际需求对其用电功率进行削减，主要代表有空调类负荷。用户在特定时段内依合约要求削减负荷，并且在时间维度上不进行转移。与此同时，用户依据合约获得削减功率的经济补偿。可削减负荷的出力特性为

$$P_{\mathrm{cutmin}}(t) \leqslant P_{\mathrm{cut}}(t) \leqslant P_{\mathrm{cutmax}}(t) \tag{7-6}$$

式中，$P_{\mathrm{cutmin}}(t)$、$P_{\mathrm{cutmax}}(t)$分别为合约中可削减负荷 t 时刻的上、下限值。

3）可平移负荷

可平移负荷为在一个调度控制周期内可调节用电时间但总用电量不变的负荷[5]，主要代表有电动汽车负荷。电网通过对用户的用电时段进行协调控制，以此优化配电网的负荷曲线，实现配电网的经济运行。用户通过平移负荷可获得一定的经济补偿。可平移负荷的出力特性为

$$\sum_{t=0}^{T} P_{\text{load}}(t) = \sum_{t=0}^{T} P_{\text{tr}}(t) \tag{7-7}$$

式中，$P_{\text{load}}(t)$为平移前 t 时刻的负荷功率；$P_{\text{tr}}(t)$为平移后负荷功率；T 为调度周期。

7.2　含源 LVDN 三相四线潮流模型与算法

为更好地研究含源低压配电网电气量的时空特性，针对低压配电网“三相四线”的特征，采用文献[6-7]搭建相应的模型，并采用文献[8-9]所提的基于注入电流的牛顿-拉夫逊法进行潮流计算。

7.2.1　含源 LVDN 三相四线潮流模型

低压配电网三相四线潮流模型包括了 a、b、c 三相以及中性线——n 线，还考虑了实际网架中存在的接地阻抗。具体的支路模型如图 7-3 所示。为方便叙述，对中性线 n 线称为 n 相，每一个节点包括 a、b、c、n 四相。

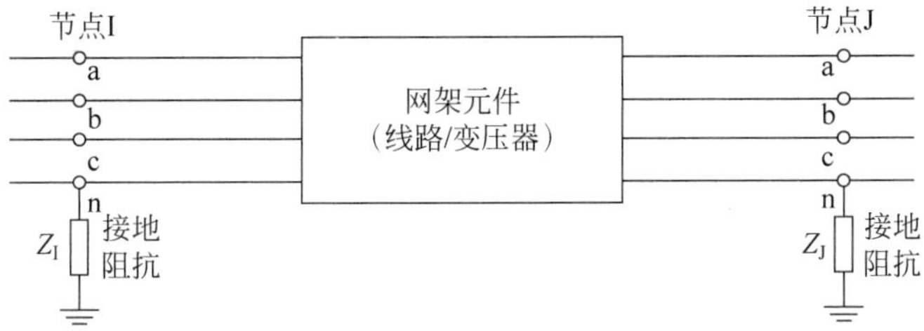

图 7-3　低压配电网“三相四线”支路模型

图 7-3 中，接地阻抗真实值可以通过实际量测获得。此框架下的节点流入电流计算公式为

$$\begin{bmatrix} \boldsymbol{I}_{\text{I,abcn}} \\ \boldsymbol{I}_{\text{J,abcn}} \end{bmatrix} = \begin{bmatrix} \boldsymbol{Y}_{\text{II}} & \boldsymbol{Y}_{\text{IJ}} \\ \boldsymbol{Y}_{\text{JI}} & \boldsymbol{Y}_{\text{JJ}} \end{bmatrix} \begin{bmatrix} \boldsymbol{U}_{\text{I,abcn}} \\ \boldsymbol{U}_{\text{J,abcn}} \end{bmatrix} \tag{7-8}$$

在低压配电网中，支路网架元件包含了线路和变压器，其中线路的线制和参数主要以全相和单相的形式出现，而配变的线制和参数则是三相三线转三相四线的形式，具体的参数如表 7-1 所示。

表 7-1　低压配电网“三相四线”支路结构参数

电压级别	线制	支路元件	节点 I	节点 I 接地阻抗	节点 J	节点 J 接地阻抗	中间线路
中压	三相三线	三相线路	abc	—	abc	—	abc
中压/低压	—	变压器	abc	—	abcn	Z_{J}	—
低压	三相四线	三相线路	abcn	Z_{I}	abcn	Z_{J}	abcn
		单相线路	an/bn/cn	Z_{I}(an/bn/cn)	an/bn/cn	Z_{J}(an/bn/cn)	an/bn/cn

当出现表中单相线路的情况时，对应式(7-8)中的 $\boldsymbol{Y}$ 矩阵需要将对应的行和列删去，且对应相才存在接地阻抗。

本章考虑的低压配电网端点元件结构以 YN 型和 Y 型为主，连接的结构如图 7-4 所示。

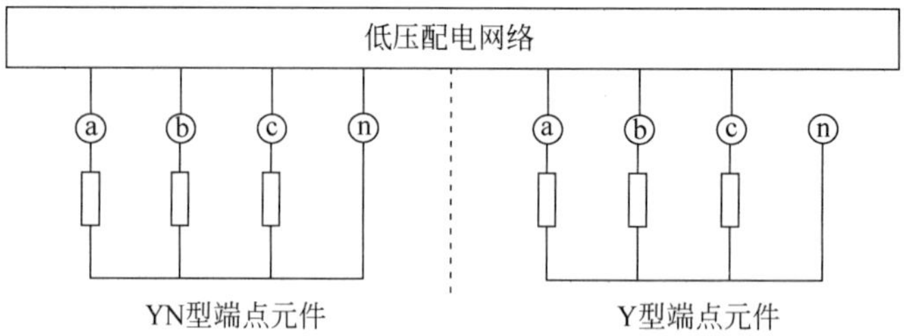

图 7-4 低压配电网“三相四线”模型端点元件模型

1. 线路模型

考虑低压配电网中性线和相间互阻抗的情况，具体的线路模型如图 7-5 所示。为方便表达，可以将图 7-5 化简为图 7-6。

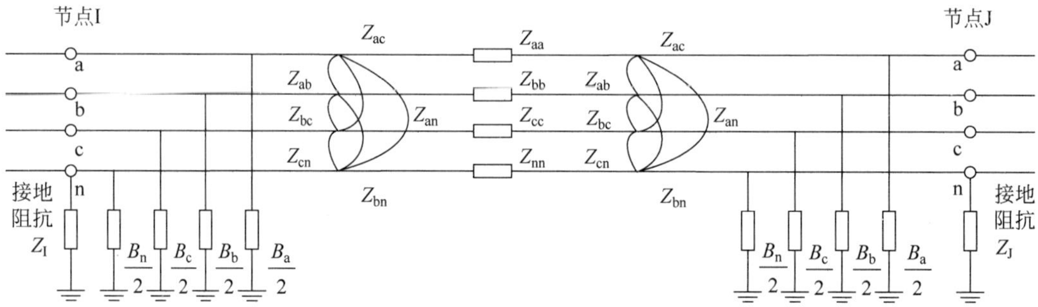

图 7-5 低压配电网“三相四线”线路模型

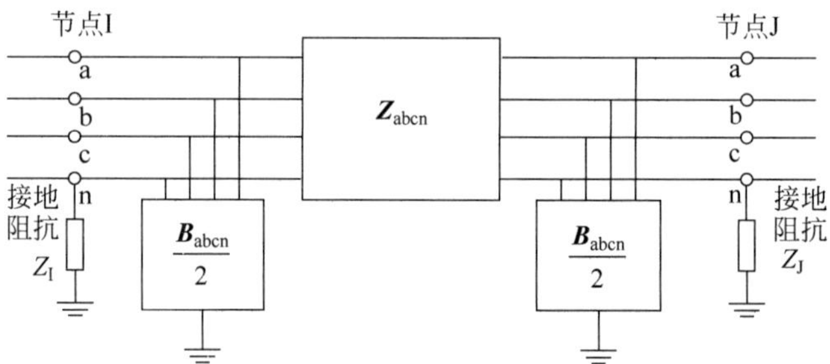

图 7-6 低压配电网“三相四线”线路化简模型

图 7-6 中，$\boldsymbol{Z}_{abcn}$ 为考虑了线路互阻抗的 4 阶阻抗矩阵；$\boldsymbol{B}_{abcn}$ 是线路对地的导纳矩阵，取 1/2 是将整个线路的对地导纳分别归算至两边节点。通过注入电流向量的方法可以计算出低压配电网“三相四线”线路模型中 $\boldsymbol{Y}$ 参数的各分块矩阵元素，如式：

$$\begin{cases} \boldsymbol{Y}_{II} = \boldsymbol{Y}_{JJ} = \boldsymbol{Z}_{abcn}^{-1} + j\dfrac{\boldsymbol{B}_{abcn}}{2} + \boldsymbol{Y}_E \\ \boldsymbol{Y}_{IJ} = \boldsymbol{Y}_{JI} = -\boldsymbol{Z}_{abcn}^{-1} \end{cases} \tag{7-9}$$

其中，$\boldsymbol{Y}_E$ 为只有中性点接地阻抗的倒数这一个元素的 4 阶矩阵，具体为

$$\boldsymbol{Y}_{\mathrm{E}}=\begin{bmatrix}0&0&0&0\\0&0&0&0\\0&0&0&0\\0&0&0&Z_{\mathrm{I}}^{-1}\end{bmatrix}\text{或}\begin{bmatrix}0&0&0&0\\0&0&0&0\\0&0&0&0\\0&0&0&Z_{\mathrm{J}}^{-1}\end{bmatrix}\tag{7-10}$$

2. 变压器模型

现有研究会将低压配电变压器的中心点理想化接地,方便在之后的推导过程中忽略中心点的影响[10]。本章则将中心点带电阻接地的情况考虑进来,不采用普遍使用的对称分量法,而是采用一种类似于二端口网络的推导方法去推导节点导纳矩阵。下面就以 10kV/0.4kV 三相三柱式 Yyn0 变压器为例,其结构模型如图 7-7 所示。

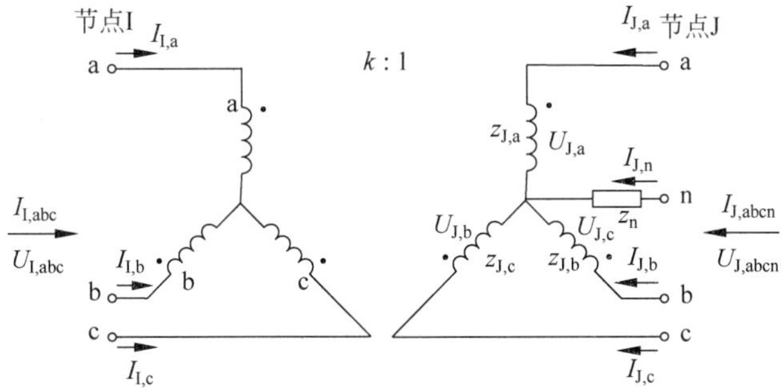

图 7-7 三相三柱式 Yyn0 变压器模型

图 7-7 中,I 和 J 端分别为变压器的一、二次侧;k 则是变压器两侧的绕组匝数比;串联的阻抗已经归算至二次侧,分别为 $z_{\mathrm{J,a}}$、$z_{\mathrm{J,b}}$ 和 $z_{\mathrm{J,c}}$ 包含了漏阻抗;z_{n} 则为零序励磁阻抗,是因为对于中性线的电流,其性质主要为零序励磁性质;$U_{\mathrm{J,a}}$、$U_{\mathrm{J,b}}$ 和 $U_{\mathrm{J,c}}$ 分别为二次侧的理想三相绕组电压;$\boldsymbol{I}_{\mathrm{I,abc}}$ 和 $\boldsymbol{I}_{\mathrm{J,abcn}}$ 分别为变压器一、二次侧的输入电流向量;$\boldsymbol{U}_{\mathrm{I,abc}}$ 和 $\boldsymbol{U}_{\mathrm{J,abcn}}$ 分别为变压器一、二次侧的电压向量,其中,$\boldsymbol{U}_{\mathrm{I,abc}}$ 的零电压参考点为网络中性点,$\boldsymbol{U}_{\mathrm{J,abcn}}$ 的零电压参考点为大地。

变压器模型的 $I\text{-}F(U)$ 方程与式(7-8)类似,但在意义上有所不同,不同点在于变压器一次侧 I 端没有中性线,而二次侧 J 端的电压包含了中性线,公式如下:

$$\begin{bmatrix}\boldsymbol{I}_{\mathrm{I,abc}}\\\boldsymbol{I}_{\mathrm{J,abc}}\end{bmatrix}=\begin{bmatrix}\boldsymbol{Y}_{\mathrm{II,abc}}&\boldsymbol{Y}_{\mathrm{IJ,abc}}\\\boldsymbol{Y}_{\mathrm{JI,abc}}&\boldsymbol{Y}_{\mathrm{JJ,abc}}\end{bmatrix}\begin{bmatrix}\boldsymbol{U}_{\mathrm{I,abc}}\\\boldsymbol{U}_{\mathrm{J,abc\text{-}n}}\end{bmatrix}\tag{7-11}$$

式(7-11)中,$\boldsymbol{U}_{\mathrm{J,abc\text{-}n}}$ 为 J 端 a、b、c 三相相对 n 相的电压向量,其与 J 端 a、b、c、n 相对地的电压向量的关系为

$$\boldsymbol{U}_{\mathrm{J,abc\text{-}n}}=\boldsymbol{A}_{U,\mathrm{abc\text{-}n}}\boldsymbol{U}_{\mathrm{J,abcn}}\tag{7-12}$$

式中,

$$\boldsymbol{A}_{U,\mathrm{abc\text{-}n}}=\begin{bmatrix}1&0&0&-1\\0&1&0&-1\\0&0&1&-1\end{bmatrix}\tag{7-13}$$

对于变压器两端的注入电流向量,有着以下关系:

$$\boldsymbol{I}_{\mathrm{J,abcn}}=\boldsymbol{A}_{\mathrm{I,abc\text{-}n}}\boldsymbol{I}_{\mathrm{J,abc}}\tag{7-14}$$

式中，$\boldsymbol{I}_{\mathrm{J,abcn}}$ 为 J 端四线的注入电流，$\boldsymbol{I}_{\mathrm{J,abc}}$ 为 J 端三相的注入电流，而 $\boldsymbol{A}_{\mathrm{I,abc\text{-}n}}$ 具体为

$$\boldsymbol{A}_{\mathrm{I,abc\text{-}n}}=\boldsymbol{A}_{U,\mathrm{abc\text{-}n}}^{\mathrm{T}} \tag{7-15}$$

现要将式(7-11)中的 $\boldsymbol{Y}$ 矩阵推导出来。

(1) 当 $\boldsymbol{U}_{\mathrm{I,abc}}$ 等于零、$\boldsymbol{U}_{\mathrm{J,abc\text{-}n}}$ 不等于零时，有

$$\boldsymbol{I}_{\mathrm{J,abc}}^{\mathrm{NoZero}}=\boldsymbol{Z}_{\mathrm{J}}^{-1}\boldsymbol{A}_{\mathrm{NoZero}}\boldsymbol{U}_{\mathrm{J,abc\text{-}n}} \tag{7-16}$$

$$\boldsymbol{I}_{\mathrm{J,abc}}^{\mathrm{Zero}}=\frac{1}{3z_{\mathrm{n}}+\dfrac{z_{\mathrm{J,a}}+z_{\mathrm{J,b}}+z_{\mathrm{J,c}}}{3}}\boldsymbol{A}_{\mathrm{Zero}}\boldsymbol{U}_{\mathrm{J,abc\text{-}n}} \tag{7-17}$$

又因为 $z_{\mathrm{J,a}}=z_{\mathrm{J,b}}=z_{\mathrm{J,c}}$，所以设定一个通用代表符号 $z_{\mathrm{J,t}}$ 作为变压器二次侧的涵盖漏阻抗的单相串联阻抗。因此有

$$\boldsymbol{I}_{\mathrm{J,abc}}^{\mathrm{Zero}}=\frac{1}{3z_{\mathrm{n}}+z_{\mathrm{J,t}}}\boldsymbol{A}_{\mathrm{Zero}}\boldsymbol{U}_{\mathrm{J,abc\text{-}n}} \tag{7-18}$$

进而得到 $\boldsymbol{I}_{\mathrm{I,abc}}$ 和 $\boldsymbol{I}_{\mathrm{J,abc}}$ 的计算公式：

$$\begin{aligned}\boldsymbol{I}_{\mathrm{J,abc}}&=\boldsymbol{I}_{\mathrm{J,abc}}^{\mathrm{NoZero}}+\boldsymbol{I}_{\mathrm{J,abc}}^{\mathrm{Zero}}\\&=\left(\boldsymbol{Z}_{\mathrm{J,t}}^{-1}\boldsymbol{A}_{\mathrm{NoZero}}+\frac{1}{3z_{\mathrm{n}}+z_{\mathrm{J,t}}}\boldsymbol{A}_{\mathrm{Zero}}\right)\boldsymbol{U}_{\mathrm{J,abc\text{-}n}}\end{aligned} \tag{7-19}$$

$$\boldsymbol{I}_{\mathrm{I,abc}}=-\frac{1}{k}\boldsymbol{I}_{\mathrm{J,abc}}^{\mathrm{NoZero}}=-\frac{1}{k}\boldsymbol{Z}_{\mathrm{J,t}}^{-1}\boldsymbol{A}_{\mathrm{NoZero}}\boldsymbol{U}_{\mathrm{J,abc\text{-}n}} \tag{7-20}$$

$$\boldsymbol{A}_{\mathrm{Zero}}=\frac{1}{3}\boldsymbol{l}_{3} \tag{7-21}$$

$$\boldsymbol{A}_{\mathrm{NoZero}}=\boldsymbol{E}_{3}-\boldsymbol{A}_{\mathrm{Zero}} \tag{7-22}$$

式中，$\boldsymbol{I}_{\mathrm{J,abc}}^{\mathrm{NoZero}}$ 为 J 端注入电流中除去零序分量的向量；$\boldsymbol{I}_{\mathrm{J,abc}}^{\mathrm{Zero}}$ 为 J 端注入电流的零序分量电流向量；$z_{\mathrm{J,t}}=z_{\mathrm{J,a}}=z_{\mathrm{J,b}}=z_{\mathrm{J,c}}$，$\boldsymbol{Z}_{\mathrm{J,t}}$ 是以 $z_{\mathrm{J,a}}$、$z_{\mathrm{J,b}}$ 和 $z_{\mathrm{J,c}}$ 为对角线元素的矩阵；$\boldsymbol{A}_{\mathrm{Zero}}$ 是用以提取零序分量的矩阵；$\boldsymbol{A}_{\mathrm{NoZero}}$ 则是用以除去零序分量的矩阵；$\boldsymbol{l}_{3}$ 是一个三阶且元素全为 1 的矩阵；$\boldsymbol{E}_{3}$ 是一个三阶的单位矩阵。

结合式(7-19)、式(7-20)和式(7-11)，可得

$$\begin{cases}\boldsymbol{Y}_{\mathrm{IJ}}=-\dfrac{1}{k}\boldsymbol{Z}_{\mathrm{J,t}}^{-1}\boldsymbol{A}_{\mathrm{NoZero}}\\[2ex]\boldsymbol{Y}_{\mathrm{JJ}}=\boldsymbol{Z}_{\mathrm{J,t}}^{-1}\boldsymbol{A}_{\mathrm{NoZero}}+\dfrac{1}{3z_{\mathrm{n}}+z_{\mathrm{J,t}}}\boldsymbol{A}_{\mathrm{Zero}}\end{cases} \tag{7-23}$$

(2) 当 $\boldsymbol{U}_{\mathrm{I,abc}}$ 不等于零、$\boldsymbol{U}_{\mathrm{J,abc\text{-}n}}$ 等于零时，有

$$\boldsymbol{I}_{\mathrm{J,abc}}=-\boldsymbol{Z}_{\mathrm{J,t}}^{-1}\boldsymbol{U}_{\mathrm{J,abc\text{-}n}}=-\boldsymbol{Z}_{\mathrm{J,t}}^{-1}\frac{1}{k}\boldsymbol{A}_{\mathrm{NoZero}}\boldsymbol{U}_{\mathrm{I,abc}} \tag{7-24}$$

$$\boldsymbol{I}_{\mathrm{I,abc}}=-\frac{1}{k}\boldsymbol{I}_{\mathrm{J,abc}}=\boldsymbol{Z}_{\mathrm{J,t}}^{-1}\frac{1}{k^{2}}\boldsymbol{A}_{\mathrm{NoZero}}\boldsymbol{U}_{\mathrm{I,abc}} \tag{7-25}$$

结合式(7-24)、式(7-25)和式(7-11)，可得

$$\begin{cases}\boldsymbol{Y}_{\mathrm{II}}=\dfrac{1}{k^{2}}\boldsymbol{Z}_{\mathrm{J,t}}^{-1}\boldsymbol{A}_{\mathrm{NoZero}}\\[2ex]\boldsymbol{Y}_{\mathrm{JI}}=-\dfrac{1}{k}\boldsymbol{Z}_{\mathrm{J,t}}^{-1}\boldsymbol{A}_{\mathrm{NoZero}}\end{cases} \tag{7-26}$$

为了统一公式化，将式(7-11)转换成式(7-8)的形式，则将式(7-12)、式(7-14)、式(7-19)、式(7-20)、式(7-24)、式(7-25)结合起来，可得

$$\begin{cases}\boldsymbol{Y}_{\mathrm{II}}=\boldsymbol{Y}_{\mathrm{II,abc}}\\ \boldsymbol{Y}_{\mathrm{IJ}}=\boldsymbol{Y}_{\mathrm{IJ,abc}}\boldsymbol{A}_{U,\mathrm{abc\text{-}n}}\\ \boldsymbol{Y}_{\mathrm{JI}}=\boldsymbol{A}_{\mathrm{I,abc\text{-}n}}\boldsymbol{Y}_{\mathrm{JI,abc}}\\ \boldsymbol{Y}_{\mathrm{JJ}}=\boldsymbol{A}_{\mathrm{I,abc\text{-}n}}\boldsymbol{Y}_{\mathrm{JJ,abc}}\boldsymbol{A}_{U,\mathrm{abc\text{-}n}}\end{cases} \tag{7-27}$$

3. 节点元件模型

节点元件模型分为负荷和分布式电源，本章考虑的模型均为PQ型。与前文所提的线路模型相似，以注入电流的方向为参考方向，由元件类别列出$I\text{-}F(U)$方程。如图7-8所示，x、y之间的元件为PQ型元件，而x和y的组合(x,y)主要有以下情况：(a,b)、(b,c)、(c,a)、(a,n)、(b,n)和(c,n)，前三种为D型连接的相电压元件，而后三种为Y/YN型连接的相电压元件。

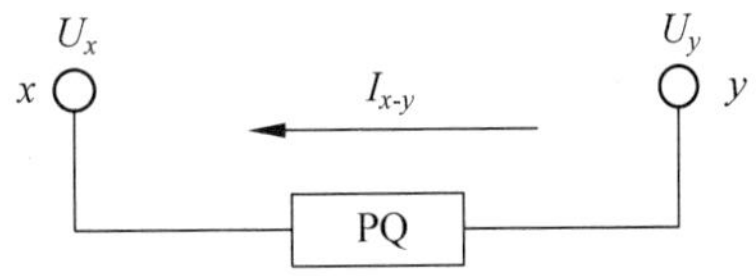

图7-8　PQ型节点元件模型

为计算各个端点的注入电流，还需要将元件电流进行转换，即对$I_{x\text{-}y}$进行转换。其中，$I_{x\text{-}y}$包括了$I_{\mathrm{a\text{-}b}}$、$I_{\mathrm{b\text{-}c}}$、$I_{\mathrm{c\text{-}a}}$、$I_{\mathrm{a\text{-}n}}$、$I_{\mathrm{b\text{-}n}}$和$I_{\mathrm{c\text{-}n}}$，转换公式具体如下：

(1) 对D型连接元件，有

$$[I_{\mathrm{a}}\quad I_{\mathrm{b}}\quad I_{\mathrm{c}}\quad I_{\mathrm{n}}]^{\mathrm{T}}=\boldsymbol{A}_{\mathrm{ID,abcn}}[I_{\mathrm{a\text{-}b}}\quad I_{\mathrm{b\text{-}c}}\quad I_{\mathrm{c\text{-}a}}]^{\mathrm{T}} \tag{7-28}$$

式中，

$$\boldsymbol{A}_{\mathrm{ID,abcn}}=\begin{bmatrix}1 & -1 & 0 & 0\\ 0 & 1 & -1 & 0\\ -1 & 0 & 1 & 0\end{bmatrix}^{\mathrm{T}} \tag{7-29}$$

(2) 对Y/YN型连接元件，有

$$[I_{\mathrm{a}}\quad I_{\mathrm{b}}\quad I_{\mathrm{c}}\quad I_{\mathrm{n}}]^{\mathrm{T}}=\boldsymbol{A}_{\mathrm{IY,abcn}}[I_{\mathrm{a\text{-}n}}\quad I_{\mathrm{b\text{-}n}}\quad I_{\mathrm{c\text{-}n}}]^{\mathrm{T}} \tag{7-30}$$

式中，

$$\boldsymbol{A}_{\mathrm{IY,abcn}}=\begin{bmatrix}1 & 0 & 0 & -1\\ 0 & 1 & 0 & -1\\ 0 & 0 & 1 & -1\end{bmatrix}^{\mathrm{T}} \tag{7-31}$$

在式(7-28)、式(7-30)中，I_{a}、I_{b}、I_{c}、I_{n}分别是a、b、c、n四线的注入电流。

对PQ型负荷，有功分量和无功分量均为已知量，再加上元件两端电压，可由下式计算通过PQ型负荷元件的电流：

$$I_{x\text{-}y}=\frac{(P_xU_{x\text{-}y}^{\mathrm{Re}}+Q_xU_{x\text{-}y}^{\mathrm{Im}})-\mathrm{j}(Q_xU_{x\text{-}y}^{\mathrm{Re}}+P_xU_{x\text{-}y}^{\mathrm{Im}})}{(U_{x\text{-}y}^{\mathrm{Re}})^2+(U_{x\text{-}y}^{\mathrm{Im}})^2} \tag{7-32}$$

式中，P_x、Q_x分别是元件接入的有功分量和无功分量，功率方向以吸收功率为负方向。

而对于单相PQ型分布式电源，其注入电流的计算方式则与PQ型负荷的计算方式相似，唯一的区别在于分布式电源的功率为正。对于三相PQ型分布式电源，为方便计算和研究，将其视为3个单相分布式电源均匀地接入网络中的三相即可。

7.2.2 基于注入电流的 N-R 三相四线潮流算法

基于上节所述的模型,本节构建一个潮流方程,并采用基于注入电流的牛顿-拉夫逊法进行求解。相较于前推回代法,牛顿-拉夫逊法更加利于处理多类别的负荷或者分布式电源,且迭代次数少,运作速度快,更具有普适性。而相较于常用的基于注入功率的 PQ 法,基于注入电流的方式会更便于处理中性线及中性点电压求取的问题。

1. 注入电流的不平衡方程

基于注入电流的牛顿-拉夫逊法是通过计算注入电流的不平衡量对节点电压进行修正。每个节点的注入电流均可通过两种方式求得:一是利用节点导纳矩阵乘以节点电压计算得到注入电流 $\boldsymbol{I}_{\mathrm{Y}}$,如式(7-33)所示;二是根据节点接入的负荷/分布式电源类型计算而得到注入电流 $\boldsymbol{I}_{\mathrm{S}}$,如式(7-34)所示。

$$\boldsymbol{I}_{\mathrm{Y}}=\boldsymbol{YU} \tag{7-33}$$

$$\boldsymbol{I}_{\mathrm{S}}=f(\boldsymbol{U}) \tag{7-34}$$

节点电压 $\boldsymbol{U}$ 为待求量,当 U 与实际值相差比较大时,两个注入电流值会有一个不平衡量 ΔI,而当 U 为实际值或者与实际值相差微小时,由式(7-33)和式(7-34)所求得的注入电流一致,即满足下式:

$$\Delta\boldsymbol{I}=\boldsymbol{I}_{\mathrm{Y}}-\boldsymbol{I}_{\mathrm{S}}=0 \tag{7-35}$$

计算导纳矩阵阶数时,假设节点数量为 n_{B},每个节点中最多有 4 个相户(即 A、B、C 和 N),最少有 2 个相户(即 AN、BN、CN)。导纳矩阵的总阶数亦是总节点数 $N_{\mathrm{Node,all}}$ 的计算公式为

$$N_{\mathrm{Node,all}}=\sum_{i=1}^{n_{\mathrm{B}}}N_{\mathrm{Node}}(i) \tag{7-36}$$

式中,$N_{\mathrm{Node}}(i)$表示第 i 个节点的相户数。

对于导纳矩阵,为了方便表示,以节点进行矩阵分块处理,并且设定第 1 个节点是平衡节点。则式(7-33)中的 $\boldsymbol{Y}$ 可以分成 $n_{\mathrm{B}}\times n_{\mathrm{B}}$ 块,表示如下:

$$\boldsymbol{Y}=\begin{bmatrix}\boldsymbol{Y}_{1,1} & \boldsymbol{Y}_{1,2} & \cdots & \boldsymbol{Y}_{1,n_{\mathrm{B}}-1} & \boldsymbol{Y}_{1,n_{\mathrm{B}}}\\ \boldsymbol{Y}_{2,1} & \boldsymbol{Y}_{2,2} & \cdots & \boldsymbol{Y}_{2,n_{\mathrm{B}}-1} & \boldsymbol{Y}_{2,n_{\mathrm{B}}}\\ \vdots & \vdots & & \vdots & \vdots\\ \boldsymbol{Y}_{n_{\mathrm{B}}-1,1} & \boldsymbol{Y}_{n_{\mathrm{B}}-1,2} & \cdots & \boldsymbol{Y}_{n_{\mathrm{B}}-1,n_{\mathrm{B}}-1} & \boldsymbol{Y}_{n_{\mathrm{B}}-1,n_{\mathrm{B}}}\\ \boldsymbol{Y}_{n_{\mathrm{B}},1} & \boldsymbol{Y}_{n_{\mathrm{B}},2} & \cdots & \boldsymbol{Y}_{n_{\mathrm{B}},n_{\mathrm{B}}-1} & \boldsymbol{Y}_{n_{\mathrm{B}},n_{\mathrm{B}}}\end{bmatrix} \tag{7-37}$$

式中,当 $i\neq j$ 时,$\boldsymbol{Y}_{i,j}$ 表示节点 i 和节点 j 间的互导纳矩阵,即对应式子(7-8)中的 $\boldsymbol{Y}_{\mathrm{IJ}}$ 和 $\boldsymbol{Y}_{\mathrm{JI}}$;当 $i=j$ 时,$\boldsymbol{Y}_{i,i}$ 表示节点 i 所连接的全部支路导纳,包括了接地阻抗、无功补偿器的电容。

计算注入电流的不平衡量时,因为平衡节点的电压为已知恒定值,所以平衡端点不计入不平衡方程。则式(7-33)可变换成式(7-38),其等号右边的第二项是把平衡端点当作诺顿等效电流源来看待,为恒定值。另外式(7-34)亦需要降阶,即去掉平衡端点,变换后的式子如式(7-39)所示。

$$\begin{bmatrix} \boldsymbol{I}_{Y,1} \\ \boldsymbol{I}_{Y,2} \\ \vdots \\ \boldsymbol{I}_{Y,n_B-1} \end{bmatrix} = \begin{bmatrix} \boldsymbol{Y}_{1,1} & \boldsymbol{Y}_{1,2} & \cdots & \boldsymbol{Y}_{1,n_B-1} \\ \boldsymbol{Y}_{2,1} & \boldsymbol{Y}_{2,2} & \cdots & \boldsymbol{Y}_{2,n_B-1} \\ \vdots & \vdots & & \vdots \\ \boldsymbol{Y}_{n_B-1,1} & \boldsymbol{Y}_{n_B-1,2} & \cdots & \boldsymbol{Y}_{n_B-1,n_B-1} \end{bmatrix} \begin{bmatrix} \boldsymbol{U}_1 \\ \boldsymbol{U}_2 \\ \vdots \\ \boldsymbol{U}_{n_B-1} \end{bmatrix} + \begin{bmatrix} \boldsymbol{Y}_{1,n_B} \\ \boldsymbol{Y}_{2,n_B} \\ \vdots \\ \boldsymbol{Y}_{n_B-1,n_B} \end{bmatrix} \boldsymbol{U}_{n_B}$$

$$= \boldsymbol{Y}_R \begin{bmatrix} \boldsymbol{U}_1 \\ \boldsymbol{U}_2 \\ \vdots \\ \boldsymbol{U}_{n_B-1} \end{bmatrix} + \begin{bmatrix} \boldsymbol{Y}_{1,n_B} \\ \boldsymbol{Y}_{2,n_B} \\ \vdots \\ \boldsymbol{Y}_{n_B-1,n_B} \end{bmatrix} \boldsymbol{U}_{n_B} \tag{7-38}$$

$$\begin{bmatrix} \boldsymbol{I}_{S,1} \\ \boldsymbol{I}_{S,2} \\ \vdots \\ \boldsymbol{I}_{S,n_B-1} \end{bmatrix} = \begin{bmatrix} f_{1,1}(\cdot) & 0 & \cdots & 0 \\ 0 & f_{2,2}(\cdot) & \cdots & 0 \\ \vdots & \vdots & & \vdots \\ 0 & 0 & \cdots & f_{n_B-1,n_B-1}(\cdot) \end{bmatrix} \begin{bmatrix} \boldsymbol{U}_1 \\ \boldsymbol{U}_2 \\ \vdots \\ \boldsymbol{U}_{n_B-1} \end{bmatrix} \tag{7-39}$$

式中，$\boldsymbol{Y}_R$ 是去除平衡端点的降阶导纳矩阵；电流的下标 Y 和 S 分别表示两种方式计算的注入电流，数字则表示端点编号。

需要注意的是，由第二种方法计算出来的注入电流 $\boldsymbol{I}_S$ 为元件电流，必须通过式(7-28)和式(7-30)进行转化，变化成各节点的四相电流才行，这样才与第一种方式计算出来的注入电流 $\boldsymbol{I}_Y$ 阶数相同。当节点没有接负荷，只是作为线路连接点时，对应的亦是 PQ 型负荷节点，只不过 PQ 的值恒定为 0。

2. 雅可比矩阵的计算

当设定好初值，也通过公式计算得到电流的不平衡量后，如果不平衡量的最大值在误差精度范围内，则此时的电压值与实际值极为接近；如果不平衡量的最大值在误差精度范围外，则可以通过下式计算电压的修正量：

$$\begin{bmatrix} \Delta \boldsymbol{I}^{Re} \\ \Delta \boldsymbol{I}^{Im} \end{bmatrix} = \begin{bmatrix} \boldsymbol{J}_{11} & \boldsymbol{J}_{12} \\ \boldsymbol{J}_{21} & \boldsymbol{J}_{22} \end{bmatrix} \begin{bmatrix} \Delta \boldsymbol{U}^{Re} \\ \Delta \boldsymbol{U}^{Im} \end{bmatrix} \tag{7-40}$$

式中，$\Delta \boldsymbol{I}^{Re}$ 和 $\Delta \boldsymbol{I}^{Im}$ 分别为 $\Delta \boldsymbol{I}$ 的实部和虚部；$\Delta \boldsymbol{U}^{Re}$ 和 $\Delta \boldsymbol{U}^{Im}$ 分别为各个节点电压修正量的实部分量和虚部分量；$\boldsymbol{J}_{11} \sim \boldsymbol{J}_{22}$ 则是雅克比矩阵的分块元素。

式(7-40)中雅克比矩阵可以分成两个部分，$\boldsymbol{J}_Y$ 和 $\boldsymbol{J}_S$，如式(7-41)所示。其中，$\boldsymbol{J}_Y$ 是 $\boldsymbol{I}_Y$ 对电压求偏导得到的恒定部分；而 $\boldsymbol{J}_S$ 是 $\boldsymbol{I}_S$ 对电压求偏导求得，是一个与元件和电压相关的变化量，在每次迭代中都需要变化，重新修订，并且其非对角块都为 0。

$$\begin{bmatrix} \boldsymbol{J}_{11} & \boldsymbol{J}_{12} \\ \boldsymbol{J}_{21} & \boldsymbol{J}_{22} \end{bmatrix} = \boldsymbol{J}_Y - \boldsymbol{J}_S \tag{7-41}$$

对于 $\boldsymbol{J}_Y$，有

$$\boldsymbol{J}_Y = \begin{bmatrix} \boldsymbol{Y}_R^{Re} & -\boldsymbol{Y}_R^{Im} \\ \boldsymbol{Y}_R^{Im} & \boldsymbol{Y}_R^{Re} \end{bmatrix} \tag{7-42}$$

式中，$\boldsymbol{Y}_R$ 是去除平衡端点的降阶导纳矩阵；Re 和 Im 分别表示取实部和虚部。

对于 $\boldsymbol{J}_S$，需要区分 Y/YN 型和 D 型。Y/YN 型的 $\boldsymbol{J}_S$ 的计算式如下：

$$\boldsymbol{J}_{\mathrm{S}}=\frac{\partial\begin{bmatrix}I_{\mathrm{S,a}}\\I_{\mathrm{S,b}}\\I_{\mathrm{S,c}}\\I_{\mathrm{S,n}}\end{bmatrix}}{\partial\begin{bmatrix}U_{\mathrm{a}}\\U_{\mathrm{b}}\\U_{\mathrm{c}}\\U_{\mathrm{n}}\end{bmatrix}}=\boldsymbol{A}_{\mathrm{IY,abcn}}\begin{bmatrix}\frac{\partial I_{\mathrm{S,a-n}}}{\partial U_{\mathrm{a}}} & 0 & 0 & \frac{\partial I_{\mathrm{S,a-n}}}{\partial U_{\mathrm{n}}}\\ 0 & \frac{\partial I_{\mathrm{S,b-n}}}{\partial U_{\mathrm{b}}} & 0 & \frac{\partial I_{\mathrm{S,b-n}}}{\partial U_{\mathrm{n}}}\\ 0 & 0 & \frac{\partial I_{\mathrm{S,c-n}}}{\partial U_{\mathrm{c}}} & \frac{\partial I_{\mathrm{S,c-n}}}{\partial U_{\mathrm{n}}}\end{bmatrix} \tag{7-43}$$

D 型的 $\boldsymbol{J}_{\mathrm{S}}$ 的计算式如下：

$$\boldsymbol{J}_{\mathrm{S}}=\frac{\partial\begin{bmatrix}I_{\mathrm{s,a}}\\I_{\mathrm{s,b}}\\I_{\mathrm{s,c}}\\I_{\mathrm{s,n}}\end{bmatrix}}{\partial\begin{bmatrix}U_{\mathrm{a}}\\U_{\mathrm{b}}\\U_{\mathrm{c}}\\U_{\mathrm{n}}\end{bmatrix}}=\boldsymbol{A}_{\mathrm{ID,abcn}}\begin{bmatrix}\frac{\partial I_{\mathrm{s,a-b}}}{\partial U_{\mathrm{a}}} & \frac{\partial I_{\mathrm{s,a-b}}}{\partial U_{\mathrm{b}}} & 0 & 0\\ 0 & \frac{\partial I_{\mathrm{s,b-c}}}{\partial U_{\mathrm{b}}} & \frac{\partial I_{\mathrm{s,b-c}}}{\partial U_{\mathrm{c}}} & 0\\ \frac{\partial I_{\mathrm{s,c-a}}}{\partial U_{\mathrm{a}}} & 0 & \frac{\partial I_{\mathrm{s,c-a}}}{\partial U_{\mathrm{c}}} & 0\end{bmatrix} \tag{7-44}$$

式中，$\boldsymbol{A}_{\mathrm{IY,abcn}}$ 和 $\boldsymbol{A}_{\mathrm{ID,abcn}}$ 在前文有介绍；对于缺相的情况，删除相应的行和列降阶便可，并且有$\partial I_{\mathrm{S},x\text{-}y}/\partial U_{y}=-\partial I_{\mathrm{S},x\text{-}y}/\partial U_{x}$。而对于 PQ 型负荷，计算$\partial I_{\mathrm{S},x\text{-}y}/\partial U_{x}$ 值的公式如下：

$$\frac{\partial I_{\mathrm{S},x\text{-}y}^{\mathrm{Re}}}{\partial U_{x}^{\mathrm{Re}}}=-\frac{\partial I_{\mathrm{S},x\text{-}y}^{\mathrm{Im}}}{\partial U_{x}^{\mathrm{Im}}}=-\frac{P_{x}\mu+2Q_{x}\sigma}{|U_{x\text{-}y}|^{4}} \tag{7-45}$$

$$\frac{\partial I_{\mathrm{S},x\text{-}y}^{\mathrm{Re}}}{\partial U_{x}^{\mathrm{Im}}}=\frac{\partial I_{\mathrm{S},x\text{-}y}^{\mathrm{Im}}}{\partial U_{x}^{\mathrm{Re}}}=\frac{Q_{x}\mu-2P_{x}\sigma}{|U_{x\text{-}y}|^{4}} \tag{7-46}$$

式中，$\mu=(U_{x\text{-}y}^{\mathrm{Re}})^{2}-(U_{x\text{-}y}^{\mathrm{Im}})^{2}$；$\sigma=U_{x\text{-}y}^{\mathrm{Re}}U_{x\text{-}y}^{\mathrm{Im}}$。

7.3 分布式光伏接入对 LVDN 的影响分析

本节研究光伏接入对 LVDN 的影响。控制变量主要有分布式光伏接入位置、容量、单相/三相、负荷类型。光伏出力曲线、典型负荷曲线如图 7-9 所示。基于典型 LVDN 基态模型，在 MATLAB 上编程进行潮流计算，研究多断面分布式光伏对电压、网损和 TPU 度的影响。

7.3.1 LVDN 基态模型

同一电压等级下的配电网的运行参数千差万别，为了研究 DG 接入对 LVDN 的影响，需要建立具有普遍应用意义的 LVDN 基态模型。作为实际电网的典型代表，基态模型的接线模型为最普遍的辐射状，配变负载率和线路长度选取实际配电网的平均水平。在实际应用中，对基态模型的参数进行修改即可。

本节搭建一个含分布式光伏电源的 LVDN 基态模型，其拓扑结构如图 7-10 所示。

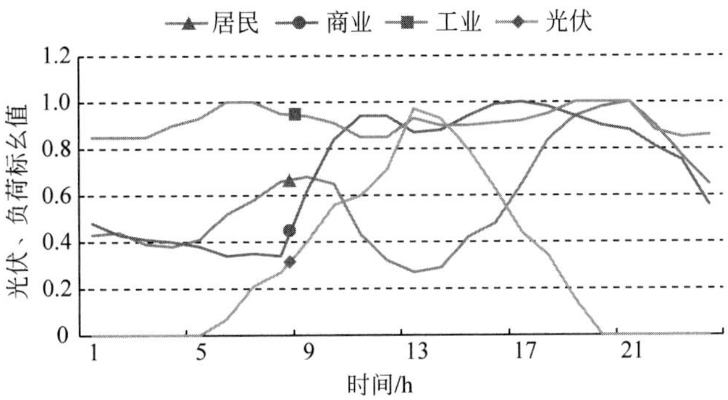

图 7-9 典型负荷 24h 变化曲线

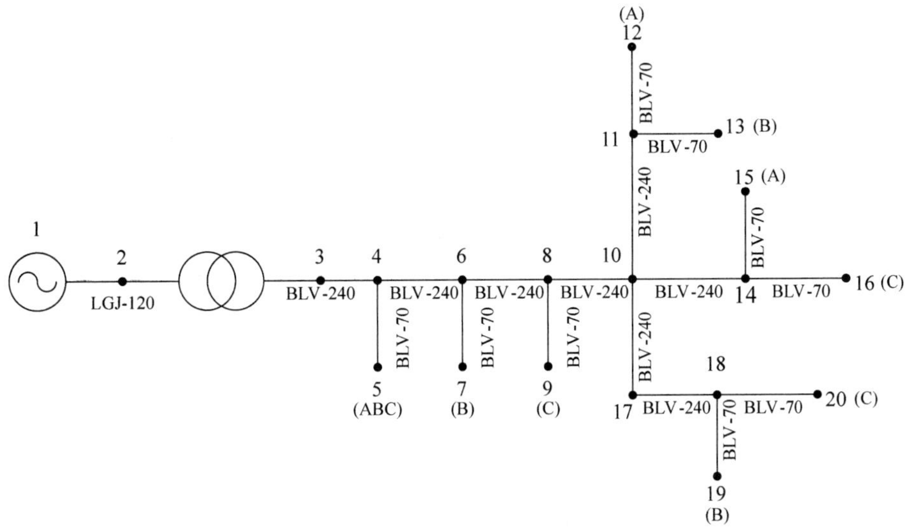

图 7-10 20 节点低压网络

中压线路参数为(0.27＋j0.409)Ω/km；配变容量为 315kW，短路损耗为 3.65kW，短路电压百分数为 4%；低压线路主干线参数为(0.123＋j0.185)Ω/km，支路参数为(0.44＋j0.224)Ω/km；负荷数据如表 7-2 所示，功率因数为 0.95。

表 7-2 初始负荷参数

端点	相别	A 相/kW	B 相/kW	C 相/kW	端点	相别	A 相/kW	B 相/kW	C 相/kW
1	ABC	0	0	0	11	ABCN	0	0	0
2	ABC	0	0	0	12	AN	12.5	0	0
3	ABCN	0	0	0	13	BN	0	11.4	0
4	ABCN	0	0	0	14	ABCN	0	0	0
5	ABCN	9.3	9.3	9.3	15	AN	10.2	0	0
6	ABCN	0	0	0	16	CN	0	0	19.4
7	BN	0	5.6	0	17	ABCN	0	0	0
8	ABCN	0	0	0	18	ABCN	0	0	0
9	CN	0	0	10.2	19	BN	0	7.6	0
10	ABCN	0	0	0	20	CN	0	0	17.4

7.3.2 分布式光伏接入对 LVDN 电压的影响

设置光伏渗透率为 0、20%、40%、60%、80%、100%，选取三相光伏在低压侧首端（端点 3）、末端（端点 10）和单相光伏在负荷点（端点 16）C 相接入三种形式，针对居民、商业、工业负荷，研究多断面 DG 接入对电压的影响。电压变化规律以 C 相为代表。单相光伏通常为居民接入，因此负荷点接入只考虑居民负荷。端点 10 的电压在光伏不同渗透率和不同接入位置下的变化情况如图 7-11～图 7-13 所示。

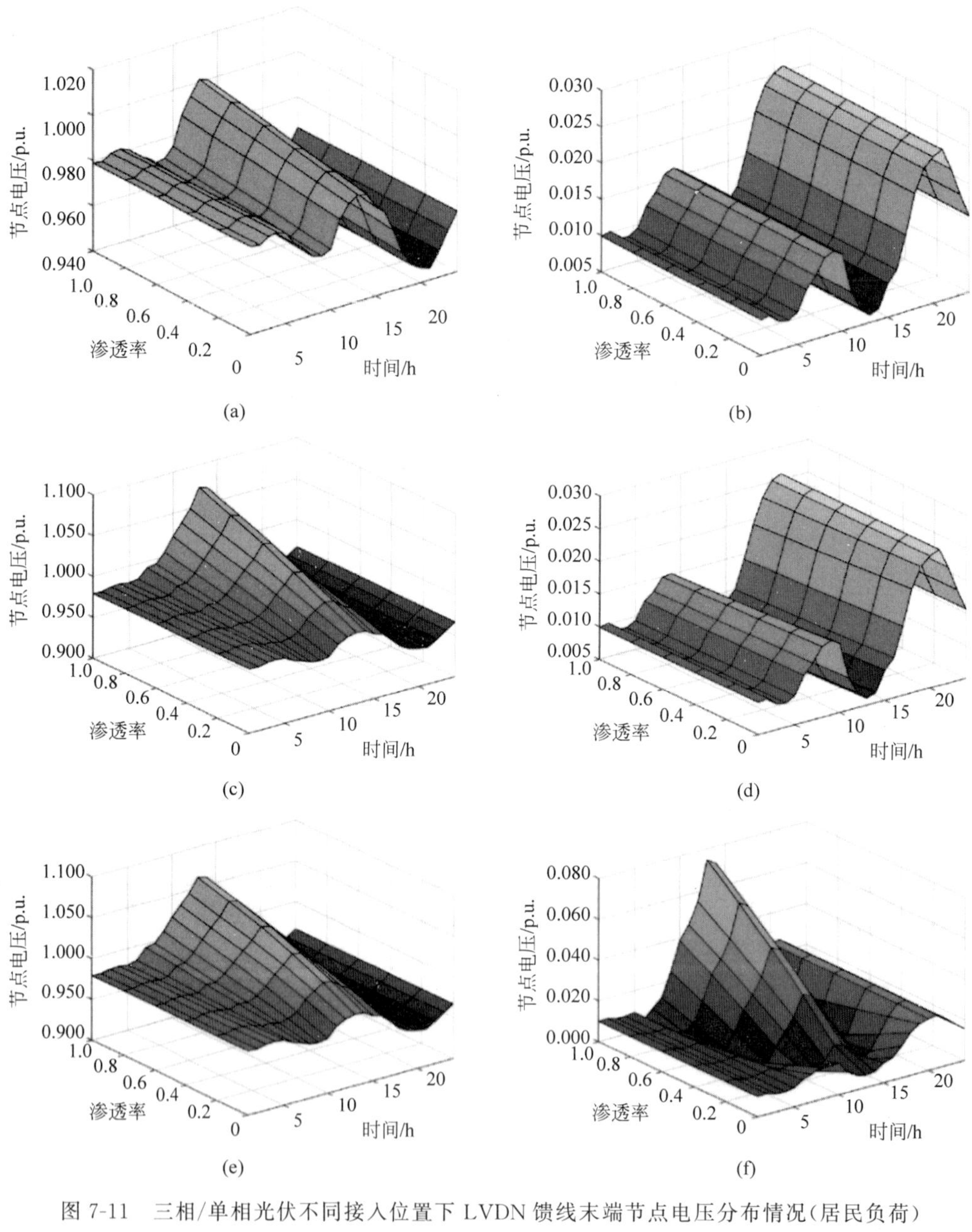

图 7-11 三相/单相光伏不同接入位置下 LVDN 馈线末端节点电压分布情况（居民负荷）

(a) 光伏首端接入时末端端点 C 相电压；(b) 光伏首端接入时末端端点 N 相电压；(c) 光伏末端接入时末端端点 C 相电压；(d) 光伏末端接入时末端端点 N 相电压；(e) 光伏负荷点接入时末端端点 C 相电压；(f) 负荷点接入时末端端点 N 相电压

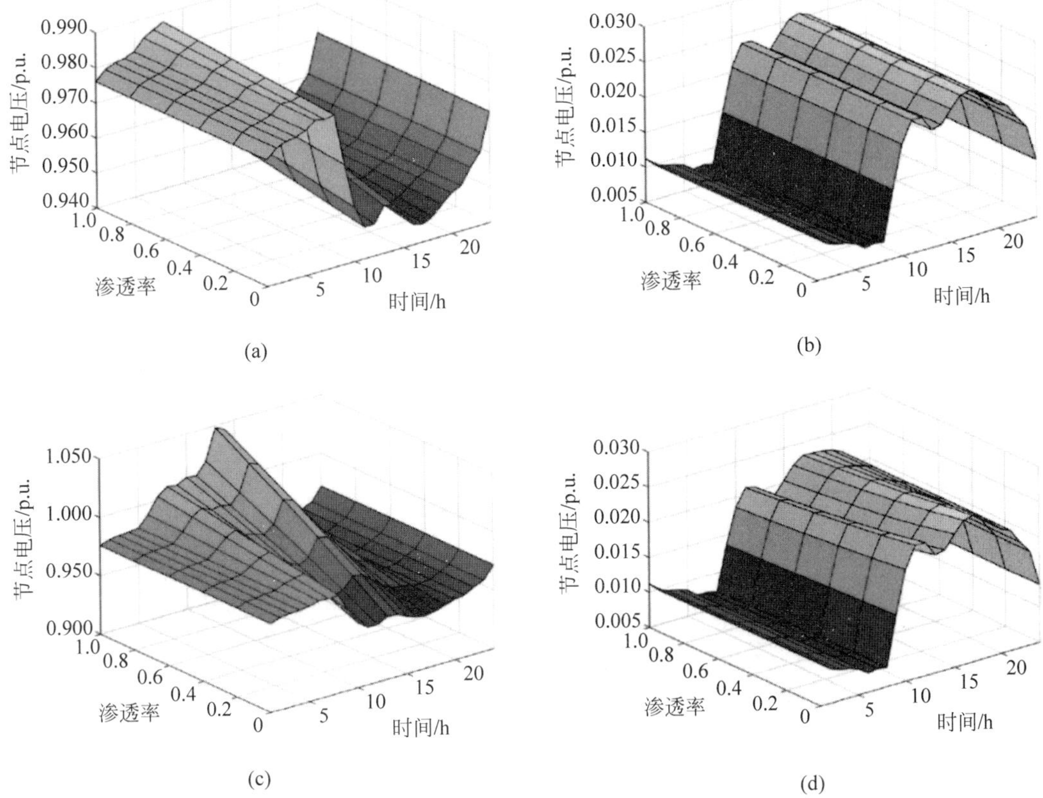

图 7-12　三相光伏不同接入位置下 LVDN 馈线末端节点电压分布情况(商业负荷)

(a) 光伏首端接入时末端端点 C 相电压；(b) 光伏首端接入时末端端点 N 相电压；

(c) 光伏末端接入时末端端点 C 相电压；(d) 光伏末端接入时末端端点 N 相电压

由图 7-11 至图 7-13 可知：

(1) 当在 LVDN 接入光伏时，随着光伏渗透率的增加，出力时刻的电压随之提升，但当光伏接入容量过大时，会大幅度提升电压，导致有功功率倒送的现象，形成局部电压最高点，电压曲线呈现和光伏出力特性相似的变化规律。因此，光伏的适当接入可以改善负荷过重造成的低电压问题，但也不宜过度接入，易导致电压越限。

(2) 在 LVDN 负荷点(端点 16)接入单相(C 相)分布式光伏电压时的提升效果最大，在末端(端点 10)接入分布式光伏时次之，首端接入最小。因此，光伏的末端接入更容易出现电压越限的问题，而对于其他相，由于互阻抗的存在，单相光伏接入对其有一定的影响，但效果不明显。

(3) 不同负荷特性会影响电压提升的效果，光伏与负荷存在匹配性问题，不同负荷接入光伏后对光伏的消纳程度不同，因此光伏接入对电压的影响存在差别。

(4) 接入三相分布式光伏后，对三相电压的不对称性影响不大，故渗透率增大，N 相电压几乎保持不变；接入单相光伏后，加剧了负荷的不对称性，N 相电压出现较大波动。由此可见，如果将中性点电压看作零，基于 Kron 原理将中性线阻抗折算到相线上将无法得到潮流的精确结果，也与电网实际情况不符。所以，在潮流模型中将中性点电压视为未知量是有必要的。

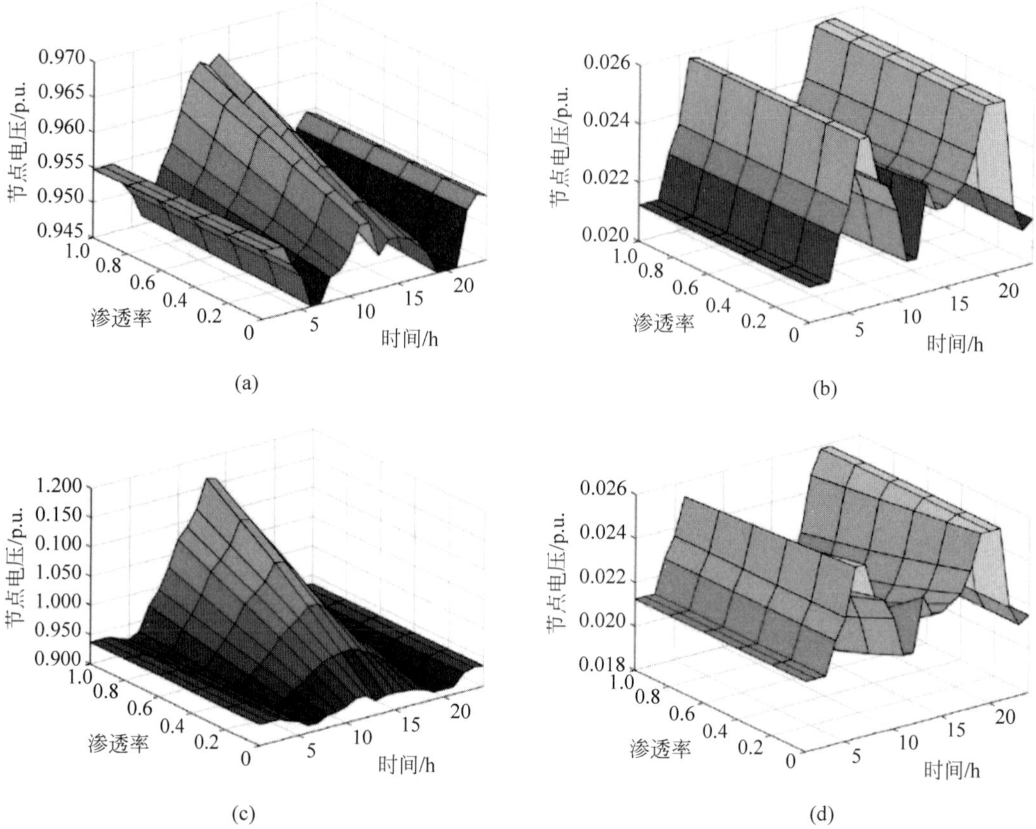

图 7-13 三相光伏不同接入位置下 LVDN 馈线末端节点电压分布情况(工业负荷)

(a) 光伏首端接入时末端端点 C 相电压；(b) 光伏首端接入时末端端点 N 相电压；

(c) 光伏末端接入时末端端点 C 相电压；(d) 光伏末端接入时末端端点 N 相电压

7.3.3 分布式光伏接入对 LVDN 网损的影响

网损是电能从生产端到消费端的传输路径上的功率损失，体现了电能传输的效率，与电网的经济性息息相关。在电力系统中，网损与网络结构和潮流分布有关。当分布式光伏接入 LVDN 时，将引起配电网潮流的大小甚至方向的变化，进一步造成 LVDN 网损的变化。对 LVDN 网损进行研究分析，能为降低 LVDN 网损提供理论指导。

为分析光伏接入对 LVDN 网损的影响，对不同光伏渗透率下以及不同负荷类型下网损的变化情况进行分析。选取三相光伏在末端(端点 10)和单相光伏在负荷点(端点 16)C 相接入的三种形式，针对居民、商业、工业负荷，研究多断面 DG 接入对网损的影响。负荷点接入只考虑居民负荷。通过上述三相四线制潮流计算可获得不同负荷类型相应的有功损耗，如图 7-14 所示。

由图 7-14 可知，在 LVDN 中，随着光伏渗透率的提升，有功损耗基本上都呈现先减后增的规律。这是由于当光伏发出的有功功率小于负荷端所需有功功率时，光伏出力平衡了负荷端部分功率，使得线路中流动的功率减少，因此有功损耗降低；当光伏发出的有功功率超过负荷端所需有功功率时，光伏将逆向传输功率，线路中传输的功率增多，有功损耗增加，

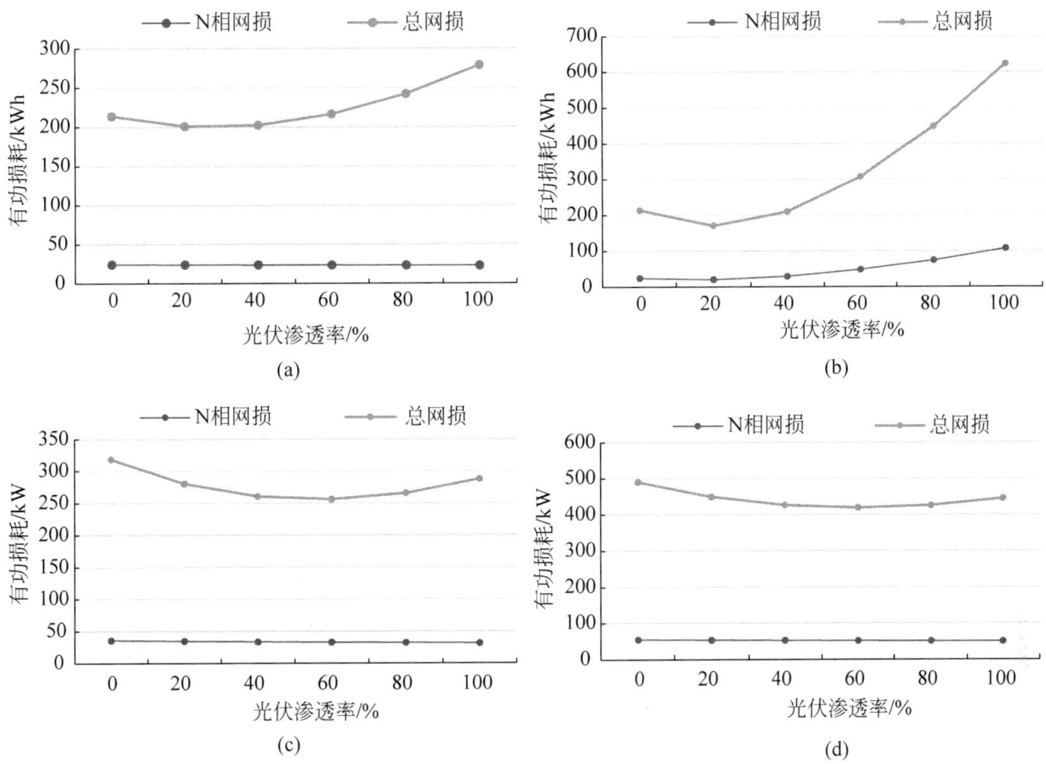

图 7-14　分布式光伏单/三相接入时 LVDN 有功损耗情况

(a) 居民负荷三相光伏；(b) 居民负荷单相光伏；(c) 商业负荷三相光伏；(d) 工业负荷三相光伏

所以存在一个最佳的光伏出力值，使得线路损耗最低。同时，对比光伏的单相和三相接入情况可以发现，单相接入的情况下，N 相的损耗明显提高，这是由于单相接入加大了 TPU 度，抬高了中性线电压。

7.3.4　分布式光伏接入对 LVDN 三相不平衡的影响

在实际的台区规划过程中，一般会将负荷均匀地接入 A、B、C 各相，但由于用户负荷的差异，TPU 不可避免。随着光伏的广泛接入，特别是单相光伏的接入，如果不对其进行规划及运行控制，只追求光伏的最大可能消纳，其将通过影响配网潮流而导致电压、电流出现较大的不平衡。

为分析光伏接入的影响，对光伏接入不同相别以及不同光伏渗透率下 TPU 的变化情况进行分析。TPU 度是 LVDN 的重要指标，可采用电压的负序分量与正序分量的比值计算。选取三相光伏在末端(端点 10)和单相光伏在负荷点(端点 16)接入的两种形式，针对居民负荷，研究多断面 DG 接入对 TPU 的影响。通过上述三相四线制潮流计算可获得相应的 TPU 度，计算结果如图 7-15 所示。

由图 7-15 可知，当三相分布式光伏接入时，TPU 度随着分布式光伏的渗透率增大而逐渐减小，但减小幅度很小。所以，三相接入分布式光伏不能明显降低 TPU 度。当分布式光伏单相接入时，对 TPU 度影响较大，且接入相户不同时效果不同。当一定容量的单相光伏接入负载较大的相户时可明显减小 TPU 度；接入负载较小的相户时，随着光伏渗透率的提

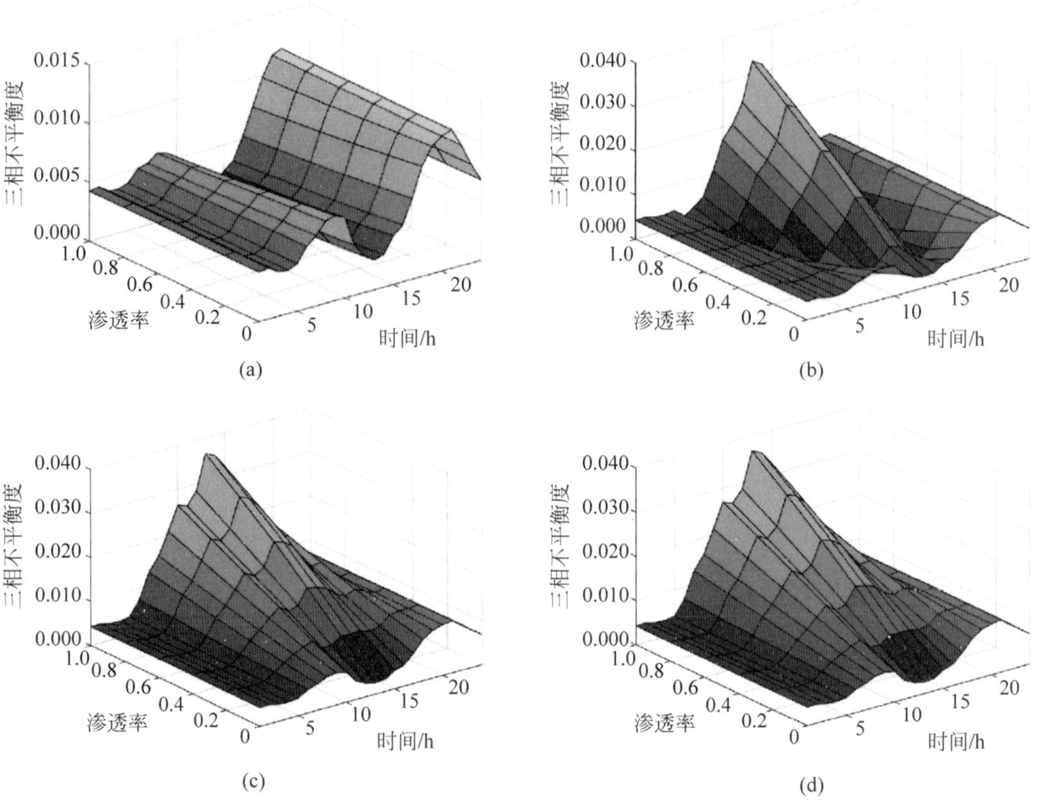

图 7-15 分布式光伏单/三相接入下 LVDN 三相不平衡度情况

(a) 三相光伏接入；(b) 单相光伏 C 相接入；(c) 单相光伏 B 相接入；(d) 单相光伏 A 相接入

高，TPU 度明显提升，可超过电压 TPU 允许阈值。

在本节的仿真中，均设置同一类型的负荷存在一样的负荷曲线，即同时达到最大负荷和最小负荷。而在实际生产中，由于用户的用电情况具有非同时性，TPU 度将大大提升。因此，在 LVDN 中，为了实现精细化管理，在保证供电可靠性的同时降低上述“源-储-荷”接入的影响，需要对 LVDN 进行协调控制，保证供电质量以及经济性。

7.4 本章小结

本章首先搭建了含 DG/储能/柔性负荷的典型低压配电网结构，对“源-储-荷”特性进行了分析；然后考虑我国 LVDN 三相四线的接线方式，对 LVDN 的线路、变压器、负荷、DG 进行建模，基于此，引入了可应用于 LVDN 精细化运行分析的以注入电流为修正量的牛顿-拉夫逊法三相潮流模型；最后建立分布式光伏接入的 LVDN 基态模型，对其进行潮流计算，分析分布式光伏接入对 LVDN 电压、网损、三相不平衡三个方面的影响规律。结果显示：①当在 LVDN 接入光伏时，随着光伏渗透率的增加，电压提升效果也增加，其中在线路末端接入光伏时电压的提升效果最大；②当负荷侧接入的单相光伏超过一定容量后，将加剧负荷的不对称性，此时 N 相电压出现较大波动，所以在潮流模型中将中性点电压视为未知量是有必要的；③在 LVDN 中，随着光伏渗透率的提升，有功损耗基本上都呈现先减后增的规律，其中光伏单相接入容量超过一定数值后，N 相的损耗明显提高；④当分布式光伏单相接入时，对 TPU 度的影响较大，当接入负载较大的相户时可明显减小 TPU 度，接入负载较小的相户时，随着光伏渗透率的提高，TPU 度明显提升。

7.5 参考文献

[1] 唐捷，蔡永智，周来，等. 基于数据驱动的低压配电网线户关系识别方法[J]. 电力系统自动化，2020，44(11)：127-137.

[2] 张勇军，羿应棋，李立浧，等. 双碳目标驱动的新型低压配电系统技术展望[J]. 电力系统自动化，2022，46(22)：1-12.

[3] 韩笑. 考虑多源协同的主动配电网优化调度研究[D]. 北京：华北电力大学，2018.

[4] 范刘洋，汪可友，张宝群，等. 考虑电池组不一致性的储能系统建模及仿真[J]. 电力系统自动化，2016，40(3)：110-115.

[5] 李伟，韩瑞迪，孙晨家，等. 基于用电偏好的可平移负荷参与需求响应最优激励合同与激励策略[J]. 中国电机工程学报，2021，41(S1)：185-193.

[6] 吴国沛，王武，张勇军，等. 含光储系统的增量配电网时段解耦动态拓展无功优化[J]. 电力系统保护与控制，2019，47(9)：173-179.

[7] 林晓明，张勇军. 含高渗透率光伏的低压配电网主动电压控制建模研究[J]. 电力电容器与无功补偿，2018，39(6)：108-113.

[8] 高元海，王淳，辛建波，等. 计及接地阻抗及含多种分布式电源的中低压配电网三相潮流计算(一)：模型[J]. 中国电机工程学报，2016，36(10)：2619-2627.

[9] 高元海，王淳，辛建波，等. 计及接地阻抗及含多种分布式电源的中低压配电网三相潮流计算(二)：算法和算例[J]. 中国电机工程学报，2016，36(14)：3707-3717.

[10] 潘忠美，刘健，吴建中，等. 基于低秩逼近法的下垂控制孤岛微电网三相概率潮流计算[J]. 中国电机工程学报，2020，40(20)：6506-6516.

第8章

考虑光伏选相并网的LVDN三相不平衡度优化

由于 LVDN 目前的管理尚未完善和缺少前瞻性规划，大量 LVDN 中存在线路参数不对称，系统负荷三相不平衡(TPU)问题。随着人们生活水平的提高，居民负荷逐渐变大，而单相分布式光伏的接入进一步加剧了低压配电网的 TPU 度，给系统的运行带来新的风险。对于接入系统中的单相光伏，若能通过光伏选相并网技术及光伏逆变器的无功调节能力实现柔性并网，将进一步增加低压配电网控制手段，改善 TPU 度，提升 LVDN 电能质量。

本章首先从机理上分析了光伏及其逆变器的无功调节对 LVDN 的积极作用，同时阐述了光伏并网选相投切基本流程及装置可行性，重点考虑光伏选相并网调节和无功调节能力，以及储能配置对 LVDN 调节能力的提升作用，然后以低压配电网的 TPU 度最小为目标函数构建了含光储的 LVDN 三相不平衡度优化模型。其中，使用了第 7 章的研究成果，对含源 LVDN 进行建模。针对光伏出力的不确定性，采用区间数并将其处理为确定性约束。针对模型中的离散变量，构建了互补约束进行连续化处理，以提高模型的求解效率。

8.1　光伏调节控制能力及选相并网原理

8.1.1　光伏特性及其无功调节能力

光伏发电系统主要由太阳能电池方阵和逆变器组成，基于光电效应将太阳辐射能量换成电能。光伏出力特性主要与光照强度和温度相关，其出力上限由光照强度等因素决定，具有不确定性。光伏发电系统通过光电效应产生的直流电需经过逆变处理才能并入 LVDN。随着光伏并网控制技术的发展，目前分布式光伏逆变器可以参与配电网的无功调节[1]。

由于光伏并网逆变器主电路的拓扑结构和传统静止无功发生器具有一致性的特点，不少专家和学者基于 SPWM 等控制策略实现了光伏的无功和有功的解耦控制，从而实现了在将光伏发电的直流电逆变成交流电并网的同时对配电网进行无功调节，进一步提高电网的稳定性和降低网络损耗。

在实际工程项目中，光伏项目建设都会留有足够的裕度，故光伏逆变器的容量会超出光伏的最大出力 10%。因此，在实际运行过程中，光伏逆变器的无功调节能力不可忽视。

图 8-1 给出了光伏逆变器的有功-无功出力曲线，即有功、无功出力和逆变器容量需要满足约束：$P_{PV}^2+Q_{PV}^2 \leqslant S_N^2$。图 8-1 中，$P_N^{PV}$ 为光伏并网的额定有功功率，此时逆变器对应的最大无功输出功率为 $\pm Q_{max}^{PV}$。当光伏出力降低时，LVDN 电压水平会相应降低，而逆变器的无功调节能力由于光伏有功出力的降低将有所提升，此时逆变器可以根据网络需求进行无功补偿而支撑电压水平。

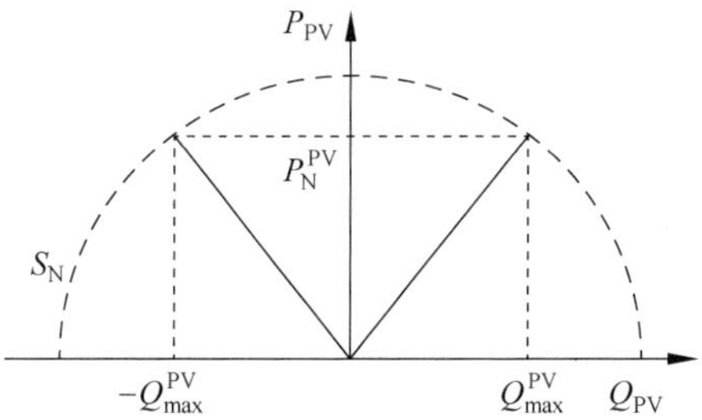

图 8-1　光伏逆变器有功-无功出力曲线

8.1.2　光伏选相并网系统

LVDN 存在单相光伏并网时，若其有选相控制系统，可利用其调控手段对负载均衡和电压调控起到一定的积极作用。目前调整并网相户的方法主要有人工现场调整相户和智能设备自动换相。人工现场调整相序是由相应人员根据试错法或者相关优化算法对台区内负荷的接入相户进行手动调整[2]。而智能换相装置通过换相控制装置接收由优化算法得到的最佳换相策略，并将相应的动作策略传输到换相执行终端进行自动换相。

对于光伏选相系统，其换相具体流程为：在接到换相指令后，光伏逆变器耦合结构的继电器进行动作，由原有馈线切换到另一相的馈线上。同时，逆变器控制系统测量所切换的另一相馈线的潮流信息（如输出电压的幅值和相位），并以此作为控制指令发出，使逆变器原有输出电压的幅值和相位与需切换的另一相相同。在控制效果达到要求后，实现换相。为保证 LVDN 系统的稳定性和可靠性，逆变器控制系统完成功率潮流调整的时间应与继电器的换相动作时间相等。参与换相的逆变器结构及换相过程分别如图 8-2 和图 8-3 所示。

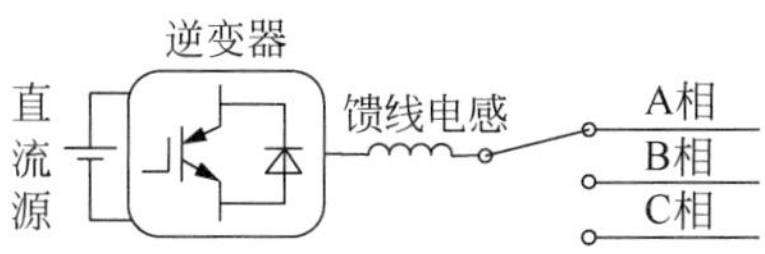

图 8-2　换相逆变器结构

光伏换相装置为电网的进一步优化重构提供了技术基础，光伏的有功输出可以削减线路的峰值负荷，光伏逆变器的无功输出亦可改善线路的电压水平。目前，由于 LVDN 线路改造的实施，大部分低压台区已实现三相四线制入户方式，使单相光伏的选相接入成为可能。随着光伏渗透率的增加，对达到一定容量的光伏进行选相投切，同样可以有效降低 LVDN 的三相不平衡度。

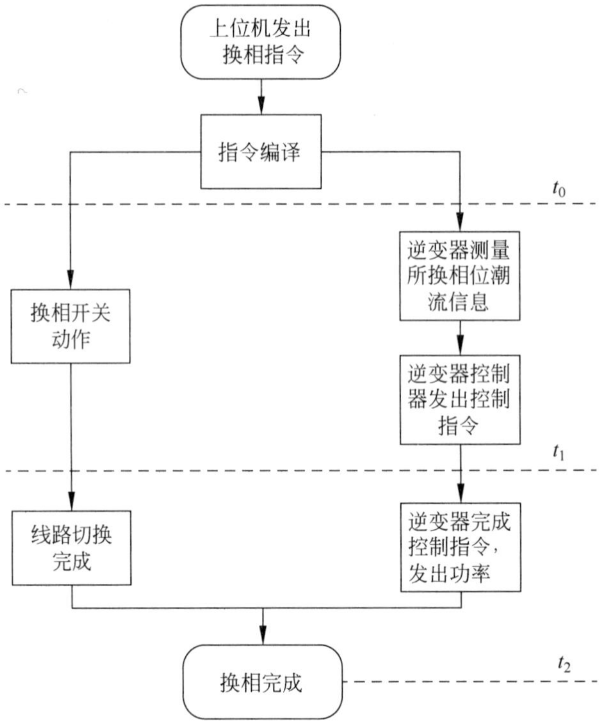

图 8-3 换相过程流程图

8.2 含光储控制的 LVDN 优化调度模型

8.1 节重点分析了光伏逆变器无功调节能力及选相并网装置的基本流程，在此基础上，本节着重于光伏逆变器调节及选相调节的外特性，重点考虑 LVDN 中光伏控制能力，同时计及 LVDN 中储能的调节作用，构建了含光储控制的 LVDN 优化调度模型。

8.2.1 目标函数

TPU 对配电网安全性的影响主要在于节点电压的偏移甚至越限。三相传输功率的不平衡会导致某些相线传输的功率过高，进而导致该相线的电压水平偏低，而其他相线传输的功率过少，进而导致该相线的电压水平偏高。特别是随着单相 DG 的接入，也增加了 TPU 管理的压力。基于此，本章优化以 TPU 度为关键考察指标，同时考虑分布式光伏的消纳，建立目标函数 f_A 如下：

$$\min f_A = F_d + \sum_t \varphi(P^*_{PV\_pre,t} - P_{PV,t}) \tag{8-1}$$

式中，下标变量 t 为调度时段；F_d 指的是低压配电网的 TPU 指标；P_{PV_pre} 和 P_{PV} 分别为光伏出力的预测值和调度值；φ 为弃光罚项。弃光罚项的引入是为了系统尽可能全额消纳光伏。$P^*_{PV\_pre}$ 指光伏预测的区间数，由于光伏预测值具有不确定性，故本章将其不确定性通过区间的形式表示，即 $P^*_{PV\_pre}=[P_{PV\_predn}, P_{PV\_preup}]$，其中，$P_{PV\_predn}$、$P_{PV\_preup}$ 分别为光伏预测出力的最小值、最大值。另外，F_d 为该低压配电网关键节点母线的 TPU 度之和，具体计算公

式为

$$F_{\mathrm{d}}=\sum_{t}\sum_{m}U_{\mathrm{vuF},m,t} \tag{8-2}$$

式中，下标 m 为母线编号，母线 m 的 TPU 度 $U_{\mathrm{vuF},m}$ 的计算式为

$$U_{\mathrm{VUF},m,t}=\left|\frac{V_{\mathrm{neg},m,t}}{V_{\mathrm{pos},m,t}}\right|=\left|\frac{V_{\mathrm{a},m,t}+\alpha^2V_{\mathrm{b},m,t}+\alpha V_{\mathrm{c},m,t}}{V_{\mathrm{a},m,t}+\alpha V_{\mathrm{b},m,t}+\alpha^2V_{\mathrm{c},m,t}}\right| \tag{8-3}$$

式中，V_{neg} 和 V_{pos} 分别指负序电压和正序电压，V_{a}、V_{b} 和 V_{c} 分别为 a、b、c 三相电压。参数 $\alpha=1\angle120°$。

8.2.2 约束条件

1. 光伏分相控制及其逆变器调节约束

在工程简化计算中，对 t 时刻光伏电站的有功预测出力 $P_{\mathrm{PV\_pre},t}$ 与太阳辐射强度之间存在着较强的正比例关系，当太阳辐射强度低于额定光照强度时，光伏出力随太阳辐射强度的增加而增加；而当太阳辐射强度大于等于额定光照强度时，光伏出力达到最大输出功率。

结合对太阳辐射强度的预测值，对 t 时刻光伏电站的有功预测出力 $P_{\mathrm{PV\_pre},t}$ 可近似表达为

$$P_{\mathrm{PV\_pre},t}=\begin{cases}P_{\mathrm{PV\_rated}}\times\dfrac{S_{\mathrm{pv},t}}{S_{\mathrm{pv\_rated}}}, & 0\leqslant S_{\mathrm{pv}}\leqslant S_{\mathrm{pv\_rated}}\\ P_{\mathrm{PV\_rated}}, & S_{\mathrm{pv\_rated}}\leqslant S_{\mathrm{pv}}\end{cases} \tag{8-4}$$

式中，S_{pv} 为实际太阳辐射强度；$S_{\mathrm{pv\_rated}}$ 为太阳辐射强度额定值；$P_{\mathrm{PV\_rated}}$ 为光伏面板的额定输出功率。

考虑到太阳辐射强度受太阳位置和天气变化等因素影响，具有不确定性，本章对该参数的不确定性采用区间数处理，将太阳辐射预测的区间上下限代入式(8-4)，获得光伏预测出力区间数 $P_{\mathrm{PV\_pre}}^{*}=[P_{\mathrm{PV\_predn}},P_{\mathrm{PV\_preup}}]$。

考虑到光伏调度出力受其预测出力影响，有约束如下：

$$0\leqslant P_{\mathrm{PV},t}\leqslant P_{\mathrm{PV\_pre},t}^{*}=[P_{\mathrm{PV\_predn},t},P_{\mathrm{PV\_preup},t}] \tag{8-5}$$

结合 8.1.2 节所述，为描述光伏选相并网，引入逻辑变量 λ_{φ} 描述光伏并网选相控制。其中，下标变量 φ 取 a、b、c 相。λ_{φ} 取 1，则代表光伏选择 φ 相并网，故有约束：

$$\begin{cases}P_{\mathrm{PV},\varphi,t}=\lambda_{\varphi,t}P_{\mathrm{PV},t}\\ \sum\limits_{\varphi}\lambda_{\varphi,t}=1\end{cases} \tag{8-6}$$

式中，$P_{\mathrm{PV},\varphi,t}$ 指的是 t 时刻光伏并网母线 φ 相并网有功功率。

另外，光伏逆变器可参与 LVDN 的无功调控，当电压水平过低时可以发出无功功率支撑电网电压，当电压水平过高时可以吸收无功功率稳定电压水平。由 8.1.1 节所述，光伏逆变器的无功调节能力受光伏的额定容量和光伏有功出力影响，结合光伏选相并网的有功出力 $P_{\mathrm{PV},\varphi,t}$，光伏逆变器无功出力及其约束表示为

$$-Q_{\mathrm{PV\_max},\varphi,t}\leqslant Q_{\mathrm{PV},\varphi,t}\leqslant Q_{\mathrm{PV\_max},\varphi,t} \tag{8-7}$$

$$Q_{\mathrm{PV\_max},\varphi,t}=\pm\lambda_{\varphi,t}\sqrt{(S_{\mathrm{INV}})^2-(P_{\mathrm{PV},\varphi,t})^2} \tag{8-8}$$

式中，Q_{PV} 为光伏逆变器的无功出力；$Q_{\mathrm{PV\_max}}$ 为光伏逆变器发出或者吸收的无功功率的最大值；S_{INV} 为光伏逆变器的额定容量。

2. 储能设备的运行约束

储能系统可实现能量在时间上的转移，在光伏出力过剩时可以将光伏的能量存储起来，待负荷需求量大的时候释放电能。对于储能设备，其在 t 时段的储能比例与该时段的充/放电功率及前一时段的储能比例有关，具体描述如下：

$$E_{\mathrm{ess},t}=E_{\mathrm{ess},t-1}+\left(\eta_{\mathrm{ch}}P_{\mathrm{ch},t}-\frac{P_{\mathrm{dis},t}}{\eta_{\mathrm{dis}}}\right) \tag{8-9}$$

式中，η_{ch} 和 η_{dis} 分别为储能系统的充、放电效率；$E_{\mathrm{ess},t}$ 为储能系统在时刻 t 的能量；$P_{\mathrm{ch},t}$、$P_{\mathrm{dis},t}$ 分别为储能系统的充、放电功率。考虑到储能的充、放电不能同时进行以及储能存储能力有限，有约束如下：

$$\begin{cases}0\leqslant P_{\mathrm{ch},t}\leqslant \delta_t P_{\mathrm{chmax}}\\ 0\leqslant P_{\mathrm{dis},t}\leqslant (1-\delta_t)P_{\mathrm{dismax}}\\ 0\leqslant E_{\mathrm{ess},t}\leqslant E_{\mathrm{CAP}}\end{cases} \tag{8-10}$$

式中，E_{CAP} 是储能系统的容量；P_{chmax} 和 P_{dismax} 分别为储能系统充、放电功率的上限；δ 为储能充、放电的逻辑变量，δ 取 1 表示充电，δ 取 0 表示放电。

另外，考虑到当前储能的主要作用是用于平抑可再生能源波动性，尽可能全额消纳可再生能源发电，因此增加储能的约束如下：

$$0\leqslant P_{\mathrm{ch},t}\leqslant P_{\mathrm{PV},t} \tag{8-11}$$

式(8-11)的含义为设置储能的充电功率小于光伏出力，光伏不出力时不进行充电，保证了光伏消纳可再生能源出力的作用，其不从电网吸收功率，避免加重电网负担。

3. 网络潮流模型及约束

由第 7 章中关于 LVDN 三相四线制网络潮流描述，根据低压线路拓扑结构可推导出低压配电节点导纳矩阵，进而获得三相四线制潮流模型的节点电压方程为

$$\boldsymbol{I}(t)=\boldsymbol{YU}(t) \tag{8-12}$$

式中，$\boldsymbol{I}(t)$表示 t 时刻该配电网所有节点的节点注入电流复向量；$\boldsymbol{U}(t)$表示 t 时刻该配电网所有节点的节点电压复向量。

$$\begin{cases}[I_{\mathrm{a}}\quad I_{\mathrm{b}}\quad I_{\mathrm{c}}\quad I_{\mathrm{n}}]^{\mathrm{T}}=\begin{bmatrix}0&-1&0&0\\0&1&-1&0\\-1&0&1&0\end{bmatrix}^{\mathrm{T}}[I_{\mathrm{a-b}}\quad I_{\mathrm{b-c}}\quad I_{\mathrm{c-a}}]^{\mathrm{T}}, & \text{D 型元件}\\ [I_{\mathrm{a}}\quad I_{\mathrm{b}}\quad I_{\mathrm{c}}\quad I_{\mathrm{n}}]^{\mathrm{T}}=\begin{bmatrix}1&0&0&-1\\0&1&0&-1\\0&0&1&-1\end{bmatrix}^{\mathrm{T}}[I_{\mathrm{a-n}}\quad I_{\mathrm{b-a}}\quad I_{\mathrm{c-a}}]^{\mathrm{T}}, & \text{Y/YN 型元件}\end{cases} \tag{8-13}$$

式中，$I_{\mathrm{a-b}}$、$I_{\mathrm{b-c}}$、$I_{\mathrm{c-a}}$ 为 D 型端点元件电流；$I_{\mathrm{a-n}}$、$I_{\mathrm{b-n}}$、$I_{\mathrm{c-n}}$ 为 Y/YN 型端点元件电流。

考虑到 LVDN 中含光伏、储能及各相负荷，对于向量 $\boldsymbol{I}(t)$中的每个元素，可由式(8-13)中的转换矩阵乘以任一节点 i、第 φ 相注入的电流 $I_{i,\varphi,t}$ 得到。其中：

$$I_{i,\varphi,t}=\frac{1}{U_{i,\varphi,t}^{*}}[P_{\mathrm{PV},i,\varphi,t}-(P_{\mathrm{ch},i,\varphi,t}-P_{\mathrm{dis},i,\varphi,t})-P_{\mathrm{LOAD},i,\varphi,t}-\mathrm{j}(Q_{\mathrm{PV},i,\varphi,t}-Q_{\mathrm{LOAD},i,\varphi,t})] \tag{8-14}$$

式中，P_{LOAD} 和 Q_{LOAD} 分别表示有功、无功负荷值，电流 I 和电压 U 均为复数，U^* 表示电压复数的共轭。对于状态量，需维持在一定的安全运行约束下，即

$$|I_{ij,t}| \leqslant I_{\max,ij} \tag{8-15}$$

$$U_{\min,i} \leqslant |U_{i,\varphi,t}| \leqslant U_{\max,i} \tag{8-16}$$

其中，式(8-15)为支路电流约束，$I_{ij,t}$ 和 $I_{\max,ij}$ 分别指流过支路 ij 的电流以及最大允许电流值。$U_{\min}$ 和 $U_{\max}$ 分别为电压最小、最大允许值。根据规定，我国 220V 电压偏移的运行范围为 $-10\%\sim+7\%$，而对于中性线的电压，主要限制范围为电压位移小于 15%的相电压。同时，网络潮流运行约束中，还应进一步考虑 TPU 度在电力运行标准允许范围内，有

$$U_{\mathrm{VUF},m,t} \leqslant U_{\mathrm{VUF},\max} \tag{8-17}$$

式中，$U_{\mathrm{VUF},\max}$ 为 TPU 度允许最大值，根据相关规定，可取 2%。

8.2.3 区间约束确定化及逻辑变量连续化

式(8-1)～式(8-17)所构建的数学模型中，将描述光伏预测出力的不确定性用区间描述。区间数 $P^*_{\mathrm{PV\_pre}}$ 存在于目标函数[式(8-1)]及不等式约束[式(8-5)]中。参考文献[3]引入置信水平 ξ 来表征区间约束的满意程度，取值范围为[0,1]，并将含区间数的表达形式转换为一般的实数表达式。对于目标函数式(8-1)及不等式约束式(8-5)，有

$$\begin{cases} F_{\mathrm{d}} + \sum_{t} \varphi\{[\xi P_{\mathrm{PV\_predn},t} + (1-\xi) P_{\mathrm{PV\_preup},t}] - P_{\mathrm{PV},t}\} \\ 0 \leqslant P_{\mathrm{PV},t} \leqslant \xi P_{\mathrm{PV\_predn},t} + (1-\xi) P_{\mathrm{PV\_preup},t} \end{cases} \tag{8-18}$$

具体来讲，置信水平 ξ 表达区间约束满意程度更多是从区间约束的可能度出发。置信水平 ξ 越大，越要保证所求调度值，即 $P_{\mathrm{PV},t}$ 在其约束的范围内，因此认为右端约束更趋向于取小值；反之，置信水平 ξ 越小，即约束满足可能度可以偏小，因此认为右端约束更趋向于取大值。

另外，所述模型中存在描述储能充放电状态的逻辑变量 δ 以及描述光伏并网选相控制的逻辑变量 λ_{φ}，为降低模型复杂程度，引入互补约束对逻辑变量进行连续化，具体做法是：增加约束式(8-17)，并将逻辑变量的取值范围扩充为连续实数范围[0,1]。

$$\begin{cases} \delta_t(1-\delta_t) = 0 \\ \lambda_{\varphi,t}(1-\lambda_{\varphi,t}) = 0 \end{cases} \tag{8-19}$$

经过式(8-18)与式(8-19)处理后，模型转换为确定性的非线性连续模型。本章选取商业优化软件 GAMS 进行数学建模并调用 SNOPT 求解器求解。

8.3 算例分析

8.3.1 基础数据

采用瑞典 11 母线的三相四线制 LVDN 进行仿真分析[4]。仿真系统结构如图 8-4 所示。配电线路的长度、阻抗等参数来源于文献[5]。设置首端节点为平衡节点，标幺值为 1。光伏并网点为母线 B4，光伏发电额定功率为 10kW，逆变器容量与光伏额定有功容量一致，光伏配置换相开关，可切换连接至三相中的任意一相。电化学储能配置于母线 B4，储能三

相接入且三相可独立调节，额定容量为 20kW·h，充放电功率限值为额定容量的 1/4，充放电效率为 0.9。将母线 B4 视为关键节点进行优化。光伏最大出力预测为 7.5～10kW。图 8-5 给出了 1d24h 光伏预测出力(光伏出力区间约束置信水平取 0)特性曲线。三相负荷特性曲线如图 8-6 所示。

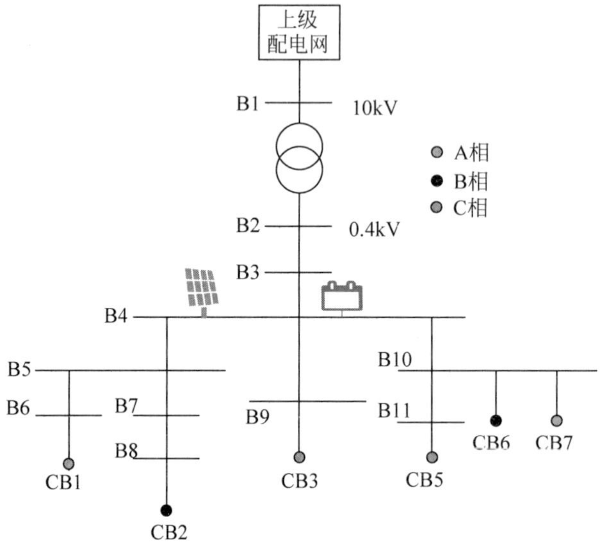

图 8-4　11 母线 LVDN 系统

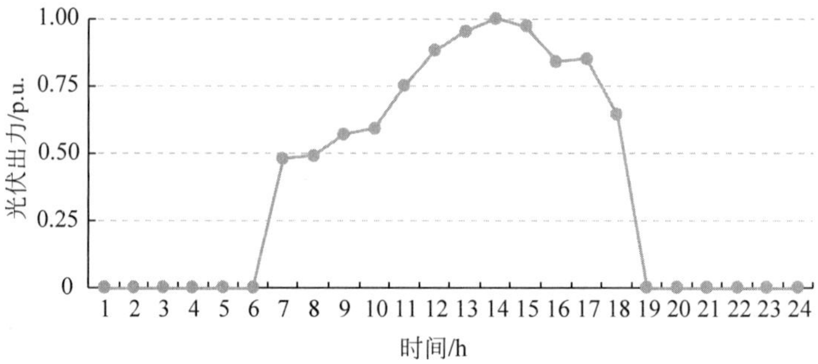

图 8-5　光伏出力特性曲线

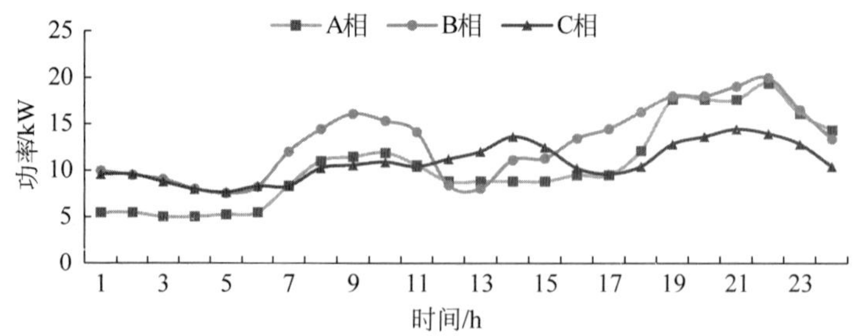

图 8-6　系统三相负荷特性曲线

8.3.2 动态选相并网对电能质量改善情况分析

在8.3.1节所述的基础数据场景基础上，暂不考虑储能配置。分析并网光伏动态选相和逆变器无功调节对仿真结果的影响，得到有无考虑光伏选相以及逆变器无功调节低压配电网TPU度及等值线损(优化周期内该系统注入电能与消耗电能的差值)的对比结果，如表8-1所示。同时，图8-7给出了有无考虑光伏选相以及无功调节低压配电网各时刻的三相电压不平衡度对比情况。

表8-1 考虑光伏选相并网与否的结果对比

情景	无无功调节				有无功调节			
光伏接入相	A相	B相	C相	动态选相	A相	B相	C相	动态选相
综合TPU度	38.6%	36.3%	45.2%	33.2%	27.6%	29.5%	32.0%	20.9%
最大TPU度	3.3%	3.3%	3.3%	3.3%	3.2%	2.7%	3.0%	2.3%
等值线损(kW·h)	93.8	81.2	86.4	79.1	98.5	85.6	98.6	80.7

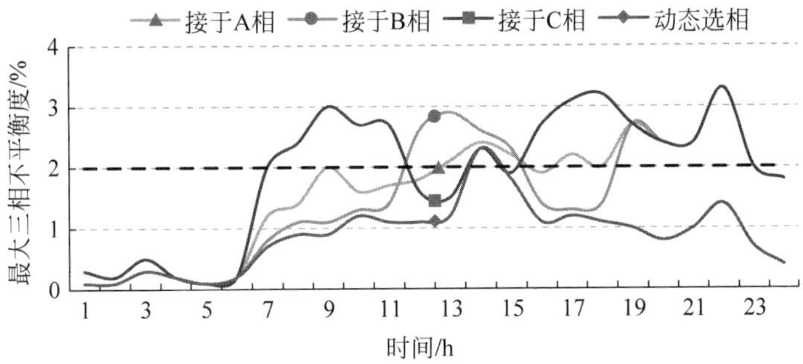

图8-7 考虑光伏选相并网与否的三相不平衡度对比

由表8-1及图8-7可知，在考虑光伏动态选相以及逆变器无功调节之前，光伏接入各相后都将造成多数时刻TPU度相对较高(超过2%)；在考虑光伏动态选相以及逆变器无功调节之后，光伏可以灵活地转移功率到不同的相户并进行无功调节，由于调控手段的增加，最小化目标函数的控制变量自由度更大，因此改善了配电网的电能质量，最大TPU度和综合TPU度相较于最严重的情况分别下降了30%和53.8%。

同时，相比没有考虑逆变器无功调节的场景，考虑逆变器无功调节能力之后TPU度得到了较大的改善，但由于调节TPU的时候算例中出现大幅吸收无功的情况，因此等值线损有所增加。进一步考虑换相之后，在TPU度进一步改善的情况下，由于接入的是负荷最高相，可减缓白天吸收无功的程度，进而降低等值线损。因此，同时考虑换相以及无功调节有利于改善整体电能质量。为进一步分析光伏并网选相结果，图8-8给出了并网光伏的分相并网有功功率情况。

优化结果中，光伏主要选择B相和C相并网，这与光伏出力及该区域所带三相负荷的匹配程度相关。在7:00—11:00，光伏出力由小渐增，B相负荷比其他相负荷稍大，光伏出力趋向于选择B相并网，就地消纳B相负荷，调整三相负载较为均衡。而随着午后时间的

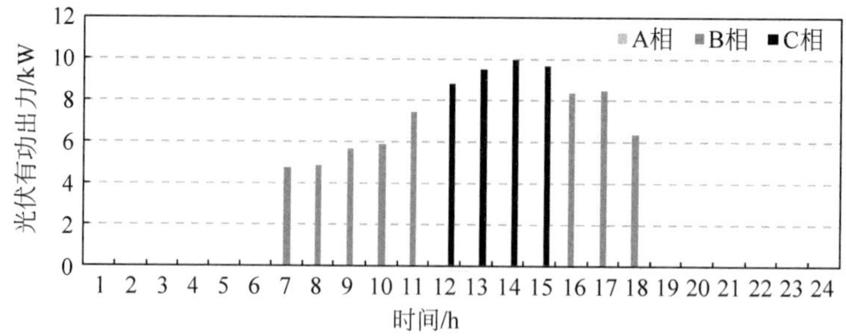

图 8-8 光伏选相并网有功功率情况

推移，在 12:00—15:00，负荷均有较高的提升，C 相负荷提升绝对量较大，故而光伏出力趋向于选择 C 相并网，就地消纳部分的 C 相负荷，在 16:00—18:00 则趋向于消纳 B 相负荷，以追求三相负载相对均衡。

由此可见，考虑光伏选相后，光伏接入自动灵活切换，调度结果趋于为某相较大的负载提供就地电力来源，从而可更好地调节三相负载，减小 TPU 度。

此外，由第 2 章的分析可知，光伏并网后改变了 LVDN 潮流单向传输的特性，可能造成局部电压升高的情况。本模型中考虑了光伏逆变器无功电压调节能力，为分析光伏逆变器无功电压调节带来的效果，在本节模型(即考虑光伏选相兼顾考虑逆变器的无功调节能力)的基础上，增加两种情况做对比分析：①不接光伏；②光伏选相只考虑有功出力。三种情形下 1d 当中母线 B4 的三相电压不平衡度如图 8-9 所示。

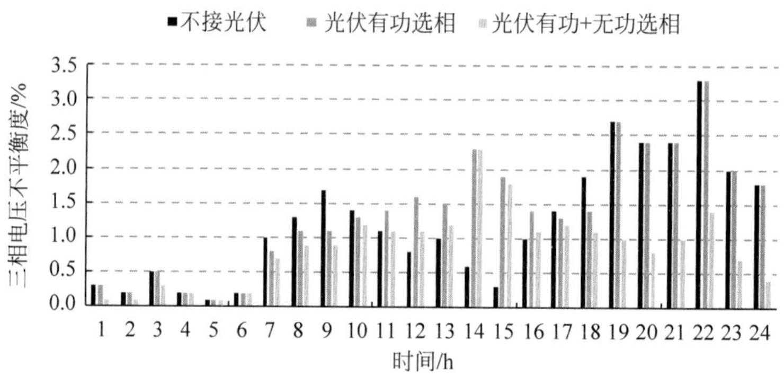

图 8-9 三相电压不均衡情况(母线 B4)

由图 8-9 可知，接入光伏并考虑其动态选相和无功调节能力后，三相电压的不均衡程度进一步降低，有利于进一步改善电压质量。结合图 8-10 所示的光伏并网逆变器无功出力情况做进一步说明如下：

如 15:00 时，光伏选择接入负荷最大的 C 相以抵消部分负荷，但由于负荷削减过多，导致电压显著提升，造成了更大程度的三相电压不平衡，此时光伏可进一步调节无功以降低 C 相电压。由于光伏只在白天发出有功，晚上处于闲置状态，可利用光伏逆变器的无功调节能力来改善夜晚由于负荷较低带来的电压偏高情况，如 19:00—24:00 接入负荷最低的 C 相调节无功出力，达到降低电压的效果，减小三相电压不平衡，到了 1:00—6:00 则转接到负荷最低的 A 相，改善该时段的电压质量。

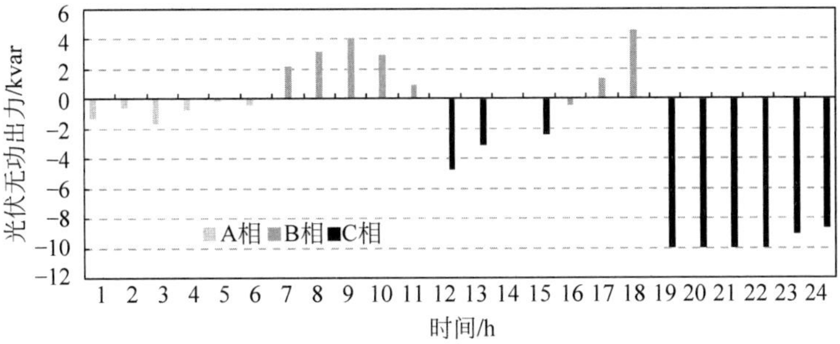

图 8-10 光伏并网逆变器无功出力情况

8.3.3 储能配置对优化结果的影响

从图 8-7 可以发现，在考虑光伏的分相控制及逆变器无功调节能力时，仍存在局部 TPU 度较高的时刻，如在光伏出力较大的 14:00。主要原因是该时刻光伏有功出力较大，受光伏逆变器容量的限制，无功出力较低，无法解决由于消纳光伏造成的电压升高，导致在 14:00 时 TPU 越限。因此，本节分析中进一步考虑了储能的配置，储能配置参数如 8.3.1 节所述。表 8-2 给出了考虑储能配置与否的配电网电能质量对比。

表 8-2 考虑储能配置与否的电能质量对比

考虑储能	综合 TPU 度	最大 TPU 度	等值线损/(kW·h)
否	20.9%	2.3%	80.7
是	13.5%	1.0%	79.56

由表 8-2 可知，当配置储能后，配网电能质量进一步改善，TPU 度和等值线损均有所降低，最大 TPU 度也降到了 2%以内。图 8-11 给出了储能在调度时期的充放电功率情况。

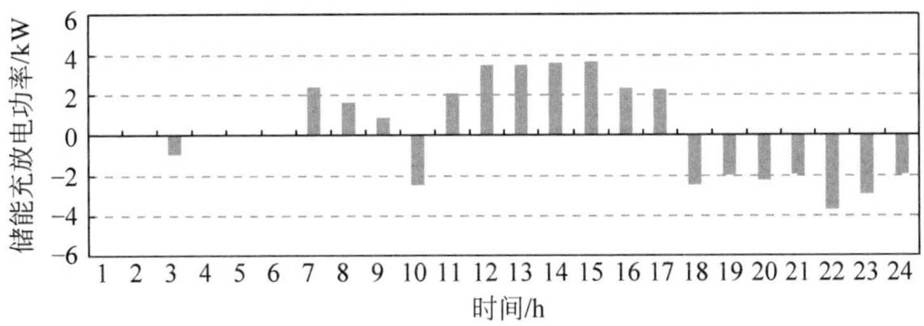

图 8-11 储能在调度时期的充放电功率情况

结合图 8-11 与负荷及光伏出力特性可知，负荷特性主要呈晚高白天较低的情况，而中午光伏出力较大，储能可吸收部分光伏出力，待负荷较高时释放，一方面可削弱中午光伏高发时段引起的局部电压过高，实现电压均衡的目的；另一方面通过负荷时空转移的手段，有利于调节负载平衡。图 8-12 给出了不同储能配置下的配电网最大 TPU 度和等值线损仿真结果对比。

分析图 8-12 可知，随着储能配置容量的提升，对配电网 TPU 度有一定程度的改善，同时可以降低等值线损，但该改善效果具有限值。在本章算例中，当储能容量达到约 25kW·h 时，储能容量进一步增加对电能质量和等值线损无进一步改善。这是由于 TPU 度目标的

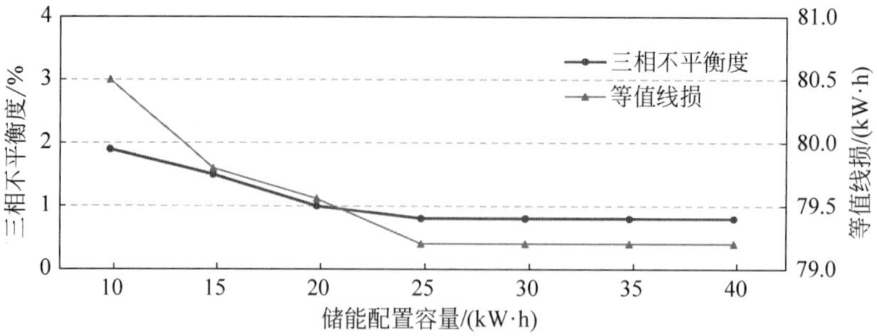

图 8-12 不同储能配置下的仿真结果对比

改善本质是调整三相负载的平衡，虽然储能具有能量的时间转移特性，但是为了保证储能在调度周期内充放电功率平衡，它从某时刻开始存储的能量需在另一时刻释放，这就导致了其均衡效果受限，即受系统本身净负荷特性约束。

8.3.4 光伏不确定性处理对优化结果的影响

本章建立的模型将光伏出力的不确定性以区间的形式表示，并通过引入置信水平系数将光伏出力区间约束转换为确定性约束，置信水平 ξ 可用来表征光伏调度约束的可信程度。为反映置信水平 ξ 变化对优化结果的影响，结合上述两节分析，做了多组对照仿真，表 8-3 及表 8-4 给出了 ξ 从 0～1 变化时考虑光伏换相与否的电能质量对比。

表 8-3 置信区间不同下的优化结果对比(综合 TPU 度)

ξ	光伏接 A 相	光伏接 B 相	光伏接 C 相	光伏选相
0	38.6%	36.3%	45.2%	20.9%
0.2	37.7%	35.9%	43.7%	20.2%
0.4	37.2%	34.9%	42.8%	19.0%
0.6	36.5%	34.2%	41.9%	18.0%
0.8	36.0%	34.3%	41.1%	18.3%
1	35.2%	34.6%	40.8%	18.5%

表 8-4 置信区间不同下的优化结果对比(等值线损/kW·h)

ξ	光伏接 A 相	光伏接 B 相	光伏接 C 相	光伏选相
0	93.8	81.2	86.4	80.7
0.2	93.4	81.3	86.3	80.8
0.4	92.9	81.4	86.3	81.1
0.6	92.5	81.5	86.3	81.3
0.8	92.1	81.7	86.2	81.0
1	91.7	81.9	86.3	80.8

结合表 8-3 和表 8-4 中数据可知，若仅考虑光伏选相的仿真结果，则随着置信水平 ξ 的增大，综合 TPU 度及等值线损没有明显的线性增加或减少的趋势。工程意义上，置信水平

ξ 反映了区域调度者对光伏预测区间所持态度。ξ 越大，区间约束可能度越大，越要保证光伏出力能够在预测范围之内。从数学理论上看，认为光伏出力偏小，调度者偏向于认为配电网呈现光伏渗透率偏小的状态。由于光伏换相所带来的 TPU 度的减少与负荷匹配程度相关，因此对光伏出力大小程度的把握对 TPU 度改善并无明显线性变化趋势。总的来看，光伏出力的不确定性会造成电能质量（TPU 度及等值线损）的不确定性，但结合表 8-3 和表 8-4 的数据可以发现，无论置信区间取值多少，当考虑光伏换相之后，相比不考虑光伏换相，TPU 度以及等值线损都得到进一步改善。

8.3.5　模型连续化处理效果分析

本章模型中，在 8.2.3 节将逻辑变量通过互补约束进行连续化，构建了低压配电网 TPU 度优化的非线性连续模型，若未经过连续化处理，则该模型为混合整数非线性模型。为对比不同模型的求解效率，以 8.3.3 节所采用计算场景为例，表 8-5 给出了采用连续化方法和不采用连续化方法的计算结果对比。

表 8-5　模型采用不同方法的计算结果对比

是否连续化	是	否			
求解器	SNOPT	DICOPT	SBB	BARON	BONMIN
CPU Time/s	86	43	3600	3600	3600

表 8-5 中，未采用连续化求解时，即模型为混合整数非线性模型，采用 4 种求解器都没有求得最优解。采用 DICOPT 求解器，在未算到最优解时，由于问题目标恶化，停止进一步搜索，而其他 3 个求解器达到计算时间设定上限仍未获得最优解。而采用本章提出的互补约束连续化处理方法后，既能获得最优解，也提升了求解效率。

8.4　本章小结

本章重点关注光伏选相并网控制、光伏逆变器的无功调节能力、储能的有功调节能力，以改善 LVDN 三相不平衡度为目标，构建了含光储控制的低压配电网 TPU 度优化模型，并提出构建互补约束对模型中的逻辑变量进行连续化处理，提高了模型的求解效率。主要结论如下：

(1) 只利用光伏有功换相或者只采用光伏逆变器无功调节都可以改善三相不平衡度，但有功调节只在光伏出力较大的时候起作用；只进行光伏逆变器无功调节，可能引起损耗增加。而采用光伏动态选相及逆变器无功调节后，可进一步增加 LVDN 调控的灵活度，进一步改善低压配电网 TPU 度。

(2) 利用储能的能量时空转移特性可提升配电网调节灵活程度，有效改善配电网的电能质量并降低等值线损。提升储能容量，有利于配电网 TPU 度和等值线损的进一步改善，但改善的能力存在限值。

(3) 考虑光伏换相时，光伏出力的不确定性会引起电能质量变化的不确定性，与负荷匹配程度相关，但相比不考虑换相，电能质量均能得到有效提升。

8.5 参考文献

[1] 陈旭，张勇军，黄向敏. 主动配电网背景下无功电压控制方法综述[J]. 电力系统自动化，2016，40(1)：143-151.

[2] 韩平平，潘薇，张楠，等. 基于负荷预测和非支配排序遗传算法的人工相户优化方法[J]. 电力系统自动化，2020，44(20)：71-78.

[3] 达庆利，刘新旺. 区间数线性规划及其满意解[J]. 系统工程理论与实践，1999(4)：4-8.

[4] ZHOU L，ZHANG Y，CHEN B，et al. Multi-objective optimisation operation of thermostatically controllable appliances for voltage management in low-voltage distribution networks[J]. IET Generation，Transmission & Distribution，2019，13(21)：4767-4777.

[5] SCHWANZ D，FRIEDEMANN M，SARAH K，et al. Stochastic assessment of voltage unbalance due to single-phase-connected solar power[J]. IEEE Transactions on Power Delivery，2017，32(2)：852-861.

第9章

基于温控设备多目标含源LVDN电压管理优化

针对 LVDN 电压幅值和三相不平衡越限(VMULV)问题,第 8 章介绍了通过优化光伏并网选相投切,改善含源 LVDN 中的电压 TPU 问题的方法。除此之外,居民需求侧响应技术(residential demand response,RDR)的发展也为解决低压配电网中 VMULV 问题提供了新思路。本章从居民需求侧响应出发,基于激励型 RDR,引入电热水器(electric water heater,EWH)和空调(air conditioner,AC)等家庭温控设备(thermostatically controllable appliance,TCA),处理 LVDN 中的 VMULV 问题。

首先,建立了 TCA 在 LVDN 电压管理中的响应模型。接着,以最小化需求侧响应成本、网络损耗和用户不舒适度为目标,协同居民 EWH 和 AC 设备优化运行,构建了 LVDN 电压幅值和 TPU 管理的多目标优化模型。该模型以用户的热水器和空调用电功率作为决策变量,并引入与热水和室内温度相关的舒适度指标表征用户舒适性。最后,计及三相电压不平衡和分布式电源接入,以瑞典 6 用户和 28 用户三相四线低压配电网络验证本章所提方法的有效性,进一步分析了不同优化目标、光伏并网容量和用户可忍受温度范围对优化结果的影响。结果表明,本章所提方法能兼顾电网企业调节成本、用户舒适性,将 LVDN 所有节点的三相电压不平衡度和电压幅值控制在合格范围内,并提高 LVDN 对光伏并网容量的耐受渗透比。

9.1 温控设备响应模型与优越性分析

9.1.1 温控设备响应模型

本章主要考虑空调和热水器两种家庭温控设备,其数学模型如下所示:

AC 用电功率 P_{AC} 受其额定功率 P_{AC}^{N} 和用户设定的可接受温度范围约束。AC 模型源自文献[1],即

$$0 \leqslant P_{AC}(t) \leqslant P_{AC}^{N} \tag{9-1}$$

$$\theta_{AC}^{in}(t) = \theta_{AC}^{init} + \alpha_{AC} \cdot [\theta_{out}(t) - \theta_{AC}^{init}] + \beta_{AC} \cdot P_{AC}(t), \quad \forall t \in T(l), t = T_{sta} \tag{9-2}$$

$$\theta_{AC}^{in}(t)=\theta_{AC}^{in}(t-1)+\alpha_{AC}\cdot[\theta_{out}(t)-\theta_{AC}^{in}(t-1)]+\beta_{AC}\cdot P_{AC}(t),\quad \forall t\in T(l),t\neq T_{sta} \tag{9-3}$$

$$\theta_{min}^{in}\leqslant\theta_{AC}^{in}(t)\leqslant\theta_{max}^{in},\quad \forall t\in T(l) \tag{9-4}$$

其中，θ_{AC}^{in} 和 θ_{out} 分别为室内温度和室外温度，℃；θ_{AC}^{init} 为第 l 次需求侧响应事件初始时刻 T_{sta} 的室内温度，℃；α_{AC} 和 β_{AC} 分别为环境和设备的热能系数；θ_{min}^{in} 和 θ_{max}^{in} 分别为用户设定的所能接受的室内最低温度和最高温度；$T(l)$表示第 l 次需求侧响应事件总时段数。

EWH 则受开/关控制。当热水器处于关闭状态时，其用电功率 P_{EWH} 为 0；当 EWH 处于开启状态时，其用电功率为额定功率 P_{EWH}^{N}。EWH 模型源自文献[2]，即

$$\begin{cases}P_{EWH}(t)\cdot[P_{EWH}^{N}-P_{EWH}(t)]=0, & \forall t\in T(l)\\ P_{EWH}(t)\in[0,P_{EWH}^{N}], & \forall t\in T(l)\end{cases} \tag{9-5}$$

$$\theta_{EWH}(t)=T_{env}(t)+P_{EWH}(t)\cdot R-[T_{env}(t)-\theta_{EWH}^{init}]\cdot e^{-\frac{\Delta t}{RC}},\quad \forall t\in T(l),t=T_{sta} \tag{9-6}$$

$$\theta_{EWH}(t)=T_{env}(t)+P_{EWH}(t)\cdot R-[T_{env}(t)-\theta_{EWH}(t-1)]\cdot e^{-\frac{\Delta t}{RC}},\quad \forall t\in T(l),t\neq T_{sta} \tag{9-7}$$

$$\theta_{EWH}^{min}\leqslant\theta_{EWH}(t)\leqslant\theta_{EWH}^{max},\quad \forall t\in T(l) \tag{9-8}$$

式中，θ_{EWH} 为热水温度，℃；$T_{env}(t)$为 t 时刻的环境温度，℃；θ_{EWH}^{init} 为第 l 次需求侧响应事件初始时刻 T_{sta} 的热水温度，℃；R 和 C 分别为 EWH 的热能电阻和热能电容；θ_{EWH}^{min} 和 θ_{EWH}^{max} 分别为用户设定的所能接受的热水最低温度和最高温度。

AC 和 EWH 的用电功率变化直接影响热水温度和室内温度，进而影响用户的舒适性。为反映温控负荷功率改变对用户适应性的影响，本章引入舒适度指标 CI。CI 定义为温度与用户设定的理想温度差值比的二次方。该值越大，说明实际温度与理想温度偏差越大，用户的舒适性就越差。其计算公式为

$$\begin{cases}CI(t,k)=CI_{AC}(t,k)+CI_{EWH}(t,k), & \forall t\in T(l),k\in N_H\\ CI_{AC}(t,k)=\left[\dfrac{\theta_{AC}^{in}(t,k)-\theta_{AC}^{ideal}(k)}{\theta_{AC}^{ideal}(k)}\right]^2, & \forall t\in T(l),k\in N_H\\ CI_{EWH}(t,k)=\left[\dfrac{\theta_{EWH}(t,k)-\theta_{EWH}^{ideal}(k)}{\theta_{EWH}^{ideal}(k)}\right]^2, & \forall t\in T(l),k\in N_H\end{cases} \tag{9-9}$$

式中，$CI(t,k)$为用户 k 在 t 时刻的不舒适度；N_H 为参与 RDR 项目的总用户数；$CI_{AC}(t,k)$和 $CI_{EWH}(t,k)$分别表示用户 k 在 t 时刻的室内温度和热水温度不舒适度指标；$\theta_{AC}^{in}(t,k)$和 $\theta_{EWH}(t,k)$分别表示用户 k 在 t 时刻的室内温度和热水温度；$\theta_{AC}^{ideal}(k)$和 $\theta_{EWH}^{ideal}(k)$分别表示用户 k 的理想室内温度和热水温度；$T(c)$为第 c 次需求侧响应事件的时间段。

9.1.2 应用温控设备的优越性分析

空调和热水器这两种设备参与需求侧响应管理低压配电网电压问题有如下优势：

(1) 空调和热水器功率大，在居民用户中使用率高。据统计，这两种设备占据了居民用户 50%以上的尖峰负荷，具有很大的响应潜力。

(2) 空调和热水器使用频繁，能快速响应，适应 DG 出力间歇性、波动性引起的电压高频调节需求。同时，短时间内改变空调和热水器的功率对室内温度和热水温度影响较小，进而对用户的舒适性影响较小。

(3) 最重要的是,在用户设定的温度范围内,在某一时刻改变温控负荷的用电功率以调整负荷分布,可以避免负荷转移问题,因此不会影响后续时刻配电网运行。

现基于空调给出一个简单的小例子说明热控负荷这一特性。用户 A 的空调额定功率为 2kW,室内理想温度设置为 24℃,可接受的温度范围为 22～26℃。两个案例设置如下:

案例 1:室内温度一直维持在理想值。

案例 2:在案例 1 用电功率的基础上,在第二个时间段削减空调用电功率 0.4kW,其余时刻空调用电功率不变。

4 个时间段内空调的用电功率和室内温度如图 9-1 所示。在第二个时段削减空调用电功率 0.4kW,其余时段空调用电功率不变,4 个时间段内空调的用电功率和室内温度如图 9-1 所示。

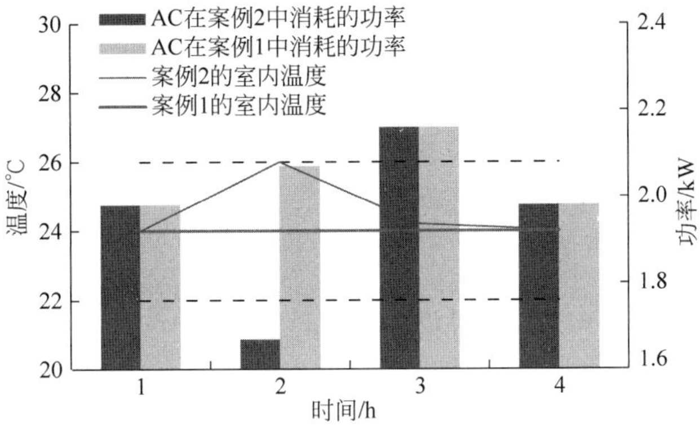

图 9-1　两个案例的室内温度和空调功率消耗情况

由图 9-1 可知,空调在第二个时间段用电功率减少导致室内温度偏离理想温度,但此时室内温度仍能满足用户的需求。这意味着当 AC 的功耗在一定范围内降低时,后续时段不需要改变用电情况。因此,在一定范围内改变 AC 的功耗对后续时段的 LVDN 的运行影响较小。基于这一特性,使用 AC 和 EWH 来管理 LVDN 电压问题要优于使用可延迟负载(即洗衣机和洗碗机)。调整温控负荷用电功率改善某一时刻的电压问题不会带来新的电压问题,而可平移负荷转移至其他时段使用,可能会导致后续时刻出现新的负荷分布不均衡,影响其他时刻的配电网运行。

9.2　LVDN 电压幅值和三相不平衡管理的多目标优化模型

本章所提方法通过优化参与需求侧响应用户的温控负荷热水器和空调的用电功率,实现低压配电网的电压幅值管理和 TPU 度管理,如图 9-2 所示。电网企业接收签订了需求侧响应协议用户的用电实时参数。当出现电压越限或三相电压不平衡度越限时,基于参与 RDR 的用户用电信息,电网企业应用本章所提方法得到用户用电优化策略。电网企业通过线上平台将该策略发送给用户的家庭能源管理系统,用户执行策略,实现低压配电网电压幅值和 TPU 度越限管理。需要说明的是,本章中每次 RDR 的时间设置为 5min,以防止长时间执行单个 RDR 造成的不适。所提方法描述为一个多目标优化问题,目标函数和约束条件如下所示。

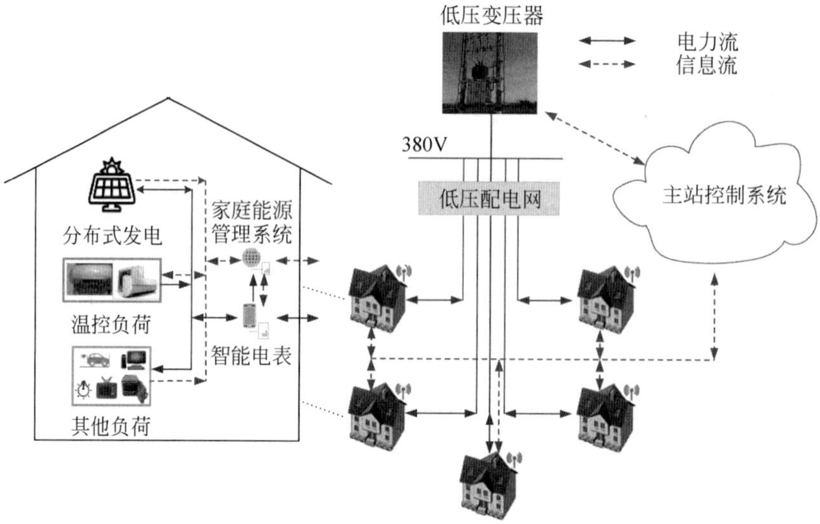

图 9-2 基于温控设备多目标优化的 LVDN 电压管理示意图

9.2.1 目标函数

为了更好地描述企业经济性和用户舒适性的需求，本章考虑 3 个优化目标，分别是 RDR 成本最小、网络损耗最小和用户不舒适度最小。

1. RDR 成本最小

电网企业利用用户需求侧响应管理低压配电网 TPU 度，期望实现在低压配电网电能质量合格的前提下，调节成本越小越好。调节成本即用户需求侧响应的补偿 C_{RDR}，目标函数为

$$\begin{cases} \min f_1 = \sum\limits_{l \in N_{\mathrm{RDR}}} C_{\mathrm{RDR}}(l) \\ C_{\mathrm{RDR}}(l) = \sum\limits_{t \in T(l)} \sum\limits_{k \in N_{\mathrm{H}}} p_{\mathrm{RDR}} \cdot | P_{\mathrm{origin}}(t,k) - P_{\mathrm{opt}}(t,k) | \end{cases} \tag{9-10}$$

式中，N_{RDR} 为 1d 内需求侧响应的总次数；$C_{\mathrm{RDR}}(l)$为第 l 次 RDR 电网企业支付给用户的总 RDR 成本，美元；p_{RDR} 为电网企业激励用户需求响应的补偿金额，美元/kW；$T(l)$为第 l 次需求侧响应持续的总时间段数；N_{H} 为参与需求侧响应的总用户数；$P_{\mathrm{origin}}(t,k)$ 和 $P_{\mathrm{opt}}(t,k)$分别为第 t 个需求侧响应时段第 k 个用户需求侧响应前后的功率，kW。

式(9-10)中存在绝对值等式。为了提高模型的可解性，引入二次方式替代绝对值等式，即

$$\min f_1 = \sum_{t \in T(l)} \sum_{k \in N_{\mathrm{H}}} p_{\mathrm{RDR}} \cdot [P_{\mathrm{origin}}(t,k) - P_{\mathrm{opt}}(t,k)]^2 \tag{9-11}$$

2. 网络损耗最小

网络损耗是反映电力系统运行经济性的重要指标。网络损耗越小，表明电力系统运行经济性和企业收益越高。其计算公式为

$$\min f_2 = \sum_{t \in T(l)} \left[P_{\mathrm{loss}}^{\mathrm{trans}} + \sum_{e=1}^{E} P_{\mathrm{loss}}^{\mathrm{line}}(e) \right] \tag{9-12}$$

式中，$P_{\text{loss}}^{\text{trans}}$ 和 $P_{\text{loss}}^{\text{line}}$ 分别表示变压器和线路有功损耗；E 表示低压配电网中的线路总数。

3. 用户不舒适度最小

如 9.1 节所述，CI 值越大，表明用户不舒适度越差。将参与 RDR 项目的所有用户的 CI 值总和最小化设定为第三个目标，如式(9-13)所示。该目标是为了尽可能降低热控负荷改变对用户舒适性的影响。

$$\min f_3 = \sum_{t \in T(l)} \sum_{k \in N_{\text{H}}} \text{CI}(t, k) \tag{9-13}$$

加权和法广泛应用于解决多目标优化问题[3]，它可以将多目标问题转化为单目标问题，具体描述为

$$\begin{cases} \min \left[w_1 \dfrac{f_1 - F_{1\min}}{F_{1\max} - F_{1\min}} + w_2 \dfrac{f_2 - F_{2\min}}{F_{2\max} - F_{2\min}} + w_3 \dfrac{f_3 - F_{3\min}}{F_{3\max} - F_{3\min}} \right] \\ \text{s.t.}\ h(x) = 0 \\ g(x) \leqslant b \\ w_1 + w_2 + w_3 = 1, w_1, w_2, w_3 \in [0, 1] \end{cases} \tag{9-14}$$

式中，$h(x)$和 $g(x)$分别为等式约束和不等式约束。$F_{1\min}$、$F_{2\min}$、$F_{3\min}$ 分别为单独对 f_1、f_2 和 f_3 求最小化时的解所对应的 F_1、F_2 和 F_3 值；$F_{1\max}$ 为单独对 f_2 和 f_3 求最小化时的解所得到的两个 F_1 中的较大值，$F_{2\max}$ 和 $F_{3\max}$ 同理；w_1、w_2 和 w_3 分别为优化目标 f_1、f_2 和 f_3 对应的权重。

不同目标的重要性可通过设置权重值来体现。本章引入层次分析法[4]，来确定 3 个目标函数的权重。对于给定 LVDN，首先邀请 u 个决策者对 3 个目标函数进行排序。在此基础上，利用层次分析法，基于打分结果计算得到 u 个权重分布结果。然后计算权重分布之间的相关因子，将相关因子最小的权重作为偏差权重进行剔除。最后，取剩余 $u-1$ 个权重的平均值，并将该结果作为 3 个目标函数的权重。

9.2.2 约束条件

考虑到运行安全性、电能质量以及用户舒适度，每一次 RDR 调度都需满足潮流约束、网络约束(包括电压幅值约束、电流幅值约束、三相电压不平衡度约束)以及用户侧设备运行约束。

1. 潮流约束

电网运行需要满足潮流约束。低压配电网为三相四线制网络，加上负荷在各相的非均衡分布，网络电力潮流不平衡，本章采用文献[5]中基于注入电流的牛顿-拉夫逊法求解网络潮流。潮流约束如下：

$$\Delta I_{i,g}(t) = I_{i,g}^{\text{Y}}(t) - I_{i,g}^{\text{S}}(t) = 0, \quad \forall i \in \eta, g \in \alpha_{\text{p}}, t \in T(l) \tag{9-15}$$

$$I_{i,g}^{\text{Y}}(t) = \sum_{h \in \alpha_{\text{p}}} A_{ii}^{hh} V_i^h(t) + \sum_{\substack{j \in \sigma_i \\ j \neq i}} \sum_{h \in \alpha_{\text{p}}} A_{ij}^{gh} V_j^h(t), \quad \forall g \in \alpha_{\text{p}}, t \in T(l) \tag{9-16}$$

$$I_{i,g}^{\text{S}} = \begin{cases} \dfrac{[P_i^g V_{\text{Re}i}^{gn} + Q_i^g V_{\text{Im}i}^{gn}] - j[Q_i^g V_{\text{Re}i}^{gn} - P_i^g V_{\text{Im}i}^{gn}]}{(V_{\text{Re}i}^{gn})^2 + (V_{\text{Im}i}^{gn})^2}, & \forall g \neq n \\ -[I_{i,\text{a}}^{\text{S}} + I_{i,\text{b}}^{\text{S}} + I_{i,\text{c}}^{\text{S}}], & \forall g = n \end{cases} \tag{9-17}$$

式中，η 为低压配电网端点总和，低压配电网中处于相同位置的不同相的多个节点统称为一个端点；$\alpha_p=(a,b,c,n)$，为相数集合；$\Delta I_{i,g}$ 为第 i 个端点第 g 相的电流不平衡量；$I_{i,g}^{Y}$ 为基于节点导纳矩阵计算得到的第 i 个端点第 g 相的节点注入电流；$I_{i,g}^{S}$ 为基于节点功率和电压计算得到的第 i 个端点第 g 相的节点注入电流；A_{ii}^{hh} 为端点 i 的 h 相自阻抗，A_{ij}^{gh} 为端点 i 和端点 j 之间 g 相和 h 相的互阻抗；V_i^h、V_j^h 分别为端点 i、j 在 h 相的节点电压；P_i^g、Q_i^g 分别为端点 i 在 g 相的有功功率和无功功率；$V_{\mathrm{Re}i}^{gn}$、$V_{\mathrm{Im}i}^{gn}$ 分别为端点 i 在 g 相线电压的实部和虚部。

此外，同一节点下的各用户用电功率之和应该与该节点供电功率相等，即

$$\begin{cases} P_i^g(t)=\displaystyle\sum_{u_{i,g}=1}^{N_{i,g}}[P_{\mathrm{cload}}(k_g,t)+P_{\mathrm{AC}}(k_g,t)+P_{\mathrm{EWH}}(k_g,t)-P_{\mathrm{DG}}(k_g,t)] \\ Q_i^g(t)=\eta_{\mathrm{VAR}}\cdot P_i^g(t) \end{cases},\quad \forall g\neq n,t\in T(l) \tag{9-18}$$

式中，$N_{i,g}$ 为母线 i 第 g 相线上的总用户数；P_{cload} 为用户除空调、热水器以外的负荷功率和；P_{AC} 为空调负荷功率；P_{EWH} 为热水器负荷功率；P_{DG} 为分布式电源；η_{VAR} 为功率因数。

2. 网络约束

为满足 LVDN 运行安全和功率均衡的要求，网络约束包括电流幅值、电压幅值、三相电压不平衡度约束，如下所示：

$$-I_{ij}^{\max}\leqslant I_{ij}^g(t)\leqslant I_{ij}^{\max},\quad \forall i,j\in\eta,\forall g\in\alpha_p,t\in T(l) \tag{9-19}$$

$$0.93\leqslant V_i^h(t)\leqslant 1.07,\quad \forall h\in\alpha_d,t\in T(l) \tag{9-20}$$

$$\mathrm{VUF}_i(t)=\frac{V_i(t)^-}{V_i(t)^+}\times 100\%\leqslant 2\%,\quad \forall i\in\eta,t\in T(l) \tag{9-21}$$

式中，$I_{ij}^{\max}$ 为线路允许流经的最大电流值，A；α_d 为 LVDN 中的总节点数；VUF_i 为母线 i 的三相电压不平衡度；V_i^- 和 V_i^+ 分别为母线 i 的负序和正序电压。

3. 设备运行约束

空调和热水器运行受其额定功率和用户设定的可接受温度范围约束，如式(9-1)～式(9-8)所示。

9.2.3 模型求解

式(9-1)～式(9-8)、式(9-11)～式(9-21)构成了所提基于温控设备多目标优化的 LVDN 电压管理模型，其中决策变量为 LVDN 内参与 RDR 项目用户的热水器和空调用电功率。由于包含非线性约束和混合整数变量，所提模型属于混合整数非线性规划问题。本章调用 MATLAB 中的 IPOPT 求解器，求解该模型。

9.3 算例分析

本章所提优化模型分别应用在瑞典 6 用户 LVDN 和 28 用户 LVDN。其中，两个系统的网架数据来源于文献[6]，用户负荷数据来源于文献[7]。考虑到细节信息可以在小案例

中展示，6 用户网络用来展示本章所提方法如何调度用户设备实现低压配电网 TPU 管理。此外，还在 6 用户网络上进行了本章所提方法与文献[8]中的方法的对比研究。28 用户网络用来分析不同优化目标、光伏并网容量和用户可忍受温度范围对优化结果的影响。在 MATLAB R2014a 上搭建模型，并利用 IPOPT 求解器求解所提模型。算例仿真在 Intel Core i9-4460 CPU 上运行，CPU 为 3.20GHz，内存为 8.0GB。6 用户和 28 用户 LVDN 分别包含 175 和 540 个变量。6 用户和 28 用户 LVDN 最大求解时间分别小于 4s 和 9s，较短的求解时间有利于将所提方法在真实系统中使用。

9.3.1 算例参数

1. 6 用户网络参数

6 用户网络如图 9-3 所示。该网络系统为典型的瑞典农村低压配电网，包含一个 100kV · A 变压器、11 个节点和 6 个单相用户，其网络参数见文献[7]。由于用户负荷和光伏装机容量在三相间的分布不平衡，该电网存在明显的三相电压不平衡问题。典型的夏日三相负荷曲线如图 9-4 所示。用椭圆突出显示的负荷点出现了电压幅值和 TPU 度越限，此时 A、B、C 三相的负荷分别为 11.3kW、15kW、21.6kW，最大三相电压不平衡度为 2.31%，超过限值 2%。选取该点作为本章方法的验证场景。6 个用户的 AC、EWH 参数分别如表 9-1 和表 9-2 所示。6 用户均参与 RDR 项目，激励价格为 0.4 美元/kW[8]。邀请 5 位专家给出 3 个目标函数的重要性排序结果，利用 9.2.1 节所述的层次分析法得到 3 个目标函数的权重分别为 0.5、0.2 和 0.3。此外，假设优化前用户的 AC 和 TCL 的运行目标为室内温度和热水温度尽可能接近理想的舒适温度。在这种情况下，用户的 AC 和 EWH 的初始功耗如表 9-1 和表 9-2 所示。

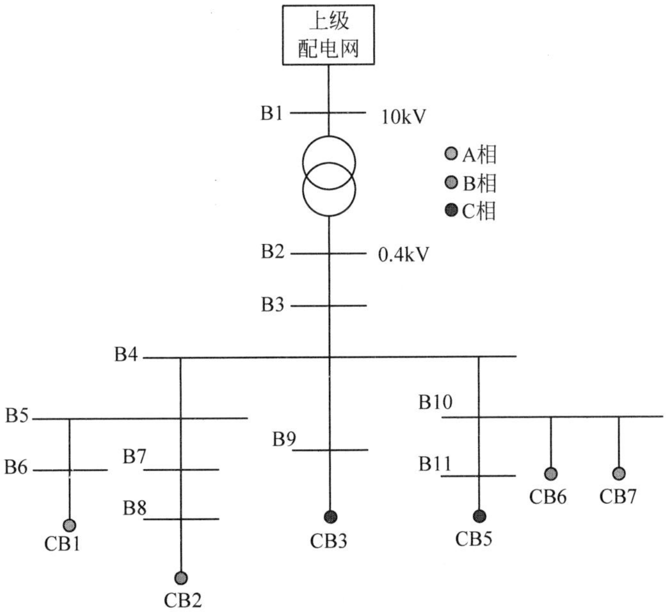

图 9-3 6 用户 LVDN 系统

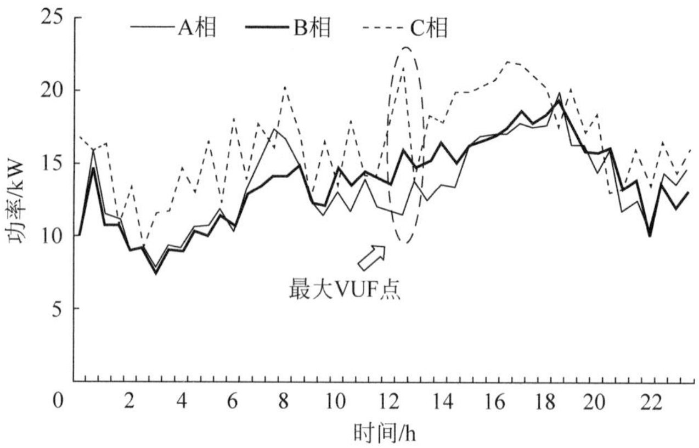

图 9-4　6 用户 LVDN 中典型的夏日场景三相负荷曲线

表 9-1　6 用户 LVDN 中用户热水器参数

用户	P_{EWH}^{N}/kW	θ_{EWH}^{min}/℃	θ_{EWH}^{max}/℃	θ_{EWH}^{in}/℃	P_{EWH}^{origin}/kW
CB1	1.5	52	62	54	1.5
CB2	1.8	56	66	58	1.8
CB3	2.5	55	66	57	2.5
CB4	2.5	54	64	56	2.5
CB5	2	54	64	57	2
CB6	1.8	52	62	55	1.8

表 9-2　6 用户 LVDN 中用户空调参数

用户	P_{AC}^{N}/kW	θ_{min}^{in}/℃	θ_{max}^{in}/℃	θ_{AC}^{init}/℃	P_{EWH}^{origin}/kW	β_{AC}	α_{AC}
CB1	2	20	26	24.8	1.8	−6.1	0.9
CB2	2.5	22	28	27	2	−4.6	0.9
CB3	2.5	21	27	23.8	1.9	−5.2	0.9
CB4	2	21	27	25.8	1.6	−6.3	0.9
CB5	2.5	20	26	24.8	1.8	−6.1	0.9
CB6	2	22	28	26.8	1.7	−5.4	0.9

2. 28 用户网络参数

28 用户网络如图 9-5 所示。该网络系统为典型的瑞典城郊低压配电网，包含一个 500kV·A 变压器、20 个节点和 28 个用户，其中单相用户 27 户，三相用户 1 户，其网络参数见文献[7]。

在此低压配电网中，光伏装机容量为 80kW(A 相 40kW，B 相 25kW，C 相 15 kW)。由于用户负荷和光伏装机容量在三相间的分布不平衡，该电网存在明显的电压三相不平衡问题。典型的夏日三相负荷曲线如图 9-6 所示。用椭圆突出显示的负荷点出现了电压幅值和 TPU 度越限，此时 A、B、C 阶段的负荷分别为 46.2kW、74kW、91kW，最大三相电压不平衡度为 2.3%，超过限值 2%。选取该点作为本章方法的应用场景，研究不同优化目标、光伏并网容量和用户可忍受温度范围对优化结果的影响。27 个单相用户参与 RDR 项目，激励价格

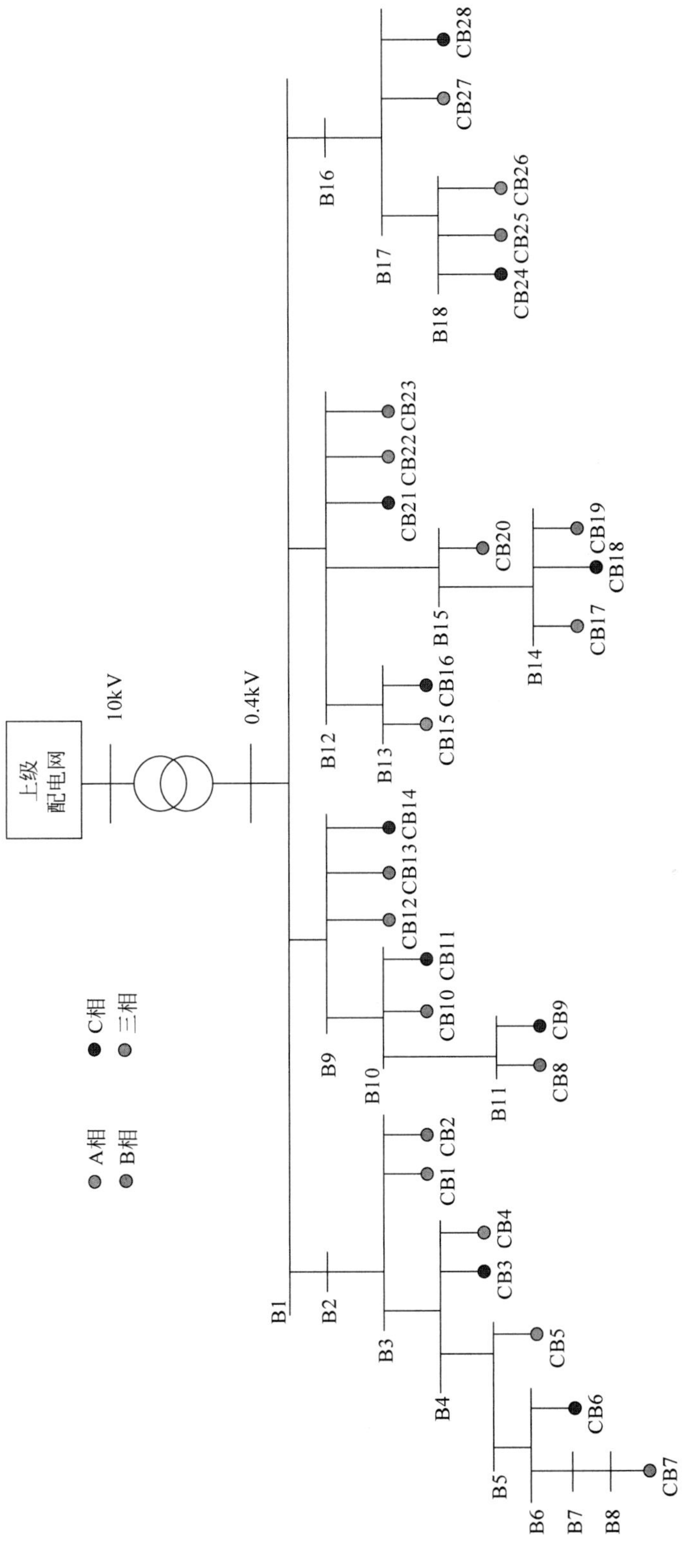

图 9-5　28 用户 LVDN 示意图

为 0.4 美元/kW。该方法中 3 个目标函数的权重分别为 0.5、0.2 和 0.3。此外，假设优化前用户的 AC 和 TCL 的运行目标为室内温度和热水温度尽可能接近理想的舒适温度。由于篇幅限制，27 个用户的 AC 和 EWH 参数不再赘述。

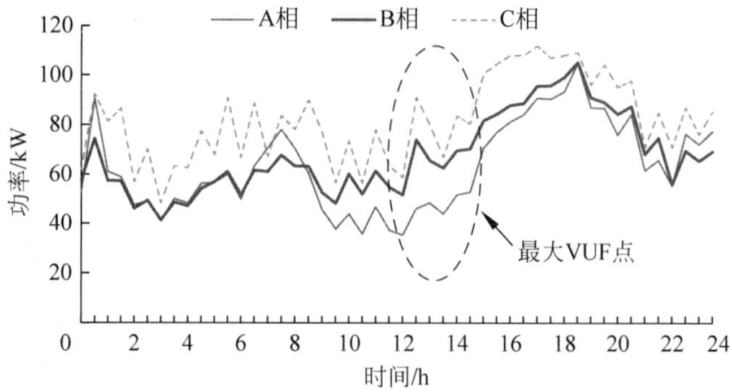

图 9-6 28 用户 LVDN 中典型的夏日场景三相负荷分布曲线

9.3.2 优化方案验证与对比分析

图 9-7 给出了在 6 用户网络中应用本章所提 LVDN 电压管理方法前后的 V_i^h 和 VUF_i。如图 9-7 所示，在优化管理之前，端点 B11 的三相电压不平衡度明显越限，并且 C 相中的大

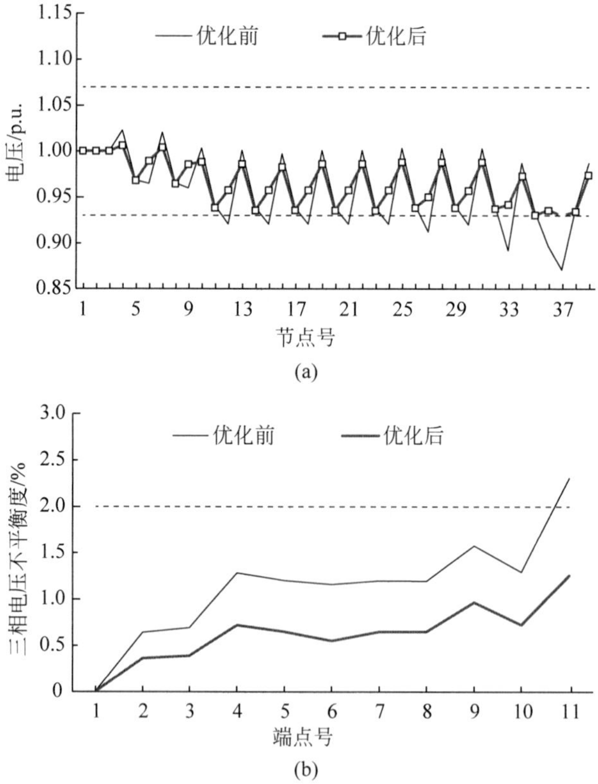

图 9-7 优化前后 6 用户 LVDN 的 V_i^h 和 VUF_i

(a) V_i^h；(b) VUF_i

多数节点电压越下限。而优化后所有节点的 V_i^h 和所有母线的 VUF_i 均满足约束，说明所提方法的有效性。此外，为了更好地说明所提方法如何调度居民的 AC 和 EWH，表 9-3 给出了优化前后用户的 EWH 和 AC 的功耗、热水温度、室内温度和不舒适度指标的变化。应注意，负值和正值分别表示优化后指标数值减少和增加。由表 9-3 可知，用户 CB3 和 CB4 的 EWH 和 AC 用电功率降低了。这是由于：为了增加电压和降低端点的三相电压不平衡度，需要减轻 C 相中的负载，而用户 CB3 和 CB4 属于 C 相上的用户。与此同时，为改善电压问题，A 相中的部分负载被削减(用户 CB1 和 CB6 的 AC 用电功率)，而 B 相中增加了部分负载(用户 CB2 和 CB5 的 AC 用电功率)。由表 9-3 可知，热水温度、室内温度以及用户不舒适度随 AC 和 EWH 功耗的变化而变化，用户 CB3 和 CB4 由于功率削减较大，其用户不舒适度分别增加了 0.74 和 0.56。

表 9-3　优化后用户的 EWH、AC 的功耗、热水温度、室内温度和不舒适度变化情况

用户	ΔP_{EWH}/kW	ΔT_{EWH}/℃	ΔP_{AC}/kW	ΔT_{AC}/℃	ΔCI
CB1	0	0	−0.2	1.1	0.03
CB2	0	0	0.4	−1.9	0.16
CB3	−2.5	−3.8	−0.6	3.0	0.74
CB4	−2.5	−3.8	−0.5	3.0	0.56
CB5	0	0	0.3	−1.6	0.07
CB6	0	0	−0.2	1.1	0.04

接着对比分析本章方法和文献[8]中所提方法的应用效果，以说明本章方法的优越性。表 9-4 中给出了 6 个用户的可平移负荷参数。本章方法和文献[8]中所提方法分别定义为方法 1 和方法 2，且两种方法的优化目标均为最小化 RDR 支付成本。

表 9-4　6 用户的可平移负荷参数

用户	洗衣机/kW	洗碗机/kW	烘干机/kW	泳池水泵/ kW
CB1	1.5	2	3	1
CB2	1.5	2	3	1
CB3	2	2	3	1
CB4	1.5	2	3	1
CB5	1.5	2	3	1
CB6	1.5	2	3	1

两种方法得到的 V_i^h 和 VUF_i 如图 9-8 所示。由该图可知两种方案均能满足电压约束，方法 2 改善电压幅值和 TPU 度的效果更好，因为它在优化中削减的功率比方法 1 更多。具体来讲，方法 1 中的热控负荷用电功率总变化量为 5.59kW，RDR 支付成本为 2.236 美元；方法 2 中的热控负荷用电功率总变化量为 7kW，RDR 支付成本为 3.200 美元。这表明方法 1 即本章方法在满足电压约束的前提下，需要调整的用电功率更小，支付的 RDR 成本也更少，因此本章方法利用温控设备比文献[8]中应用可平移负荷的经济性更好。

此外，在方法 2 中，为了满足 VMULV 约束，用户 CB3 的洗碗机和洗衣机(4kW)、用户 CB4 的泳池水泵和洗衣机(2.5kW)需要转移到后续时段使用。假定用户 CB3 的洗碗机和洗衣机转移到下午 2：30 使用，用户 CB4 的泳池水泵和洗衣机转移到下午 4：30 使用。

图 9-9 给出了该种情形下的三相负荷曲线。由图 9-9 可知，由于负荷转移，下午 2：30 和下午 4：30 出现了新的三相电压不平衡。而方法 1 通过改变热水温度和室内温度来削减负荷，不需要转移负荷，对 LVDN 后期运行影响较小。

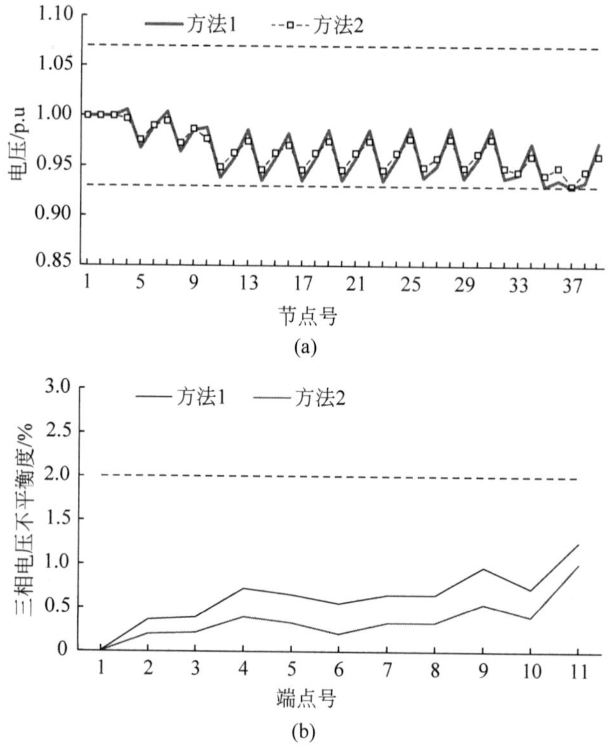

图 9-8　两种方法下 6 用户 LVDN 的 V_i^h 和 VUF_i

(a) V_i^h；(b) VUF_i

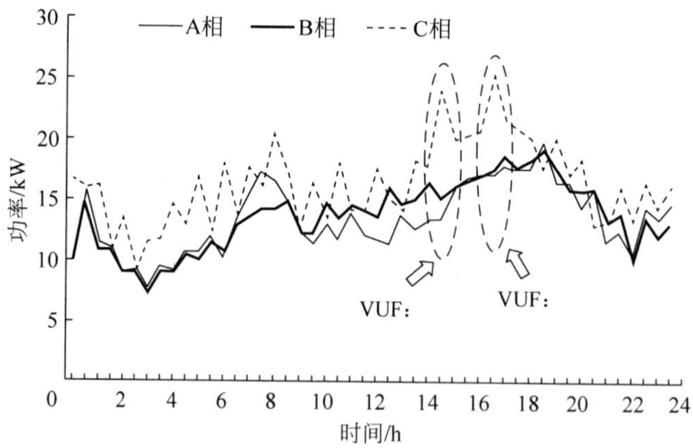

图 9-9　负荷平移后的三相负荷曲线

9.3.3　不同目标函数对优化结果的影响分析

为研究不同优化目标对用户不舒适度、RDR 支付成本以及网络损耗的影响，本节基于

28 用户网络基础场景参数，对比分析了单独对 f_1、f_2 和 f_3 三个目标和多目标求解得到的优化结果，如表 9-5 所示。

表 9-5 不同优化目标下的优化结果

目标函数	不舒适度指标	RDR 支付成本/美元	网络损耗/kW
f_1	**29.05**	11.23	**11.56**
f_2	16.64	**24.26**	7.89
f_3	8.36	14.09	9.72
f	9.86	12.54	10.54

由表 9-5 可知，仅考虑 RDR 支付成本最小目标 f_1 时，不舒适度指标和网络损耗在 4 个场景中数值最大，分别为 29.05kW 和 11.56kW。此时，用户的温度舒适性和网络运行经济性最差。仅考虑网络损耗最小目标 f_2 时，企业调节成本最大，为 24.26 美元，且用户不舒适度指标也相对较大，企业和用户都受到较大影响。仅考虑用户舒适度目标时，RDR 支付成本相对较高。而利用权重综合考虑多目标优化中，3 个目标虽然都没有达到最小值，但实现了 3 个目标同时相对较优，兼顾了多方的利益。

9.3.4 光伏渗透率对优化结果的影响分析

在 LVDN 中，分布式光伏（PV）并网渗透率增加会影响节点电压分布。为了研究 LVDN 中 PV 渗透率水平对优化结果的影响，本节基于 28 用户网络基础场景参数，改变 PV 渗透率，设计了 3 组场景：PV 渗透率分别为 16%、32%和 48%。仿真结果如图 9-10、图 9-11 所示，图中 PPL 代表 PV 渗透率。

由图 9-10 可知，当 PPL 为 16%时，系统中电压越下限的节点数最多。随着 PV 渗透率的增加，节点电压逐渐上升，电压幅值越限问题得到缓解。这是因为 PV 出力就地消纳了部分负荷，可以减少经 LVDN 网架传送的电能。PPL 越高，其消纳的负荷越多，网架传送负载越小，因此节点电压越高。由图 9-11 可知，在本章所提的多目标优化策略下，3 种 PV 渗透率场景中的节点电压均能保持在合格范围内。

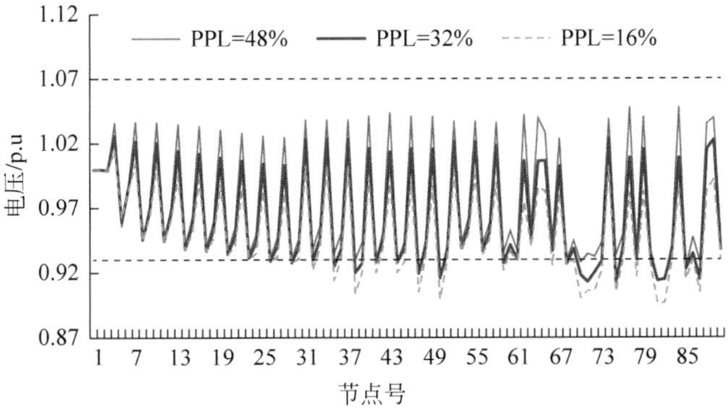

(a)

图 9-10 优化前不同 PV 渗透率下 28 用户 LVDN 的 V_i^h 和 VUF_i

(a) V_i^h；(b) VUF_i

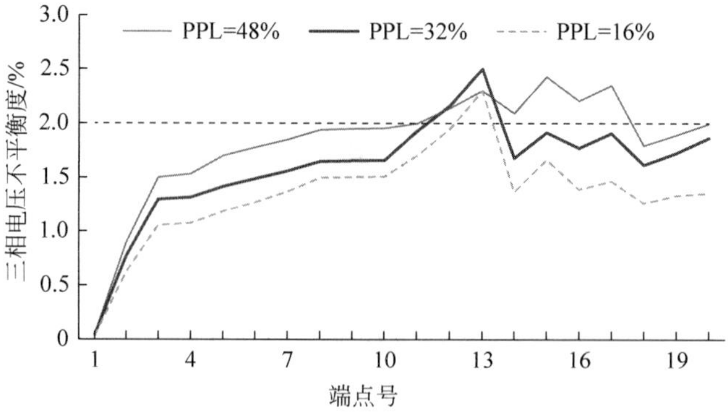

(b)

图 9-10 （续）

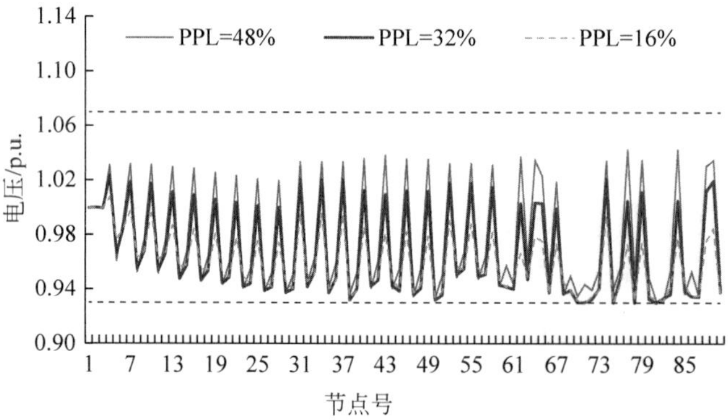

(a)

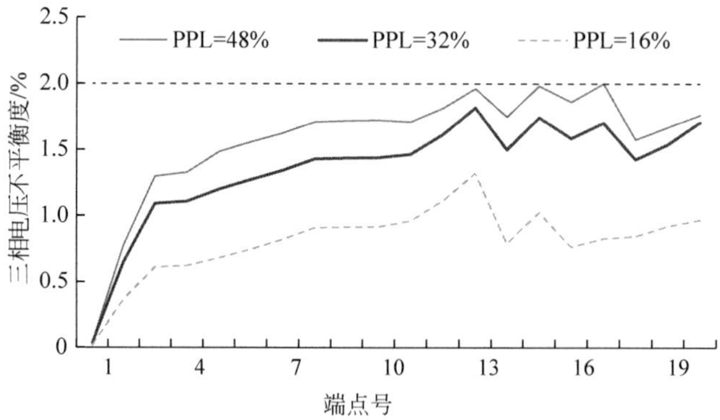

(b)

图 9-11 优化后不同 PV 渗透率下 28 用户 LVDN 的 V_i^h 和 VUF_i

(a) V_i^h；(b) VUF_i

由图 9-10 还可知，随着 PV 渗透率的增加，系统中三相电压不平衡度越上限的节点数逐渐增多。这说明 PV 渗透率增加，加剧了系统的三相电压不平衡度。但在本章所提的多目标优化策略下，3 种 PV 渗透率场景中的节点三相电压不平衡度均能控制在合格范围内。随着 PV 渗透率的增加，优化后的节点三相电压不平衡度逐渐逼近上限值。

表 9-6 给出了 3 种 PV 渗透率下的不舒适度指标、RDR 支付成本、网络损耗和用户 EWH 与 AC 功率消耗变化情况。由该表可知，随着 PV 渗透率的增加，RDR 支付成本逐渐减少。这是因为电压约束相对 TPU 约束对功率调节需求更多。随着 PV 渗透率的增加，节点电压越限程度下降，所需要调节功率减少，因此 RDR 支付成本下降。此外，用户的不舒适度指标随着 PV 渗透率的增加而下降。这是因为热水器和空调用电功率变化直接影响用户的不舒适性，而它们随着 PV 渗透率的增加逐渐减少，因此用户的不舒适度指标也随 PV 渗透率的增加而减小。同时，由于分布式 PV 就地消纳部分负荷，网架传输功率减少，因此 LVDN 网络损耗随着 PV 渗透率的增加而下降。

表 9-6 不同 PV 渗透率下的仿真结果

PV 渗透率	不舒适度指标	RDR 支付成本/美元	网络损耗/kW	$P_{\mathrm{EWH}}^{\mathrm{change}}$/kW	$P_{\mathrm{AC}}^{\mathrm{change}}$/kW
16%	9.86	12.54	10.54	25.70	5.66
32%	7.77	8.17	8.85	16.10	4.32
48%	4.65	5.21	6.38	10.10	2.93

综上所述，LVDN 中的 PV 渗透率增加，有利于缓解电压越下限问题，但会加剧三相电压不平衡问题。本章所提策略能有效改善由分布式电源分布不均衡带来的电压越限和三相电压不平衡问题，并有效提高低压配电网可接纳的光伏容量。

9.3.5 用户舒适温度范围对优化结果的影响分析

用户设定的室内温度和热水温度舒适范围将直接影响用户能参与需求侧响应的功率大小。鉴于 AC 用电功率对温度范围变化更敏感，本节在 28 用户网络基础场景参数下，设置 4 组室内舒适温度场景，研究用户舒适温度范围变化对仿真结果的影响。场景设置需要满足两个条件：①4 组场景的室内理想温度必须相同，以确保 4 组场景中的变量唯一，即室内舒适温度范围。这需要 4 组场景室内舒适温度范围的均值相同。②4 组场景室内舒适温度范围需要逐渐增加，以保证在 RDR 事件中能调用的 AC 最大功率逐渐增加。满足这两个条件的 4 组场景具体如下：

场景 1：所有用户的室内温度舒适范围设定为 21～27℃。

场景 2：所有用户的室内温度舒适范围设定为 20～28℃。

场景 3：所有用户的室内温度舒适范围设定为 19～29℃。

场景 4：所有用户的室内温度舒适范围设定为 18～30℃。

图 9-12 给出了本章优化策略下 4 组场景的节点电压幅值和三相电压不平衡值。由该图可知，4 组场景的节点电压幅值和三相电压不平衡值差异很小。表 9-7 给出了 4 组场景下不舒适度指标、RDR 支付成本、网络损耗和目标值。由该表可知，整体的效益随着室内舒适温度范围增加变得更好，不舒适度指标、RDR 支付成本和目标值均随着室内舒适温度范围增加而下降，原因具体分析如下。

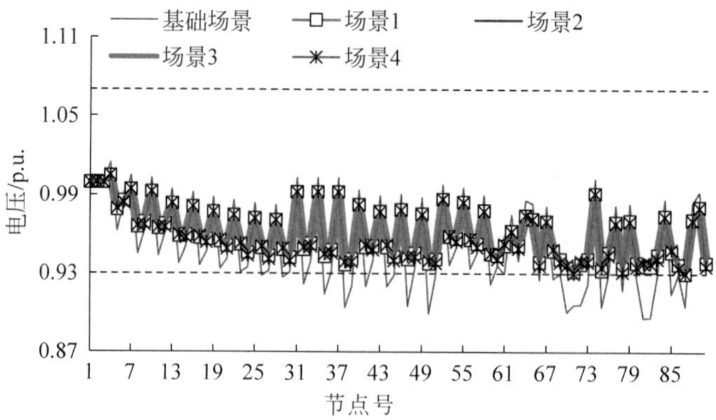

(a)

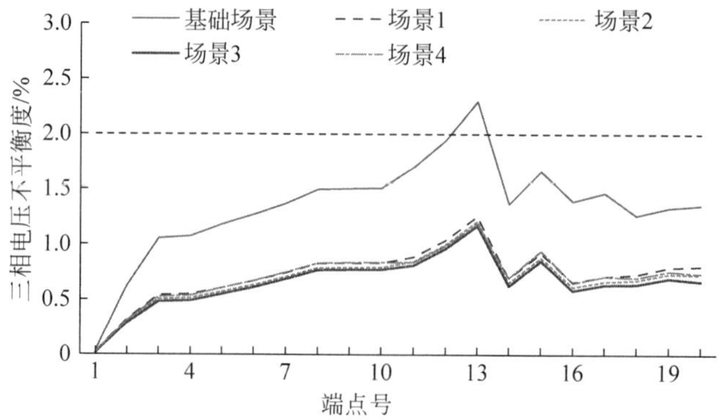

(b)

图 9-12 4 组场景下 28 用户 LVDN 的 V_i^h 和 VUF_i

(a) V_i^h；(b) VUF_i

表 9-7 4 组场景下不舒适度指标、RDR 支付成本、网络损耗和目标值

场景	不舒适度指标	RDR 支付成本/美元	网络损耗/kW	目标值
场景 1	32.04	15.08	10.18	0.56
场景 2	18.45	14.19	10.70	0.46
场景 3	14.00	13.92	10.83	0.42
场景 4	11.18	13.71	10.92	0.39

LVDN 中负荷分布不均匀，为满足电压幅值和 TPU 约束，不同用户需要优化 EWH 和 AC 的用电功率数值不同。本节定义优化后 LVDN 中用电功率变动较大的用户为关键用户。图 9-13 对比了 4 组场景下用户的 AC 功率变化情况。由该图可知，此时 28 用户 LVDN 中的关键用户是用户 25。当室内温度舒适范围较小时(场景 1)，用户 AC 可调节功率较小，这限制了关键用户可调节功率。这时，为满足电压幅值和 TPU 约束，需要其他用户改变更多功率。当室内温度舒适范围扩大时(场景 4)，用户 AC 可调节功率增多，关键节点用户(用户 25)变化功率增大，其余用户的功率变化减少。由此，居民整体的温控设备功率变化减少，继而导致不舒适度指标、RDR 支付成本减少。由此可知，舒适温度范围越大越有利于提升所提方法对电压管理的综合效益。

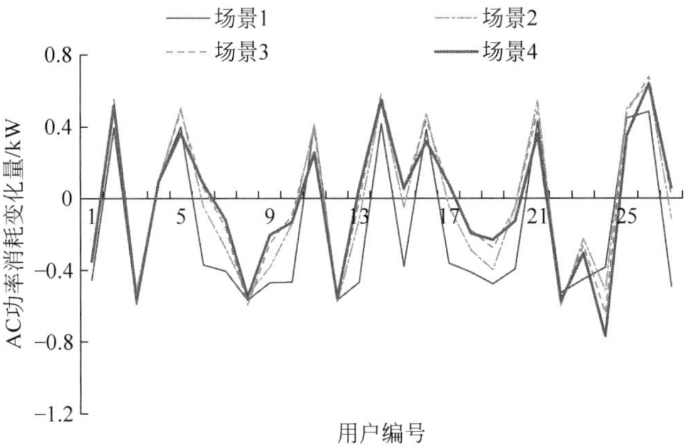

图 9-13 4 组场景下用户的 AC 功率变化情况

9.4 本章小结

为了解决 LVDN 中的 VMULV 问题,深度挖掘用户侧居民柔性资源响应潜力,本章综合考虑 RDR 支付成本、网络损耗和用户舒适度,提出了一种基于温控设备多目标优化的 LVDN 电压幅值和 TPU 管理方法。进一步研究了不同优化目标、PV 渗透率以及用户舒适温度范围对优化结果的影响,结论如下:

(1) 本章所提方法可有效改善 LVDN 中的 VMULV 问题,并能避免现有的基于可平移负荷的电压管理方法对后续时段 LVDN 运行的影响。

(2) 本章所提方法综合考虑多个目标,可兼顾电网企业效益和用户舒适度,比单目标效果更好。

(3) 本章所提方法可在满足 LVDN 电压幅值和三相电压不平衡度约束的前提下,提升 LVDN 中允许并网的 PV 容量。

(4) 用户设定的舒适温度范围越大,所提方法对电压管理的综合效益越大。

9.5 参考文献

[1] ZHENG W, WU W, ZHANG B, et al. Distributed optimal residential demand response considering operational constraints of unbalanced distribution networks[J]. IET Generation Transmission & Distribution, 2018, 12(9): 1970-1979.

[2] DU P, LU N. Appliance oommitment for household load scheduling[J]. IEEE Transactions on Smart Grid, 2011, 2(2): 411-419.

[3] KADDANI S, VANDERPOOTEN D, VANPEPERSTRAETE J M, et al. Weighted sum model with partial preference information: application to Multi-Objective Optimization[J]. European Journal of Operational Research, 2017, 260(2): 665-679.

[4] YARAGHI N, TABESH P, GUAN P, et al. Comparison of AHP and Monte Carlo AHP under different levels of uncertainty[J]. IEEE Transactions on Engineering Management, 2015, 62(1): 122-132.

[5] PENIDO D R R, ARAUJO L R D, CARNEIRO S, et al. Three-phase power flow based on four-conductor current injection method for unbalanced distribution networks[J]. IEEE Transactions on Power Systems, 2008, 23(2): 494-503.

[6] SCHWANZ D, FRIEDEMANN MÖLLER, SARAH K. RÖNNBERG, et al. Stochastic assessment of voltage unbalance due to single-phase-connected solar power[J]. IEEE Transactions on Power Delivery, 2017, 32(2): 852-861.

[7] LI Y, WOLFS P J. A hybrid model for residential loads in a distribution system with high PV penetration[J]. IEEE Transactions on Power Systems, 2013, 28(3): 3372-3379.

[8] RAHMAN M M, AREFI A, SHAFIULLAH G M. A new approach to voltage management in unbalanced low voltage networks using demand response and OLTC considering consumer preference [J]. International Journal of Electrical Power & Energy Systems, 2018, 99: 11-27.

第10章

“双碳”目标驱动的新型低压配电系统技术展望

能源转型发展是国民经济健康发展的基础，是国家安全的保障。2014年，习近平主席提出能源革命的战略思想；2020年，中国在联合国大会上提出“双碳”战略目标；2021年，中央财经委员会第九次会议提出要构建以新能源为主体的新型电力系统，为能源电力的发展做出了最为重要的部署。

我国太阳能和风能的可用潜力巨大，完全可以覆盖社会用能需求，为解决国家能源安全和全球温室效应问题，能源革命势在必行。然而巨量的新能源并网带来的强不确定性和弱惯性将颠覆传统电力系统的源荷特性，传统的“源随荷调”的调度模式、稳定性控制和“三道防线”等技术体系都将受到严重的挑战和冲击。在该背景下，电力系统将迫切需要灵活可控的功率调节资源和数字化运行管理方式，其形态也将随之改变。其中，低压配电网受到的影响尤为显著，构建新型低压配电系统（new-type low-voltage distribution system，NLDS），是实现“双碳”战略的重要构成部分，也是电网企业数字化转型和新型电力系统建设的重要落脚点。

NLDS是一种拓扑清晰、多源不可控，以数字化手段为支撑，以满足能源电力新业态发展为目标，具有透明化、低碳化、互动化、灵活化、多元化特征的低压配电网。其与主动配电网相比，最大的区别是NLDS中的电源多不可控；其与传统低压配电网相比，区别不仅在于智能化技术的进步颠覆了后者盲乱无序的形态，新元素的发展推动了低压负荷柔性化，更在于“双碳”赋能令其使命与内涵极大延伸，不仅要作为末端电能传输与分配的物理路径，还要作为海量小规模分布式新能源消纳、用电大数据获取以及能源电力新业态发展的关键支撑平台，其形态特征将发生质的变化。因此，跳出传统低压配电网研究的惯性思维，探索适用于NLDS的技术研究框架势在必行。

本章首先分析了低压配电系统新元素与形态变化，然后提出了NLDS的典型特征及其量化评价指标，最后展望了NLDS技术发展方向，为新型电力系统背景下低压配电系统领域的研究提出了一些思路。

10.1 低压配电系统新元素与形态变化

近年来，低压配电系统的新元素逐渐增加：一方面是新能源元素，如光伏、电动汽车(electric vehicle，EV)充电站的建设[1-2]；另一方面是智能化元素，如台区智能终端、一二次融合开关、小微传感等[3-4]的应用；还有直流配网元素，驱动着低压系统的形态逐渐演化[5-6]，主要体现在电源、网架、负荷、数字化这4个方面。

1. 屋顶光伏超高渗透率接入，跃变性双向潮流形态

对比2020年底全国户用光伏装机总容量10.1GW，截至2021年8月底，当年户用光伏新增装机9.52GW[7]。以低压光伏为主体的分布式电源(distributed generator，DG)装机呈井喷式增长态势。2021年6月，国家能源局发布了《关于整县屋顶分布式光伏开发试点方案的通知》[8]，低压系统成为新能源分布式消纳的主战场，DG渗透率达到甚至超过100%的场景将越来越多，消纳难度极大。

由于台区整体容量小，间歇性超高渗透率的光伏将使得低压系统经常发生跃变性、双向性潮流，进而引起配变过载、过电压、电压暂降等问题，逆变器的谐波特性也给部分精密用户的用电电能质量带来不良影响。与发展较为成熟的中压系统不同，由于调控手段缺乏，低压系统对超高渗透率的DG几乎没有招架之力。为此，户用储能的技术及其经济性将成为消纳屋顶光伏的关键[16]。

2. 网架分层互联分区自治，交直流混合形态

首先，低压系统将被纳入更加规范的规划，结合“三线整治”等城市治理工作，逐步形成更为工整的布线形式和更为清晰的网架结构。其次，鉴于台区内部负荷双向波动较大且台区之间负荷的不完全同步的特点，从可靠性角度考虑，NLDS将因地制宜形成必要的互联网架结构，如图10-1所示，涉及台区间首端联络、台区间末端联络和相线间联络(通过换相开关)，以满足电网自愈性需求；或者在稳态情况下，调节台区间或者相间的负荷平衡度，提高运行的安全性和经济性。

此外，对于部分偏远的或可靠性需求高的低压负荷，可以以整个低压台区、分支线或局部用户为单位，通过加装储能装置、并离网开关和微网控制器等，形成区域微电网(群)，可实现并/离网运行、灵活的功率互济与潮流优化，有效提升低压系统运行的安全性、稳定性和经济性。

考虑到NLDS中DG、充电桩、储能等新元素均为直流源或直流负荷，直流供用电技术将成为NLDS供用电的重要组成形态[9]。数据中心、智能建筑、EV、智能家居、智慧市政都将是低压直流供用电的典型应用场景，低压供用电生态也将由目前交流为绝对主体向交直流并存甚至纯直流方向演变。低压系统直流化比10kV以上的配电网直流化更加具有经济价值和可操作性。

因低压系统中的设备和用户数量级太大，在10kV及以上电网普遍采用的集中式调度并不适用，按台区分区自治将是NLDS运行控制的主要模式。

3. 终端能源消费推进电能替代，负荷柔性化形态

除了在能源供给侧推进清洁能源替代，国家还在能源消费侧推进电能替代。发展EV

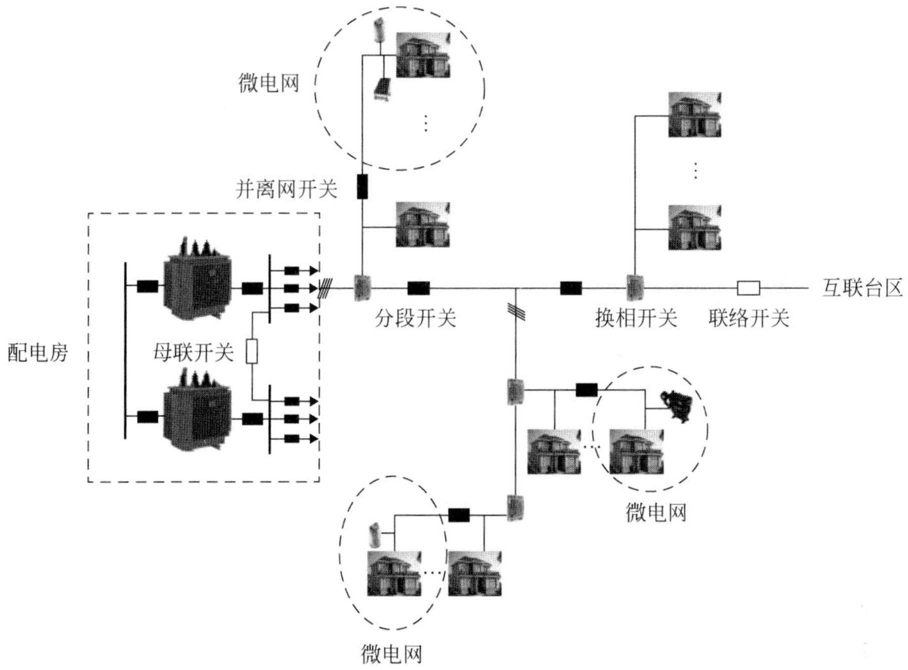

图 10-1 低压配电系统互联网络架构

成为交通领域低碳化和电能替代的重点工作。截至 2021 年 6 月，全国新能源汽车保有量达 603 万辆，其中纯电动汽车占比高达 81.7%，全国低压充电基础设施累计数量 182.7 万台，同比增加 42%[10]。由于 EV 充电负荷周期性强、负荷基数大等特点，容易在短时间内形成充电负荷高峰，一旦叠加传统负荷高峰，将会极大考验低压系统的供电能力，可能会引发低压系统全面过载、电能质量劣化等运行问题[11]。

所幸 EV 同时具备柔性负荷的特性，它是一种可通过主动参与电网运行控制，与电网进行能量互动的负荷。传统低压配电网负荷基本上被认定为是刚性的。随着辅助服务、现货交易、需求侧响应、虚拟电厂、隔墙售电等电力市场政策的逐步完善，低压系统的负荷形态也将由不可控的刚性负荷越来越多地转变为灵活可控的柔性负荷，成为 NLDS 的关键特征和解决 DG 超高渗透率消纳的重点手段。

4. 智能化应用创新，能源与数据两维价值融合形态

低压系统运行的不确定性远高于高电压等级电网，加强其传感、监测和态势分析是确保其安全可靠运行的必然选择。数字化技术发展推动着低压系统装备逐步向小型化、一二次融合化、软件定义终端等方向转变，智能化水平不断提升，一二次融合塑壳开关、智能网关、小微传感器、芯片化智能终端等新型装备的应用也将层出不穷。

低压系统作为连接海量用户的桥梁，其用户资源和数据资源远比 10kV 及以上电网丰富，随着小微传感器、物联网、数字孪生、云边协同等信息与通信技术[12]的不断发展，数据将作为 NLDS 的核心生产要素[13]，依托强大的“电力＋算力”，通过大数据分析和高性能计算技术，依靠数据关系发现物理系统运行规律和潜在风险，进而实现低压系统“源-网-荷-储”各环节的高度协同，确保 DG 充分消纳，同时支撑互联网技术与电力市场高度融合而产生的能源新业态发展需求。与传统低压配电网相比，NLDS从单纯的物理网络升维形成泛在电力物联网和信息物理融合系统，从能源的一维连接发展为能源与数据的两维价值传导，这将是一个颠覆性的变化。10kV及以上电网的数据主要服务于电网的运行控制，而低压系统的海量数据可以支撑面向更广泛低压用户的各种增值服务，是真正具有大数据价值的，因而成为NLDS最为突出的新元素。

10.2 新型低压配电系统关键问题与技术

10.2.1 新型低压配电系统关键问题

新型电力系统背景下，低压系统所面临的电能质量、可靠性、经济性和安全性等关键问题将会呈现出更加复杂的机理。

1. 电能质量问题

(1) 电压质量方面，大量DG、EV随机性接入，影响了低压系统潮流分布，导致其系统电压分布呈现高度不确定性与剧烈的波动性、跃变性，负荷节点电压甚至会出现过电压、低电压和电压暂降等问题并存的现象。由于低压网络的拓扑复杂多变、参数不易明确，NLDS的电压质量问题表象将更加复杂。

(2) 谐波治理方面，随着变流器、电力电子开关等大量电力电子装备的接入，将会使NLDS谐波源呈现高密度、分散化、全网化趋势，影响供电质量，但是现阶段仍无法准确评估其影响程度与影响范围。

2. 可靠性问题

(1) 可靠性数据监测方面，海量低压用户停电事件数据的采集、通信与存储将会给现有用电采集系统带来巨大压力。

(2) 低压可靠性评估方面，由于DG、储能、EV可以在用户侧改变可靠性感受，当前配网可靠性的统计与评估体系无法准确反映低压用户用电可靠性的真实状况。

(3) 智能化装备可靠性提升方面，虽然NLDS灵活化的运行方式自愈能力强，但由于智能化装备构造相对复杂，装置本身的可靠性也成为影响其整体可靠性的关键因素。

(4) 大量新型终端和装备在NLDS中的应用直接增加了新的运行风险。

3. 经济性问题

(1) 从电网运营商视角来看，低压系统在“源-荷”两端均存在高度的不确定性，无法准确预测的峰谷差将导致系统规划偏保守，经济性问题成为低压系统智能化的最大制约。

(2) 为了支撑低压系统新型化转型，大量智能传感终端和一二次智能装备将在低压系统中广泛部署，其投资效益的发挥也有赖于新型售电与服务业态的建立与完善，目前存在很大的争议。

(3) 从用户或负荷聚合商视角来看，新型电力系统意味着更加广泛的市场交易参与机会，因此如何根据自身负荷特性制定更具经济效益的市场化交易策略，是非常复杂的难题。

4. 安全性问题

(1) 物理安全方面，不确定性发生的重过载将经常威胁到低压系统的安全运行，未来低压系统短路故障特征以及故障下的 DG 孤岛运行问题将会变得更加复杂，继电保护难以适应。

(2) 信息安全方面，从云计算信息安全角度，未来低压系统配套系统平台建设将会普遍呈现“云化”趋势，亟须解决云计算在实际应用中面临的安全问题，包括云安全技术体系、管理体系和评价检测体系等。

(3) 物联网信息安全方面，低压系统海量量测数据的采集、5G 等通信与应用的信息安全等级都是极大的挑战。

10.2.2 新型低压配电系统关键技术

除了被广泛关注的储能储电技术之外，笔者认为当前 NLDS 建设的关键热点技术主要包括以下几个方面：

1. 数字孪生技术

数字孪生[14]技术可以实现物理电网运行状态的实时、全息映射，并通过数据分析实现对物理电网复杂特性的认知与态势预测，是 NLDS 规划、运行、保护与控制的重要支撑技术。针对低压系统数字孪生技术的研究主要包括以下几个方面：

1) 小微传感技术

由海量小微传感器构成的智能化感知体系是电网数字孪生的基础。由于低压系统规模远远大于其他电压等级电网，因此其底层感知技术应具备泛在部署条件，满足小成本、高可靠、低运维需求等特点。最近微型电流传感器在我国取得创新技术突破，并在低压系统开展了应用[15]。未来低压系统中传感器除了满足小、微特点外，还应考虑具备多源数据采集融合的特点，即在传统电气量、环境量等结构化数据采集的基础上，考虑融合视频、图像等非结构化数据，实现多源数据高效采集。

2) 多模异构通信技术

构建多模异构通信网络是解决 NLDS 中海量传感设备、智能装备之间互联互通、稳定可靠通信问题的关键。当前低压系统本地通信方式主要包括低压电力线宽带载波、LoRa、微功率无线、RS-485 等，其中载波通信在低压场景应用最为广泛[16]；但当遭遇分支线开关调闸或断线等情况时，则无法保证信息稳定上报。因此，基于多模态的通信方式有望成为主流方向。同时，为满足低压系统大量异构设备的平台统一接入，需构建不同通信协议的统一服务。低压配电网设备点多面广、种类繁多、运行环境优劣差异大，通过分析各典型场景特点，制定不同数据接口与通信协议的多模异构通信技术框架具有重要意义。

3) 低压拓扑自动识别技术

准确的低压系统拓扑信息是其数字孪生的基础。低压系统拓扑识别包括节点连接关系识别、网络参数辨识等。随着高级量测体系、电力物联网的建设与发展，通过挖掘低压量测数据特征来自动识别低压系统拓扑将成为该领域的主要技术方向。文献[17]从系统状态估计角度出发，提出了拓扑推演方法。文献[18]通过分析电压时序相似性，联合电流/功率偏差拟合，实现拓扑识别。由于 NLDS 网络特性多元、复杂、异变，传统配电网拓扑分析方法难以适用。因此，当前 NLDS 拓扑问题的研究重点在于：①“知识-数据”混合驱动建模方法，基于深度学习、迁移学习等算法挖掘潮流数据与拓扑结构的映射关系；②融入先验知识和专家经验的拓扑自动识别建模方法；③基于多源数据融合、集成学习的拓扑识别结果可信度评价方法。

2. 低压直流配电技术

直流低压系统与交流低压系统相比，具有电能转换效率高、控制方式灵活、供电可靠性高、有利于分布式新能源大规模消纳等优势[19]。目前对低压直流技术的研究主要集中在以下几个方面。

1）直流低压系统运行协调控制技术

直流低压系统控制按系统级别可分为单元级、微网级和配网级。单元级控制目前的研究主要针对DC/DC变压器和DC/AC变流器。微网级控制聚焦于多个“源-储-荷”的协调运行与维持直流母线电压的稳定。多个微电网接入直流配电网后，需要通过合理的配网级控制来保证整个配电网的经济、安全、可靠运行，须关注屋顶光伏群的低压多源功率预测和直流配电网的优化调度等方面。

2）多源直流低压系统故障保护技术

与交流故障相比，直流系统的惯量低、阻尼小、故障发展过程更快，而且直流故障电流没有过零点，故障清除难度大，直流故障给配电网带来的冲击和挑战更大。此外，多源分散接入的低压直流系统的故障特性与低压交流电网特性显著不同，因此，低压直流系统的故障机理、检测和保护控制技术还有待深入研究。

3. 云边协同技术

低压系统点多面广，如同电力系统的“毛细血管”，传统的集中化运行管控模式难以适用。一方面，低压系统传感网络产生的数据量极大，若集中于云端数据中心分析，则上行通信与云端的数据存储计算压力将呈指数增长；另一方面，低压配电网特性差异大，拓扑结构常有调整，而运行控制的实时要求高，云端集中模型难以支撑其动态性、个性化和实时性控制需求。为此，将低压配电网按配电台区进行划分，由各台区内部进行分布式自治控制，更容易解决实时响应控制问题。但纯粹的自治控制缺乏全局优化的逻辑，为此，可将实时性要求较低、优化性要求较高的任务交回云端处理，从而结合形成云边协同的控制模式。但云边协同控制如何建模，在通信压力尽可能小的情况下有效分配数据资源、满足边端实时且接近优化的控制和云端大数据采集的需求，目前还处在理论框架阶段，还存在诸多技术限制。

根据云平台与边缘计算终端的特点差异，设计面向业务应用需求的云边协同数据分析模型与策略是云边协同技术的核心。鉴于边端数据采集便利、实时性强，各类人工智能技术逐步从云端下沉至有一定算力的边缘，文献[20]围绕负荷预测场景，提出边缘个性化预测与云端全域预测相结合的云边协同模型；面对不同应用场景，利用时序数据库、边缘流数据分析、异构计算等技术对边缘数据进行差异化分析，文献[21]提出了云边协同的配电变压器运行状态评估与态势预测方法；通过云端的全局管理平台搭建，对边缘节点统一管控，从资源、数据、服务等方面实现多维协同，文献[22]提出了基于云边协同的电动汽车实时需求响应调度策略。随着NLDS中可控设备元素的增多，为实现整体调控目标，所涉及的调控对象也将大幅增加，其云边端协同控制策略的研究价值凸显。

4. 信息安全防护技术

随着物联与通信技术在NLDS中应用的不断深入，NLDS相比传统低压配电网，在面对破坏多源协同调度和用户隐私信息窃取等网络攻击时具有更低的耐受能力与更高的不确定性。随着 NLDS 云边协同计算单元的增多,外部攻击、数据篡改、数据泄露等信息安全风险也将愈发严重,且 NLDS 的信息安全将影响低压系统业务应用的方方面面。文献[23]提出了边缘物联代理安全防护技术,形成了系统可信启动、基于数字证书的身份认证技术、基于国产商用密码算法的数据保护技术等。由于目前研究大多基于物联网的信息安全防护体系开展,随着低压系统中新元素的逐渐增多,“源-网-荷-储”协同控制与“源-荷”互动等具备应用条件,基于新元素信息安全防护特点制定 NLDS 的信息安全防护体系将至关重要。

综上所述,相比于传统低压配电网,NLDS“源”端具有跃变性双向潮流特性,“网”端具有交直流混合发展特性,“荷”端具有柔性变化趋势,“数”端则有能源数据价值深度融合趋势。NLDS 研究框架归纳如图 10-2 所示。

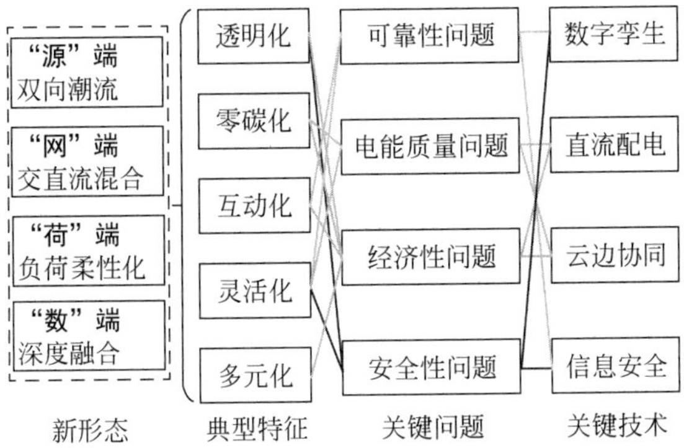

图 10-2 NLDS 研究框架

10.3 NLDS 技术发展展望

NLDS 目前正处于起步阶段,随着新能源占比的持续增长,系统的特性将会越来越复杂,其建设、运行、运营等理念需要不断革新,各项技术也需要不断发展,以支持经济高质量发展。

10.3.1 数字孪生技术展望

1. 宽频测量与多频段态势感知技术

DG 普遍采用变换器与电网连接,使电力系统中的电力电子器件大量增加。而电力电子器件的宽频特征也让电力系统产生了多种频段的特性[24],从而产生电力电子化系统特有的问题。传统的电力系统测量并未考虑宽频率的监测。为了更加真实地映射 NLDS,应研究宽屏测量的技术体系,包括采集、处理、通信和存储等方案。在此基础上,应充分挖掘多频段数据反映出来的 NLDS 特征,对 NLDS 进行多频段的态势感知。

2. 分层数字孪生技术

虽然数字孪生技术具有高保真性、可扩展性、互操作性等优点[25],但其对数据资源和计算资源的要求很高,应用在 NLDS 中容易受到现实条件的限制。为了提高数据孪生的实用性，应研究分层数字孪生技术，在空间尺寸上，从单个设备、多设备聚合、全系统等尺度分别采用不同的孪生体；在业务层面上，针对稳态、暂态分析区分频域和时间域。

3. 多领域交互技术

在新能源为主体的NLDS中，电力系统受天气的影响将十分显著，低碳化的目标也在促使其他形式的“源-荷”进行电气化。NLDS的特征不可避免地与气象系统、其他能源系统产生密切的耦合。为适应多个系统的耦合作用，应研究多领域交互技术，分别对电力系统、气象系统、其他能源系统的个体和系统建立孪生体，研究不同系统之间的交互接口，研究多领域仿真的技术。

10.3.2 低压直流配电技术展望

1. “源-网-荷”协同的低压交直流配电网规划运行技术

低压直流配电网对NLDS接纳DG具有多种优点，但在以交流系统占据绝对主体的条件下，低压直流配电网的实际应用仍有许多障碍。与中压配电网相比，低压配电网本来就缺乏科学的规划和优化的运行方法，面对NLDS的升级发展，“源-网-荷”协同的低压交直流配电网规划运行技术成为当前最大的技术瓶颈。为提高低压直流配电网的适应性，应着重研究交直流电网的交互方式，以及考虑不确定性的交直流NLDS网络拓扑结构规划方法。未来，交直流微电网群协同控制技术也是值得关注的研究方向。

2. 终端泛电气化技术

终端用能从以往的电气化到当前阶段的再电气化，而未来还将发展泛电气化技术。基于屋顶光伏发电容易阶段性过载等特点，以低压配电网中的电能，尤其是过剩电能为主体形式，结合“碳”捕捉与泛电气化技术，利用电制氢、甲醇和有机材料等，最终支撑低压用户实现以可再生能源为原料的物品制造模式，并且提升终端电能的需求响应能力，进一步深化可再生能源对化石能源的替代。在NLDS的平台上，如何结合需求响应建立高效的泛电气化转换和生产技术，是非常有前途的一个研究方向。

3. 新能源主体下的系统安全成本评估

与传统电力系统相比，以随机性、间歇性新能源为主体的NLDS，安全风险有本质的变化。在以微网形式组织的低压系统中，应研究系统安全成本的评估方法，针对并、离网状态以及不同时间尺度的运行场景建立系统运行安全评估体系，研究对应的防范手段，研究系统安全成本的分摊方法。

10.3.3 云边协同技术展望

1. 软件定义高性能边缘计算终端技术

边缘计算通过将云端的部分数据应用功能部署至数据源的边缘节点，实现海量数据的就地处理，通过分层协同模式解决海量数据处理与精细化分析的矛盾。边缘计算终端是支撑云边协同技术实现的重要载体。软件定义高性能边缘计算终端技术是指在物理资源虚拟化的基础上，通过编程实现灵活、多样和定制的系统功能，实现对终端硬件的赋值、赋能和赋智，应加强边缘终端的功能架构设计、人工智能算法的深化、应用软件的开发等研发工作。

2. 高维不确定性下的云边协同感知技术

NLDS将接入大量具有显著不确定性的“源-储-充-微”元素。同时，随着电力市场逐步开放，用户广泛参与需求响应，其行为的高度个性化将伴随显著不确定性，综合导致NLDS难以预测。为此，需要研究云端、边缘端的“源-荷”不确定性感知技术，云边协同下高维不确定性感知技术等。

3. 兼顾多主体利益的云边协同调控技术

NLDS广泛存在“源-储-荷”多元可控设备，电网公司、储能运营商、充电桩运营商、屋顶光伏业主等多元运营主体并存，应在确保系统安全、稳定的前提下，最大化各运营主体的利益，应研究考虑共识约束的多主体边缘侧分布式自治技术、基于博弈论的云边协同调控技术等。

10.3.4 信息安全防护技术展望

1. 多元化主体参与的信息安全技术

NLDS包含各种“源-储-充-微”元素，将衍生出相应的运营主体，如“光伏云”“储能云”等，通过公共网络参与到NLDS的信息体系中。若各主体的隐私保护、身份信任、身份保护等信息安全机制存在漏洞，则易形成危及低压系统运行安全性的跨信息物理空间攻击路径，应研究面向多主体协同的区块链技术、基于共识机制的信息安全防护技术等。

2. 多维立体的信息安全防护体系

不同于传统低压配电网的载波通信方式，伴随NLDS应运而生的各类智能设备依赖433MHz、Zigbee和运营商网络这三种方式进行无线数据传输组网。该类通信下的信息安全问题包括隐私保护、密钥白盒攻击、去信任、密钥攻击、身份保护、防窃听等。防护技术应在数据传输、聚合与发布、查询这三个环节展开。例如，在传输阶段利用网络中间盒技术提供反监听防护；在云端数据聚合阶段利用同态加密算法提供隐私加密保护；在数据查询阶段利用可搜索加密技术提供查询内容与结果保护。为此，须研究包括同态加密、量子密码等新型密码技术，研究不同类型防护技术的融合机制，从而形成多维立体信息安全防护体系。

10.4 本章小结

我国的“双碳”战略，让电力行业重新审视电力系统的形态发展，构建以新能源为主体的新型电力系统，低压配电系统从传统被忽略的神经末梢转变为新型电力系统建设的重要组成部分，其使命也从单纯支撑传统低压配售电业务扩展为支撑海量分布式电源消纳、终端大规模电能替代以及电力增值服务新业态开展。具备透明化、低碳化、互动化、灵活化和多元化特点的NLDS将集成最新信息通信技术与材料装备技术，其规划设计、运行控制、运维检修和资产管理思路将完全区别于传统低压配电系统，真正体现了“新型”电力系统的内涵，具有巨大的发展潜力与产业化空间。

10.5 参考文献

[1] HA T T,ZHANG Y,THANG V V,et al. Energy hub modeling to minimize residential energy costs considering solar energy and BESS[J]. Journal of Modern Power Systems and Clean Energy,2017,5(3):389-399.

[2] SATISH K I,VINOD K T. Optimal integration of DGs into radial distribution network in the presence of plug-in electric vehicles to minimize daily active power losses and to improve the voltage profile of the system using bioinspired optimization algorithms[J]. Protection and Control of Modern Power Systems,2020,5(1):21-35.

[3] 罗鸿轩,金鑫,钱斌,等.基于区块链的台区智能终端与智能电表安全防护方法[J].南方电网技术,2021,15(4):50-58.

[4] 李钦豪,张勇军,陈佳琦,等.泛在电力物联网发展形态与挑战[J].电力系统自动化,2020,44(1):13-22.

[5] 刘健,魏昊焜,张志华,等.未来配电网的主要形态——基于储能的低压直流微电网[J].电力系统保护与控制,2018,46(18):11-16.

[6] 魏然,张磐,高强伟,等.基于网络树状图的低压配电网故障研判仿真分析[J].电力系统保护与控制,2021,49(13):167-173.

[7] 昌校宇,杨洁.投资回报率超10%!说说你不甚了解的“户用光伏”[EB/OL].[2021-10-15]. https://www.163.com/dy/article/GMCOL26805505W4N.html.

[8] 新能源司.对分布式光伏电站整县推进政策的疑问?[EB/OL].[2021-07-07]. http://www.nea.gov.cn/2021-07/09/c_1310051436.html.

[9] 马钊,赵志刚,孙媛媛,等.新一代低压直流供用电系统关键技术及发展展望[J].电力系统自动化,2019,43(23):12-22.

[10] 站长之家.全国纯电动汽车保有量达493万辆 占新能源汽车总量的81.7%[EB/OL].[2021-07-07]. https://www.chianz.com/2021/0707/1275585.shtml.

[11] 赵黄江,向月,刘俊勇,等.基于改进配电网安全域的规模化电动汽车入网影响分析[J].电力自动化设备,2021,41(11):66-73.

[12] 王成山,董博,于浩,等.智慧城市综合能源系统数字孪生技术及应用[J].中国电机工程学报,2021,41(5):1597-1608.

[13] 中国南方电网有限责任公司.数字电网推动构建以新能源为主体的新型电力系统白皮书[R/OL].[2021-04-24]. https://news.bjx.com.cn/html/20210425/1149180.shtml.

[14] GEHRMANN C,GUNNARSSON M. A digital twin based industrial automation and control system security architecture[J]. IEEE Transactions on Industrial Informatics,2020,16(1):669-680.

[15] 许爱东,王志明,李鹏,等.基于巨磁阻效应的微型电流传感器装置研发及应用[J].南方电网技术,2020,14(8):33-40.

[16] 金鑫,肖勇,曾勇刚,等.低压电力线宽带载波通信信道建模及误差补偿[J].中国电机工程学报,2020,40(9):2800-2809.

[17] CUNHA V, FREITAS F, TRINDADE F, et al. Automated determination of topology and line parameters in low voltage systems using smart meters measurements[J]. IEEE Transactions on Smart Grid,2020,11(6):5028-5038.

[18] 唐捷,蔡永智,周来,等.基于数据驱动的低压配电网线户关系识别方法[J].电力系统自动化,2020,44(11):127-134.

[19] SALOMONSSON D, SANNINO A. Low-voltage DC distribution system for commercial power systems with sensitive electronic loads[J]. IEEE Transactions on Power Delivery,2007,22(3):1620-

1627.
[20] 原吕泽芮,顾洁,金之俭.基于云-边-端协同的电力物联网用户侧数据应用框架[J].电力建设,2020,41(7):1-8.
[21] 张波,刘海涛,彭港,等.面向云边协同的配电变压器运行状态评估及态势预测[J/OL].重庆大学学报,2023,46(5):50-61.
[22] 张巍,王丹.基于云边协同的电动汽车实时需求响应调度策略[J/OL].电网技术,2022,46(4):1447-1458.
[23] 何连杰,亢超群,孙志达,等.配电物联网边缘物联代理网络安全防护研究[J].供用电,2021,38(2):12-18.
[24] 吴艳平,姚建国,常乃超,等.多功能宽频测量装置的设计与实现[J].电力系统自动化,44(20):136.
[25] 白浩,周长城,袁智勇,等.基于数字孪生的数字电网展望和思考[J].南方电网技术,2020,14(8):18-24,40.